高等职业教育大数据技术专业系列规划教材

微课版

U1004079

Hive
数据仓库应用教程

主　编　林　昕　邹汪平
副主编　宋小倩　张艳丽　李转运
　　　　刘闰豪　信成涛　豆　利

大连理工大学出版社

图书在版编目(CIP)数据

Hive数据仓库应用教程 / 林昕，邹汪平主编. 大连 ：大连理工大学出版社，2024. 7. --（高等职业教育大数据技术专业系列规划教材）. -- ISBN 978-7-5685-5018-5

Ⅰ. TP311.13

中国国家版本馆CIP数据核字第2024DR0799号

大连理工大学出版社出版

地址：大连市软件园路80号　邮政编码：116023

发行：0411-84708842　邮购：0411-84708943　传真：0411-84701466

E-mail：dutp@dutp.cn　URL：https://www.dutp.cn

大连永盛印业有限公司印刷　　大连理工大学出版社发行

幅面尺寸：185mm×260mm　印张：15.5　字数：397千字

2024年7月第1版　　2024年7月第1次印刷

责任编辑：高智银　　责任校对：李　红

封面设计：张　莹

ISBN 978-7-5685-5018-5　　定　价：55.00元

本书如有印装质量问题，请与我社发行部联系更换。

前言

党的二十大报告指出加快发展数字经济，促进数字经济和实体经济深度融合，打造具有国际竞争力的数字产业集群。数据已成为当今社会重要的生产要素，大数据技术作为以数据生成、采集、存储、加工、分析、服务为主的新一代信息技术，是加快经济社会发展质量变革、效率变革、动力变革的重要引擎，是经济社会数字化转型的主要驱动力，是建设创新型国家、制造强国、数字中国、智慧社会的基础支撑。

随着大数据技术的逐步应用，各行各业都积累了海量数据，如何存储和处理这些数据成为各行各业所面临的问题。Hive是可实现大规模存储、处理、分析数据的分布式容错数据仓库系统。该数据仓库集中存储信息，可以轻松对此类信息进行分析，从而做出明智的数据驱动决策，Hive使用户可以利用SQL读取、写入和管理PB级数据。

Hive建立在Apache Hadoop基础之上，后者是一种开源框架，可被用于高效存储与处理大型数据集。因此，Hive与Hadoop紧密集成，其设计可快速对PB级数据进行操作。Hive的与众不同之处在于它可以利用Apache Tez或MapReduce通过类似于SQL的界面查询大型数据集。Hive旨在让非程序员使用名为HiveQL的类似于SQL的界面对PB级数据进行操作。传统关系数据库被用于对中小型数据集进行交互式查询，在处理大型数据集时的表现并不理想。但Hive使用批处理，因此可以快速操作大型的分布式数据库。Hive将HiveQL查询转换成在Apache Hadoop的分布式作业计划框架，它会查询存储在分布式存储解决方案中的数据，如Hadoop Distributed File System(HDFS)或Amazon S3。

本教材将Hive相关技术分为9个项目，对Hive数据仓库的应用进行了详细描述。通过本教材的学习，读者将对Hive有深刻的认识。现将本教材涉及的Hive的9个项目进行简要介绍。

项目1：认识Hive，主要介绍数据仓库的概念、特点、模型、体系结构，以及Hive的概念、体系结构、数据类型等内容。

项目2：Hive环境搭建，主要介绍搭建Hive的过程，包括虚拟机软件工具的使用方法；Linux镜像文件的安装、克隆、启动；Linux中的网络环境设置；Hadoop环境的搭建；Hive环境的搭建等内容。

项目3：Hive基本语法，主要介绍了Hive的常用数据类型、运算符与表达式、Hive的数据存储方式、常用的交互命令和其他操作命令。

项目4：Hive数据定义，主要介绍数据库、数据表、分区表、分桶表、视图、索引的创建、查看、修改和删除等操作。

项目5：数据的导入与导出，主要介绍通过直接加载、Load加载、查询加载、Import加载等方式导入数据，以及通过Insert命令、Hadoop命令、Hive Shell命令等方式导出数据的方法。

项目6：Hive数据查询，主要介绍Hive数据库的基本查询、条件查询、分组、连接、排序等语句，以及随机抽样查询等操作。

项目7:Hive函数,主要介绍了内置函数的应用,包括算术函数、聚合函数、日期时间函数、条件函数以及字符串函数,Hive其他常见函数以及自定义函数的应用。

项目8:Hive优化,主要介绍了本地模式、配置MapReduce压缩、配置Map和Reduce个数、合并小文件、聚合语句、连接语句、统计语句、行/列过滤等优化方式。

项目9:综合案例,通过对电商销售大数据的分析,综合应用前述所学知识完成Hive数据仓库的建库建表,以及完成各类电商数据的统计分析。

本教材主要面向高职高专大数据相关专业和其他有大数据应用需求的工科专业的初学者,也可作为大数据开发人员的参考书,使用本教材建议采用理论实践一体化教学模式。本教材还精心设计了9个思政小课堂,依据专业课程的特点,自然融入中华优秀传统文化、科学精神、职业素养和爱国情怀等元素。注重挖掘课程中的思政教育要素,弘扬精益求精的专业精神、职业精神和工匠精神,有意识地培养学生的创新精神。

本教材配备了微课、教学课件、源代码等学习资源,方便读者在课堂之外继续学习。本教材编写力求重点突出、难易适中,注重读者的应用能力的培养。

本教材的成稿得益于一支工学结合的编写团队。参与各项目编写的人员具备丰富的教学经验及项目实践经验,了解如何将理论知识转化为实际应用能力。本教材由安徽城市管理职业学院林昕、池州职业技术学院邹汪平任主编,由安徽城市管理职业学院宋小倩、张艳丽、李转运、刘闰豪、信成涛,合肥财经职业学院豆利任副主编,池州职业技术学院朱仕翰、安徽迅成信息科技有限公司朱君参与编写。具体编写分工如下:项目1由邹汪平编写,项目2和项目9由林昕编写,项目3由豆利编写,项目4由李转运编写,项目5和项目8由张艳丽编写,项目6由刘闰豪编写,项目7由宋小倩编写,思政小课堂由信成涛编写,朱仕翰、朱君负责审核全书实践案例,全书由林昕统稿。

在本教材的成稿与出版过程中,出版社的编辑同志以高度负责的敬业精神,付出了大量的心血。还有很多同行及专家提出了许多的宝贵意见。在此,对所有提供过帮助的同志表示衷心的感谢!由于作者水平所限,书中难免有不妥之处,敬请各位读者与专家批评指正。

编　者

2024年7月

所有意见和建议请发往:dutpgz@163.com
欢迎访问职教数字化服务平台:https://www.dutp.cn/sve/
联系电话:0411-84707492　84706671

目录

本书微课视频列表

序号	二维码	微课名称	页码
1		认识数据仓库	1
2		认识 Hive 数据仓库	5
3		内嵌模式部署 Hive	43
4		本地模式部署 Hive	44
5		远程模式部署 Hive	50
6		认识运算符	58
7		认识 Hive 命令	67
8		HiveQL 操作数据库	75
9		HiveQL 操作数据表	78

（续表）

序号	二维码	微课名称	页码
10		Load 命令导入数据	108
11		Load 命令导入 HDFS 文档	114
12		条件查询语句	146
13		连接语句	150
14		算术函数	173
15		聚合函数	175
16		本地模式	211
17		连接语句优化	221
18		项目数据准备	230
19		销售指标统计分析	232

项目 1 认识 Hive

知识目标

1. 了解数据仓库的概念、特点、数据模型、体系结构。
2. 了解 Hive 的概念、体系结构、数据类型。

技能目标

1. 能够区分传统数据库和数据仓库的区别。
2. 能够区分数据仓库的数据模型。
3. 能够理解 Hive 架构。
4. 能够识别 Hive 数据类型。

素质目标

1. 通过新概念、新知识的学习培养探究精神和自我学习能力。
2. 培养创新精神、创业意识。
3. 培养良好的职业道德和社会责任感。

Hive 是基于 Hadoop 构建的一套数据仓库分析系统，提供了丰富的 SQL 查询方式来分析存储在 Hadoop 分布式文件系统中的数据。本项目对 Hive 的基本知识进行讲解，为后续学习奠定基础。

任务 1.1 认识数据仓库

认识数据仓库

1.1.1 任务描述

本任务将介绍数据仓库的概念，包括数据仓库的特点、数据模型及体系结构。通过与传统数据库进行对比，了解数据仓库相较于传统数据库的优势。

1.1.2 任务准备知识

在开始学习数据仓库之前，首先需要深入理解什么是数据库。数据库可以被视为一个结构化、有组织的数据集合，不仅可以存储数据，而且允许我们高效地检索、查询和管理这些数据。从本质上说，数据库是一个容器，其中包含了各种形式的数据，如文本、数字、图片、音频和视频等，这些数据被结构化地组织在一起，以便于访问和使用。为了更好地管理和维护这些数据，人们开发了数据库管理系统（DBMS），这是一种在计算机上运行的软件，提供了一套工具和接口来创建、定义、存储、检索和维护数据库。DBMS 不仅确保了数据的完整性和安全性，还通过优化存储和查询策略提高了数据操作的效率。然而，随着企业和组织的业务不断扩展，数据量呈现出爆炸性的增长。在这种情况下，传统的数据库系统开始暴露出一些局限性。

（1）面向业务过程而非主题：传统数据库设计的主要目的是支持日常业务操作，如交易处理、库存管理等。因此，它们的数据结构主要围绕这些业务过程来组织。这种面向过程的设计限制了数据在全局主题下的整合和分析，从而影响了基于数据的战略决策的制定。

（2）分散的数据源：在企业环境中，多个应用程序可能各自维护自己的数据库。这些数据库可能采用不同的技术、数据格式和存储策略。这种分散性增加了数据集成、标准化和确保数据一致性的难度。

（3）缺乏时间变化维度：传统数据库通常记录数据的当前状态，而不是数据随时间的变化。这意味着它们很难支持历史数据分析，如趋势分析或周期性模式识别等。

（4）不支持复杂查询和分析：当需要进行复杂的数据分析或跨多个数据库的查询时，传统数据库的性能可能会受到影响。这是因为它们的设计更侧重于快速的事务处理，而不是复杂的分析查询。

（5）不具备元数据管理：元数据是描述其他数据的数据，对于理解数据的上下文、来源和关系至关重要。传统数据库通常缺乏专门的元数据管理工具，使得数据的解释和使用变得困难。

（6）不适用于复杂的决策支持：虽然传统数据库在事务处理方面表现出色，但在支持复杂的决策支持系统（DSS）和商业智能（BI）工具方面可能不足。这是因为这些系统通常需要执行复杂的数据分析和数据挖掘操作。

正是由于这些局限性，数据仓库这一概念和技术应运而生。与传统数据库相比，数据仓库具有更高的扩展性、更强的分析能力和更完善的安全措施，使其成为现代企业不可或缺的数据管理工具。

1.1.3 任务实施

1. 数据仓库的概念

数据仓库可以被定义为一个大型的、集中化的数据存储系统，专门设计用于支持企业的决策制定和数据分析需求。与传统的操作型数据库相比，数据仓库在结构、数据来源和使用方式上都存在显著的不同。它的主要任务是整合、存储和管理来自各个业务系统的数据，确保数据的质量、一致性和完整性，并为复杂的查询和分析提供高效性能。为了满足这些目标，数据仓库通常采用特定的数据模型(如星形模型或雪花模型等),以及专门的数据存储技术(如列式存储等)。此外,数据仓库还配备了先进的数据治理和安全措施,以确保数据的准确性、可靠性和合规性。从用户的角度来看,数据仓库提供了一个统一的数据视图,允许分析师、数据科学家和决策者轻松访问所需的数据,无论这些数据来自企业的哪个部分。通过使用各种前端工具和可视化技术,用户可以探索数据、生成报告、执行复杂的统计分析,甚至预测未来的业务趋势。

2. 数据仓库的特点

(1)面向主题

与操作型数据库面向特定的业务事务不同,数据仓库围绕企业的核心主题来组织数据。这些主题可以是客户、销售、库存、财务等。通过按主题组织数据,数据仓库使得跨多个业务领域的全局性分析变得更加容易。

(2)集成

在一个大型企业中,数据通常分散在多个操作型数据库中,每个数据库可能采用不同的技术、格式和结构。数据仓库的核心任务之一是从这些异构的数据源中提取、清洗和整合数据,消除不一致性和冗余,并提供一个统一的、全局的数据视图。

(3)相对稳定的

操作型数据库经常面临数据的实时更新和修改。相比之下,数据仓库的数据一旦加载,通常是相对稳定的。这意味着数据仓库更侧重于数据的查询和分析,而不是频繁的数据插入、更新或删除。当然,数据仓库也需要定期刷新以反映最新的业务数据。

(4)反映历史变化

与操作型数据库主要关注当前的数据状态不同,数据仓库捕获并存储了数据的历史版本和变化。这使得分析师可以研究数据的过去状态,分析趋势,甚至进行预测分析。历史数据的保存也为企业提供了一个宝贵的资源,用于审计、合规性检查或重新分析过去的业务决策等。

(5)高性能查询

数据仓库通常采用特定的数据存储技术、索引策略和查询优化技术,以确保对大量数据的复杂查询和分析能够在合理的时间内完成。这对于支持实时决策和快速响应业务需求至关重要。

3. 数据仓库的数据模型

数据仓库的数据模型是其核心结构和设计的基石,定义了数据的组织方式、存储策略以及如何处理和分析这些数据。数据仓库的数据模型通常分为三个层次:数据物理层、概念数据层和逻辑数据层。这些层次不仅反映了数据的不同视图和抽象级别,也对应了数据管理的不同方面和考虑因素。

(1)数据物理层

数据物理层位于数据仓库的最底层,直接与数据存储和检索机制打交道。这一层主要关注的是数据的物理存储结构、编码方式、存储设备的选择以及数据的实际存储位置。在这个层次,数据以原始的、未加工的形式存在,如二进制文件、字节流等。

以一个电商数据仓库为例,物理层可能包含了顾客的购买记录、商品库存信息、服务器日志等原始数据。这些数据通常以特定的格式(如 CSV、JSON 等)存储在硬盘上,由数据库管理系统(DBMS)负责底层的读写操作。物理层的设计和优化对于实现高效的数据存储和检索至关重要,但通常对于终端用户来说是透明的。

(2)概念数据层

在概念数据层,我们关注的是数据的整体逻辑结构和关系,而不是物理细节。这一层提供了一个全局的、抽象的数据视图,描述了数据的实体、属性及它们之间的关系。概念数据层通常通过实体-关系模型(ER 模型)或统一建模语言(UML)进行表示和设计。

以医疗数据仓库为例,概念层可能包含了"病人""医生""药物"等实体,以及它们之间的关系(如"病人就诊""医生开药"等)。在这一层,我们定义数据的逻辑结构,如表格的结构、主键和外键等,但不涉及具体的物理存储细节。概念数据层的设计需要充分考虑数据的完整性、一致性和可扩展性,以确保数据仓库能够准确地反映现实世界的业务逻辑和规则。

(3)逻辑数据层

逻辑数据层是最终用户直接与之交互的层次。它基于概念数据层的设计,但更加聚焦于特定用户或业务场景的数据需求。逻辑数据层通过视图、报表、仪表板等形式,为用户提供定制化的、易于理解的数据展示和分析工具。

以一个零售数据仓库为例,逻辑数据层可能为市场分析团队提供产品销售报表,为库存管理团队提供库存变动视图,为运营团队提供顾客行为分析仪表板等。这些逻辑视图都是基于底层物理数据和概念层逻辑结构的加工和聚合结果,通过 SQL 查询、OLAP 分析或其他数据分析工具进行实现。

数据仓库的三层数据模型体现了从物理存储到逻辑应用的数据管理全过程。每一层都有其特定的关注点和设计考虑因素,但它们是紧密相连、相互影响的。在设计一个高效、可靠的数据仓库时,需要综合考虑这三个层次的需求和约束,确保数据的准确性、一致性和可用性。

4. 数据仓库的体系结构

数据仓库的体系结构是支撑其高效运行和满足各种数据需求的关键。一个典型的数据仓库体系结构通常分为三个主要层次:源数据层、数据仓库层和数据应用层。如图 1-1 所示。

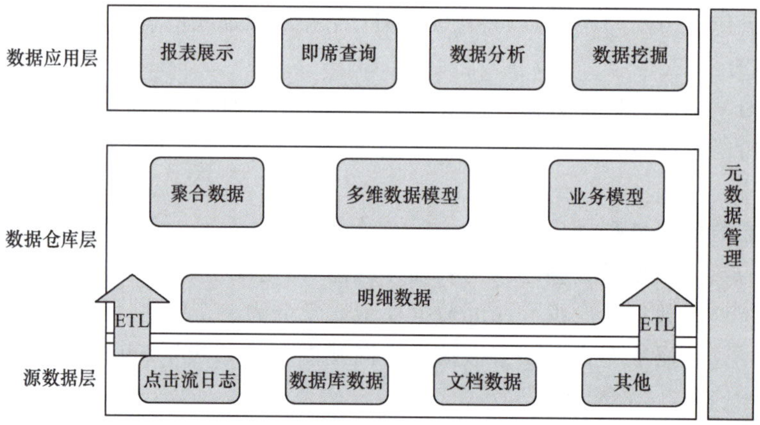

图 1-1　数据仓库体系层次

(1)源数据层

源数据层是数据仓库体系结构的起始点,负责接收和存储来自各个业务系统的原始数据。这些数据可能来自 CRM 系统、ERP 系统、日志文件、传感器数据或其他外部数据源。在这一层,数据通常以其原始格式和结构存储,不进行任何转换或处理。源数据层的主要功能是作为一个临时存储区域,确保在数据传输过程中数据的完整性和可用性。它不对外开放,意味着只有经过授权的数据仓库系统才能够访问这一层的数据。这样的设计是为了确保原始数据的准确性和安全性,防止未经授权的访问和修改。

（2）数据仓库层

数据仓库层是数据仓库体系结构的核心，负责将源数据层中的原始数据进行提取、转换和加载（ETL）操作，生成标准化的数据结构。这一层通过 ETL 工具对源数据进行清洗、整合和格式化，消除数据中的不一致性和冗余，确保数据的质量和准确性。在数据仓库层，数据通常以星形模型或雪花模型进行组织，以便进行高效的数据查询和分析。数据被存储在关系型数据库或列式存储系统中，根据数据的特性和查询需求进行选择。此外，数据仓库层还提供了数据的版本控制和历史数据存储功能，以便追踪数据的变化和历史信息。

（3）数据应用层

数据应用层是最终用户与数据仓库进行交互的界面。在这一层，前端应用程序直接读取数据仓库层提供的数据源，用于生成报表、进行数据分析和可视化等操作。数据应用层根据具体的业务需求和数据使用场景，对数据进行进一步的计算、聚合和摘要，以满足用户的分析需求。数据应用层通常提供了各种查询和分析工具，如 SQL 查询界面、OLAP 分析工具、数据挖掘工具等，使用户能够轻松地访问和分析数据。此外，数据应用层还支持自定义报表和仪表板的创建，以便用户能够根据自己的需求进行数据可视化和监控。

数据仓库的体系结构通过源数据层、数据仓库层和数据应用层的分离和协作，实现了从原始数据采集到最终数据分析的全过程。每个层次都有其特定的功能和关注点，但它们是紧密相连、相互依赖的。通过合理设计和优化每个层次，可以构建一个高效、可靠和灵活的数据仓库系统，为企业和组织提供准确、及时的数据支持和决策依据。

任务 1.2 认识 Hive 数据仓库

认识Hive
数据仓库

1.2.1 任务描述

在当前的任务中，我们将深入探讨 Hive，这是一个基于 Hadoop 的数据仓库工具。我们将详细介绍 Hive 的架构、基本数据类型及其如何融入整个大数据生态系统。通过本次任务，读者将更好地理解 Hive 的功能、优点以及它在大规模数据处理和分析中的角色。

1.2.2 任务准备知识

为了更好地理解 Hive 及其上下文，首先需要了解两个核心概念：OLTP 和 OLAP。

1. OLTP（联机事务处理）

OLTP 是传统的关系型数据库的主要应用，如 MySQL、Oracle 和 SQL Server 等。它主要处理基本的日常事务，如银行交易、订单处理等。OLTP 系统的特点是高并发、小数据量的事务，要求快速的读写响应。

2. OLAP（联机分析处理）

与 OLTP 不同，OLAP 专注于数据仓库系统，支持复杂的分析操作，侧重于决策支持。它处理的数据量通常很大，但查询的并发性相对较低。OLAP 系统通常为用户提供直观、易懂的查询结果，帮助决策者进行趋势分析、数据挖掘等操作。

了解这两者的区别对于理解 Hive 在大数据生态系统中的位置非常重要。Hive 主要作为一个 OLAP 工具，允许用户在 Hadoop 上进行复杂的数据分析。

1.2.3 任务实施

1. Hive 概述

Hive 是一个开源的数据仓库工具，专为 Hadoop 设计。它提供了一个中央存储和分析大规模数据的机制。Hive 的底层依赖于 Hadoop 的分布式文件系统 HDFS 来存储数据，并使用 MapReduce 作为其分布式并行计算模型来处理数据。这使得 Hive 具有良好的可扩展性和容错性。

与其他数据仓库系统相似，Hive 也允许用户定义表格、列和数据类型。但是，与传统的关系型数据库不同，Hive 不提供实时的读写功能。相反，它主要针对批量数据进行处理和分析。为了查询数据，Hive 定义了一种简单的 SQL-LIKE 语言，称为 HiveQL。用户可以使用 HiveQL 来执行查询，而 Hive 将这些查询转化为 MapReduce 任务在后台执行。

此外，Hive 还支持用户自定义函数（UDF），这使得数据分析更加灵活和强大。用户可以编写自己的函数来处理特定逻辑，然后在 Hive 查询中直接使用这些函数。

Hive 为 Hadoop 提供了一个强大的数据仓库层，使用户能够更容易地组织和查询大规模数据集。通过结合 HDFS 的存储能力和 MapReduce 的计算能力，Hive 为大数据分析提供了一个可靠和可扩展的平台。

2. Hive 架构

Hive 作为一个构建在 Hadoop 上的数据仓库工具，其架构体现了如何处理、存储和查询大规模数据集。Hive 架构如图 1-2 所示，以下是 Hive 架构的主要组件及其功能的详细描述。

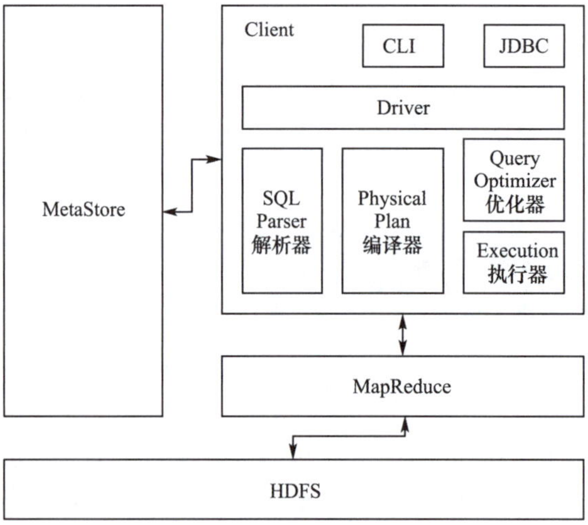

图 1-2　Hive 架构

（1）用户接口层

Hive 为用户提供了多种接口，以满足不同的使用需求。

• CLI(Hive Shell):命令行接口,允许用户通过简单的命令行工具与 Hive 进行交互。

• JDBC/ODBC:这使得 Java 应用程序或其他支持 ODBC 的工具能够连接到 Hive 并执行查询。

• Web UI:通过 Web 浏览器,用户可以轻松访问 Hive 并执行查询或查看结果,无须安装任何特定的客户端软件。

(2)元数据(MetaStore)

元数据在 Hive 中扮演着至关重要的角色。它存储了 Hive 中有关数据的信息,如数据库的名称、表的定义、列的数据类型等。在默认情况下,这些元数据存储在 Derby 数据库中,但由于 Derby 的限制(如并发连接数等),生产环境中通常推荐使用 MySQL 或其他更强大的数据库来存储 MetaStore。

(3)Hadoop 底层

Hadoop 是 Hive 的基石。Hive 利用 Hadoop 的分布式文件系统 HDFS 来存储实际的数据文件。当用户提交查询时,Hive 将这些查询转化为 MapReduce 任务,然后提交给 Hadoop 进行处理。Hadoop 的 MapReduce 模型确保了数据的分布式处理和高效计算。

(4)驱动器(Driver)

这是 Hive 的大脑,负责接收、解析和优化用户提交的查询,并协调与 Hadoop 的交互。驱动器主要由以下几个组件组成。

• 解析器(SQL Parser):使用如 ANTLR 之类的工具库,将用户提交的 SQL 查询字符串转化为抽象语法树(AST)。然后,它会检查这个 AST 的语法和语义,确保查询是有效的。

• 编译器(Physical Plan):将 AST 转化为逻辑执行计划。这一步确定了如何执行查询,但并不涉及具体的执行细节。

• 优化器(Query Optimizer):基于一系列的规则和策略,对逻辑执行计划进行优化,以提高查询的性能。

• 执行器(Execution):将逻辑执行计划转化为物理执行计划,并提交给 Hadoop 进行实际的计算。在这里,物理执行计划通常是 MapReduce 或 Spark 任务。

Hive 的架构体现了其如何处理用户的查询请求。通过用户接口接收到的 SQL 查询,经过驱动器的解析、编译、优化和执行,最终转化为 Hadoop 上的 MapReduce 任务进行实际的计算。这种架构使得 Hive 能够处理大规模的数据集,并为复杂的分析查询提供支持。

3. Hive 数据类型

Hive 支持多种数据类型,以满足各种数据存储和查询需求。这些数据类型可以分为两大类:基本数据类型(表 1-1)和集合数据类型(表 1-2)。

表 1-1 基本数据类型

Hive 数据类型	Java 数据类型	长度	示例
TINYINT	byte	1 byte 有符号整数	20
SMALINT	short	2 byte 有符号整数	20
INT	int	4 byte 有符号整数	20
BIGINT	long	8 byte 有符号整数	20
BOOLEAN	boolean	布尔类型,true 或者 false	true false
FLOAT	float	单精度浮点数	3.141 59

（续表）

Hive 数据类型	Java 数据类型	长度	示例
DOUBLE	double	双精度浮点数	3.141 59
STRING	String	字符系列，可以指定字符集。可以使用单引号或者双引号	'now is the time' "for all good men"
TIMESTAMP		时间类型	2023-10-25
BINARY		字节数组	

Hive 的 STRING 类型相当于数据库的 VARCHAR 类型，该类型是一个可变的字符串，但它不能声明其中最多能存储的字符个数，理论上可以存储 2 GB 的字符数。

整数型：包括 TINYINT、SMALINT、INT、BIGINT，用于定义 Hive 中的整数，分别为 1、2、4、8 位。

浮点型：包括 FLOAT、DOUBLE，用于定义 Hive 中的浮点数，分别为 8、16 位。

字符型：STRING，用于定义字符串。

时间类型：TIMESTAMP，用于定义时间，格式为 yyyy-MM-dd(如 2023-10-25)。

字节数据：代表一个字节。

表 1-2　　集合数据类型

数据类型	描述	语法示例
Struct	和 C 语言中的 struct 类似，都可以通过"点"符号访问元素内容。例如，某个列的数据类型是 Struct{first:STRING, last:STRING}，那么第 1 个元素可以通过"字段.first"来引用	Struct()
Map	Map 是一组键值对元组集合，使用数组表示法可以访问数据。例如，某个列的数据类型是 Map，其中键值对是'first'→'John'和'last'→'Doe'，那么可以通过"字段名['last']"获取最后一个元素	Map()
Array	数组是一组具有相同类型和名称的变量的集合。这些变量称为数组的元素，每个数组元素都有一个编号，编号从 0 开始。例如，数组值为['John', 'Doe']，那么第 2 个元素可以通过数组名[1]进行引用	Array()

Hive 提供了三种集合数据类型：Struct、Map 和 Array。这些复杂数据类型允许用户定义更复杂的数据结构，并支持任意层次的嵌套。

(1)Struct：类似于 C 语言中的 struct，Struct 允许将多个不同类型的数据字段组合成一个单一的数据类型，可以通过"."符号访问其元素内容。例如，有一个 Struct 类型字段 person 定义为 Struct{first: STRING, last: STRING}，那么可以通过 person.first 和 person.last 来引用其元素。

(2)Map：Map 是一组键值对的集合。在 Hive 中，Map 的键和值可以是任意的数据类型，包括基本数据类型或其他复杂数据类型。可以使用数组表示法来访问 Map 中的元素。例如，对于一个 Map 字段 info，其中存储了'first'→'John'和'last'→'Doe'这样的键值对，可以通过 info['last']来获取'Doe'这个值。

(3)Array：Array 是一组相同类型的元素的集合。与 Map 和 Struct 不同，Array 的所有元素都必须是同一种数据类型。可以使用数组索引来访问 Array 中的元素，索引从 0 开始。例如，对于一个 Array 字段 names，其中存储了['John', 'Doe']，可以通过 names[1]来获取'Doe'这个值。

这些复杂数据类型为 Hive 提供了极大的灵活性，使其能够适应各种复杂的数据存储和分析场景。

项目小结

我们在本项目中首先学习了数据库、数据仓库的概念，其中重点介绍了数据仓库的特点和数据仓库的数据模型以及数据仓库的体系结构；其次进一步学习了 Hive 数据仓库的基本概念，详细介绍了 Hive 的架构和 Hive 的数据类型。在本项目中，不仅理解和掌握数据仓库的基本概念和特点，同时也认识了 Hive 的基本概念和架构，是后续应用 Hive 解决实际问题的重要基础。

思政小课堂

“三百六十行，行行出状元”，要深植“劳动光荣、技能宝贵、创造伟大”的观念，继承中国源远流长的“工匠精神”、精湛手艺，让“中国制造”“中国创造”释放出更为夺目的光彩。港珠澳大桥岛隧工程首席钳工管延安，其安装的精密设备完成了 16 次海底隧道对接，为港珠澳大桥岛隧工程的顺利进行做出了重大贡献。他以高超的技艺、精湛的技术、敬业的品德和灵巧的双手，在平凡的岗位上成为“大国工匠”。我们也要有这种“工匠精神”，那么开发出类似 Hive 数据仓库这样的工具将会更多更好。

课后练习

简答题

1. 简述数据仓库特点。
2. 简述 Hive 架构主要组件和功能。

项目 2 Hive 环境搭建

知识目标

1. 掌握使用虚拟机软件工具创建、克隆、启动 Linux 系统环境。
2. 掌握在虚拟机 Linux 系统中设置网络、主机名和 SSH 服务。
3. 掌握在 Linux 系统中部署全分布式 Hadoop 环境的步骤。
4. 掌握在 Linux 系统中搭建 Hive 的方法。

技能目标

1. 能够运用虚拟机软件创建 Linux 系统环境，并完成相应网络配置。
2. 能够通过 Hadoop 的部署，掌握 Hadoop 高可用集群的规划方法。
3. 能够通过 Hive 环境的搭建，掌握 Hive 嵌入、本地、远程三种模式。

素质目标

1. 通过 Hive 环境搭建过程的学习培养探究精神和自学能力。
2. 培养创新精神、创业意识。
3. 培养良好的职业道德和社会责任感。

Hive 是建立在 Hadoop 上的数据仓库基础构架。它提供了一系列的工具，可以存储、查询和分析存储在分布式存储系统中的大规模数据集。本项目主要介绍 Hive 运行环境的安装、配置过程与详细配置方法，从零开始带领读者一步一步地完成 Hive 的搭建。

任务 2.1 搭建 Linux 环境

2.1.1 任务描述

本书采用 Linux 作为 Hive 的运行环境。本任务将学会如何使用虚拟机工具软件 VMware Workstation 来创建、克隆和启动 Linux 系统，同时在虚拟机中对 Linux 系统的网络、主机名等进行设置，为后续 Hadoop 和 Hive 的部署打下基础。

2.1.2 任务准备知识

1. Linux

Linux 全称为 GNU/Linux，是一套免费使用和自由传播的类 UNIX 操作系统，是多用户、多任务、支持多线程和多 CPU 的操作系统。伴随着互联网的发展，Linux 得到了来自全世界软件爱好者、组织、公司的支持。它除了在服务器方面保持着强劲的发展势头以外，在个人电脑、嵌入式系统上都有着长足的进步。

2. VMware Workstation

为了更加方便地学习与上机实践如何创建、克隆、启动与设置 Linux 系统，本书采用虚拟机软件完成相关的相关操作，这里采用的是 VMware Workstation 16 Pro 版本。VMware Workstation 是一款功能强大的桌面虚拟计算机软件，为用户提供在单一的桌面上同时运行不同的操作系统，并进行开发、测试、部署新的应用程序的最佳解决方案。在 VMware Workstation 中，可以在一个窗口中加载一台虚拟机，它可以运行自己的操作系统和应用程序。用户可以在运行于桌面上的多台虚拟机之间切换，可以挂起和恢复虚拟机以及退出虚拟机，这一切不会影响用户的主机操作和任何操作系统或者其他正在运行的应用程序。

2.1.3 任务实施

1. 虚拟机的安装与创建

下载并安装 VMware Workstation 16 Pro(后面简称 VMWare)，安装成功后首先需要设置虚拟机网络环境，通过“开始”菜单找到 VMware 的程序安装目录，打开其中的“虚拟网络编辑器”，选择 VMnet8 NAT 模式，然后设置其子网 IP 为 192.168.137.0，如图 2-1 所示。

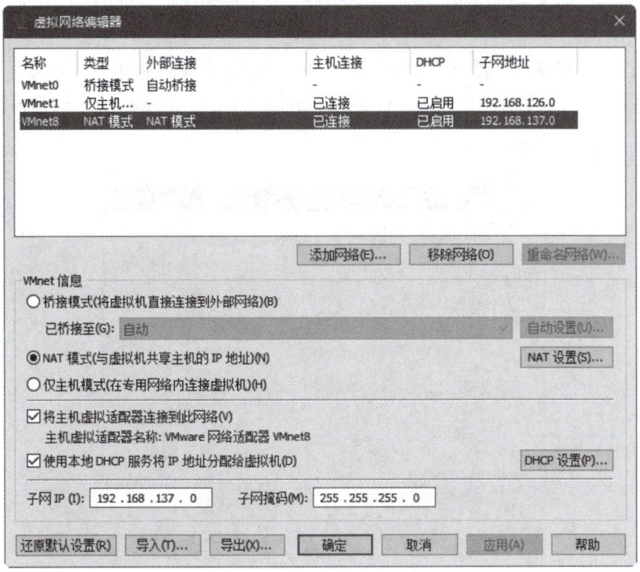

图 2-1 虚拟网络编辑器设置

虚拟网络设置成功后打开 VMware，进入 VMware 的主界面，如图 2-2 所示。

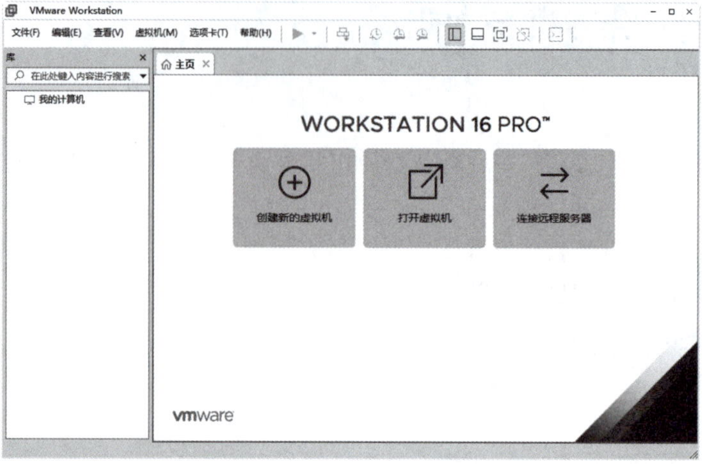

图 2-2　VMWare 主界面

在 VMWare 中创建虚拟机的步骤如下：

步骤 1：单击图 2-2 中的“创建新的虚拟机”选项，打开“新建虚拟机向导”对话框，选择“自定义(高级)”选项，然后单击“下一步”按钮，如图 2-3 所示。

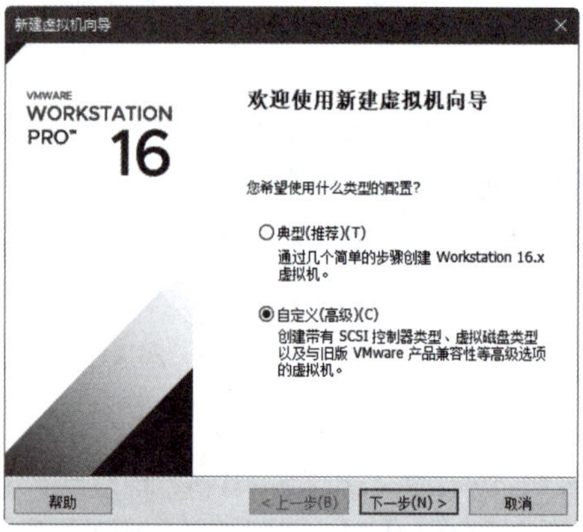

图 2-3　“新建虚拟机向导”对话框

步骤 2：打开“选择虚拟机硬件兼容性”对话框，硬件兼容性使用默认值，不做任何操作，直接单击“下一步”按钮，打开“安装客户机操作系统”对话框，选择“稍后安装操作系统”，然后单击“下一步”按钮，如图 2-4 所示。

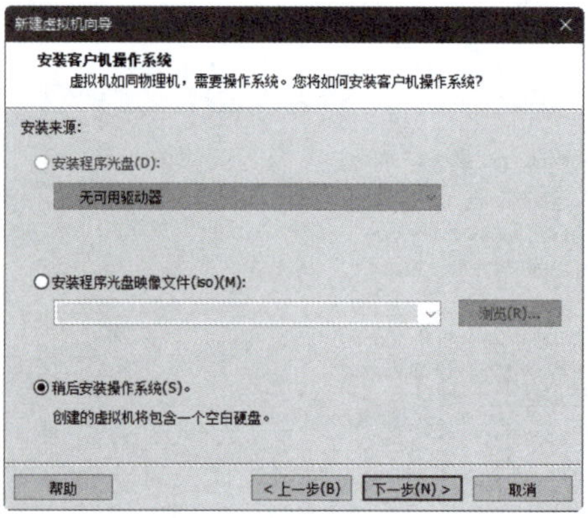

图 2-4　“安装客户机操作系统”对话框

步骤 3：在打开的“选择客户机操作系统”对话框中选择“Linux(L)”，版本下拉选择“CentOS 7 64 位”，然后单击“下一步”按钮，如图 2-5 所示。

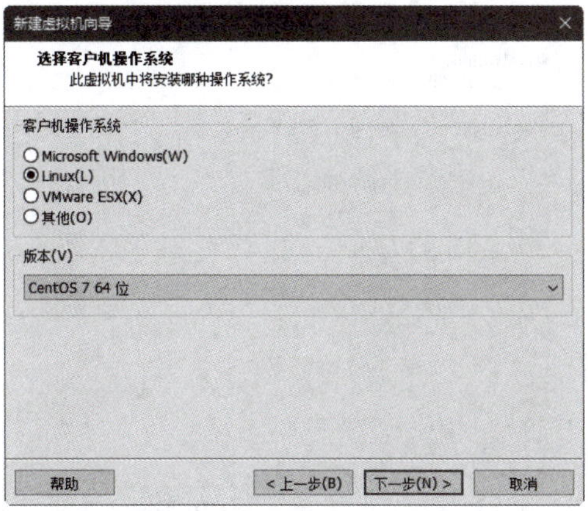

图 2-5 “选择客户机操作系统”对话框

步骤 4：打开“命名虚拟机”对话框，填写虚拟机名称“node1”，同时选择虚拟机文件的位置，可根据自身电脑磁盘空间剩余情况选择相应的位置，此处选择 D 盘的 node1 文件夹，然后单击“下一步”按钮，如图 2-6 所示。

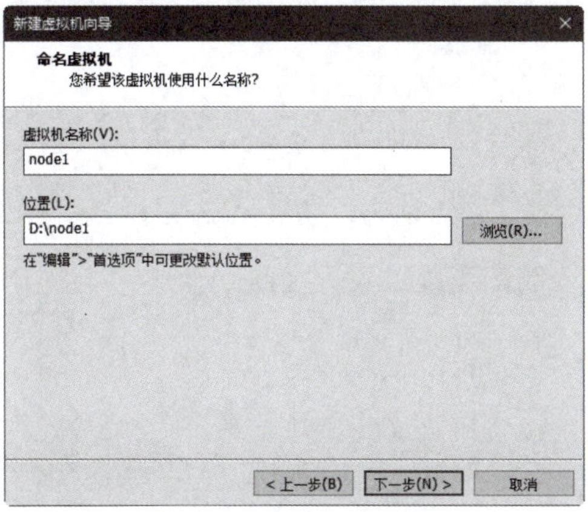

图 2-6 命名虚拟机对话框

步骤 5：打开“处理器配置”对话框，下拉选择处理器数量为 1，每个处理的内核数量为 2，然后单击“下一步”按钮，如图 2-7 所示。

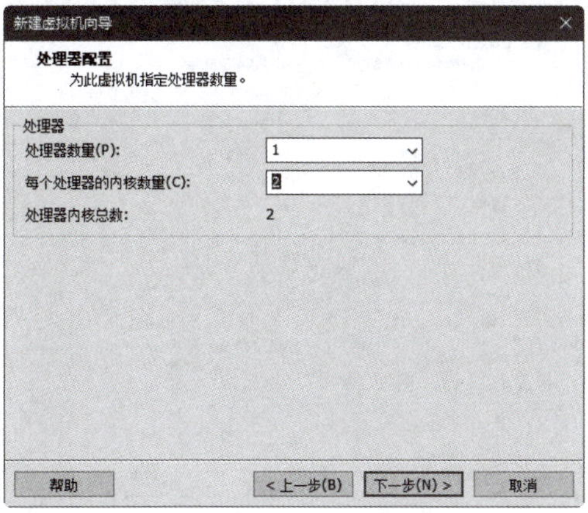

图 2-7 “处理器配置”对话框

步骤 6：打开“此虚拟机内存”对话框，根据自身电脑硬件配置情况，此处设置内存为 2048 MB，即 2 GB，然后单击“下一步”按钮，如图 2-8 所示。

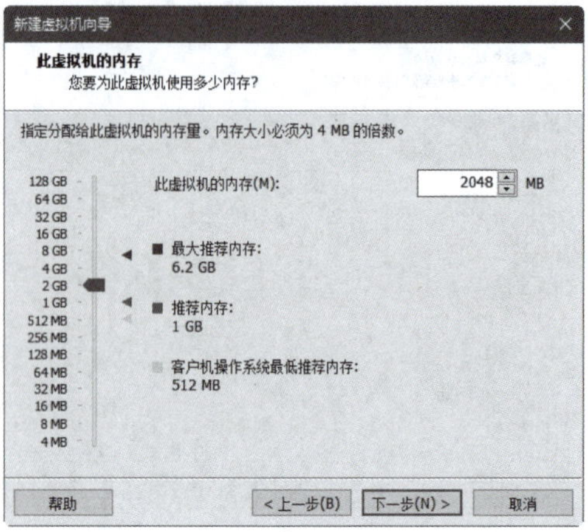

图 2-8 “此虚拟机的内存”对话框

步骤 7：打开“网络类型”对话框，选择“使用网络地址转换(NAT)(E)”选项，然后单击“下一步”按钮，如图 2-9 所示。

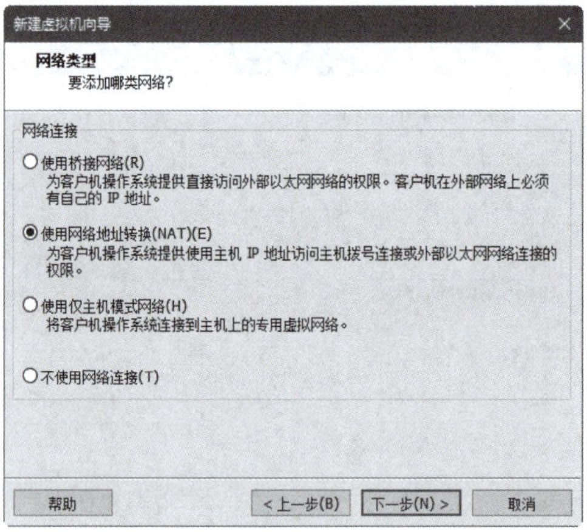

图 2-9 “网络类型”对话框

步骤 8：打开“选择 I/O 控制器类型”对话框，此处选择默认的“LSI Logic(L)”选项，然后单击“下一步”按钮，如图 2-10 所示。

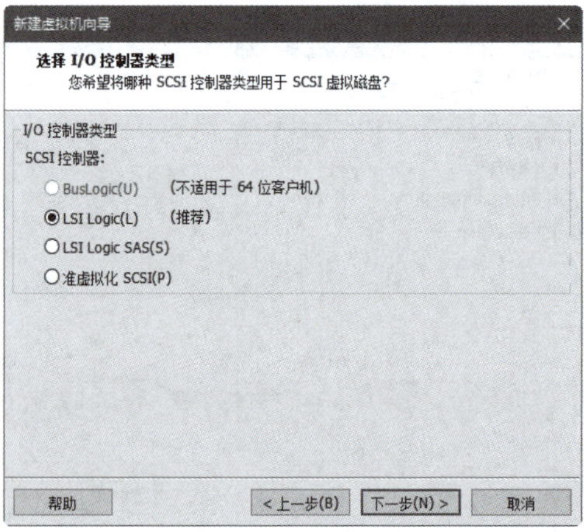

图 2-10 “选择 I/O 控制器类型”对话框

步骤 9：打开“选择磁盘类型”对话框，此处选择默认的“SCSI(S)”选项，然后单击“下一步”按钮，如图 2-11 示。

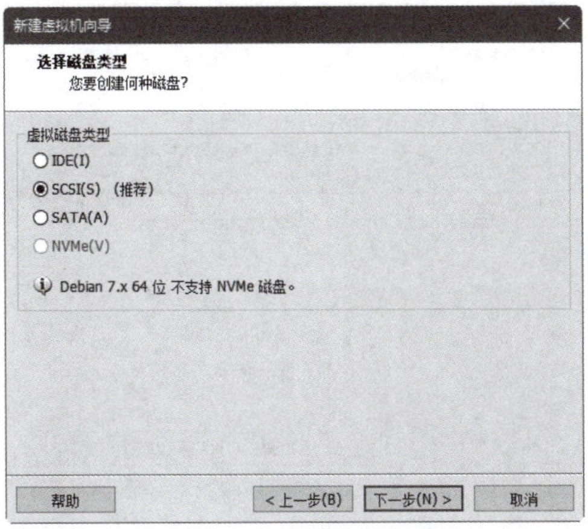

图 2-11 “选择磁盘类型”对话框

步骤 10：打开“选择磁盘”对话框，此处选择默认的“创建新虚拟磁盘(V)”选项，然后单击“下一步”按钮，如图 2-12 所示。

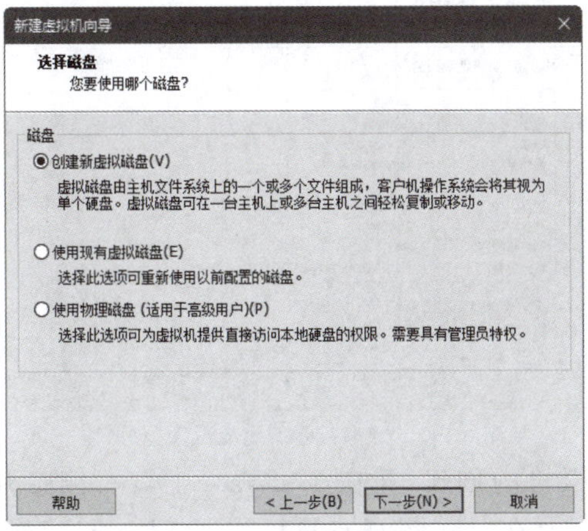

图 2-12 “选择磁盘”对话框

步骤 11：打开“指定磁盘容量”对话框，此处设置最大磁盘大小为 20 GB，然后单击“下一步”按钮，如图 2-13 所示。

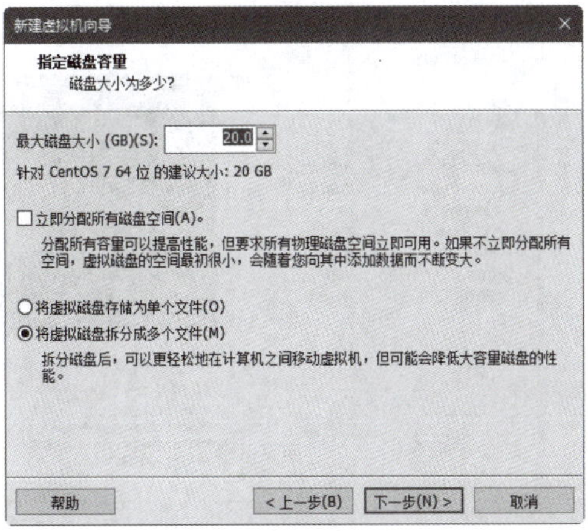

图 2-13 “指定磁盘容量”对话框

步骤 12：打开“指定磁盘文件”对话框，此处设置磁盘文件名为“node1. vmdk”，然后单击“下一步”按钮，如图 2-14 所示。

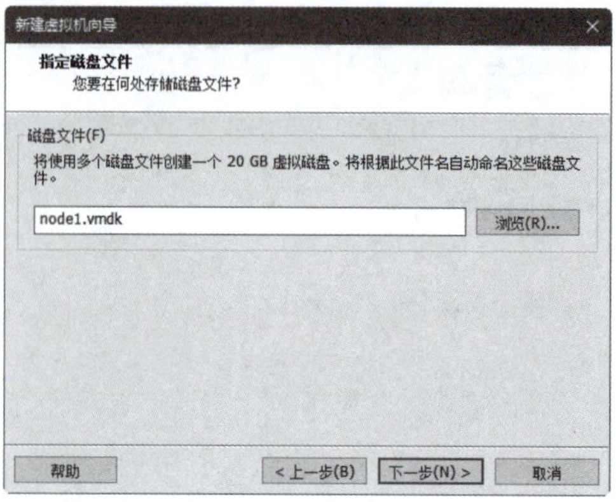

图 2-14　“指定磁盘文件”对话框

步骤 13：打开“已准备好创建虚拟机”对话框，此处会显示刚才创建的虚拟机的配置清单，也可以单击“自定义硬件”按钮对虚拟机的配置进行修改，确认无误后单击“完成”按钮，如图 2-15 所示。

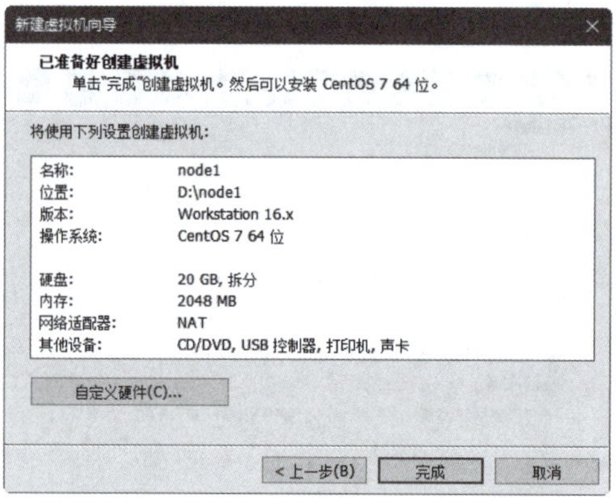

图 2-15　“已准备好创建虚拟机”对话框

步骤 14：最终完成虚拟机的创建，并在 VMWare 主页右侧打开 node1 选项卡，其中显示 node1 虚拟机的配置情况，同时在左侧“我的计算机”下出现“node1”菜单选项，如图 2-16 所示。

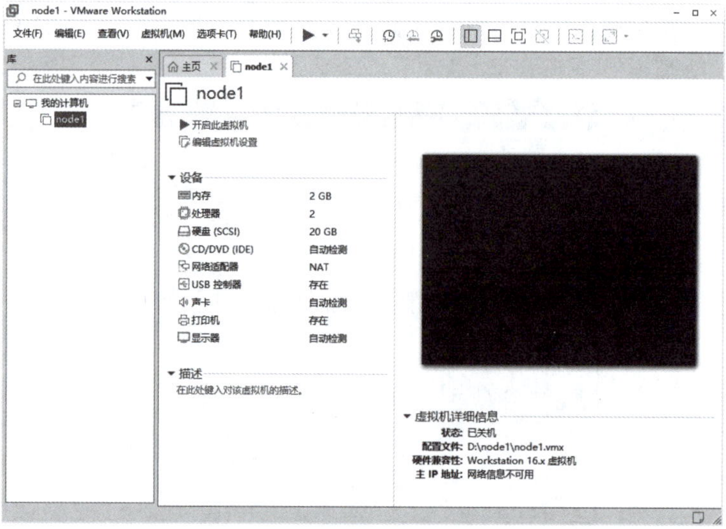

图 2-16　完成虚拟机 node1 的创建

2. Linux 安装

通过上述虚拟机的安装与创建步骤我们有了一个名为 node1 的虚拟机，但是该虚拟机并未安装 Linux，可以说只是一个空壳。下面将在 node1 虚拟机中安装与配置 Linux 系统。步骤如下：

步骤 1：在如图 2-16 所示的 node1 选项卡中单击“编辑选项卡设置”，打开“虚拟机设置”对话框，选择“硬件”选项卡中的“CD/DVD(IDE)”选项，在右侧“使用 ISO 映像文件”下单击“浏览”按钮，在本机中选择事先准备好的 Linux 的镜像文件，此处安装的是 CentOS-7 版本的 Linux，然后单击“确定”按钮，如图 2-17 所示。

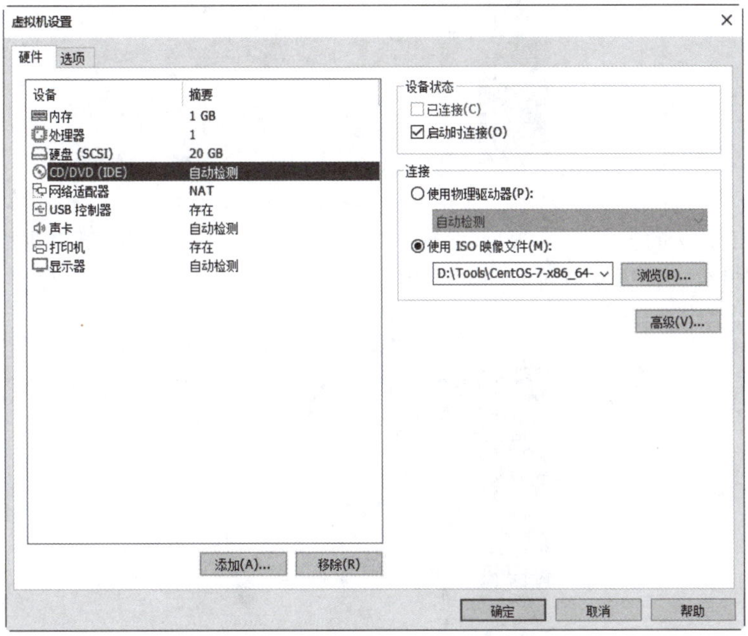

图 2-17　选择 Linux 安装镜像文件

步骤 2：加载完镜像文件，VMWare 重新回到了如图 2-16 所示的界面，此时选择“开启此虚拟机”，打开如图 2-18 所示界面，鼠标点进到虚拟机里面，选择第一项“Install CentOS 7”，然后按键盘回车键，开始在虚拟机中安装 Linux。

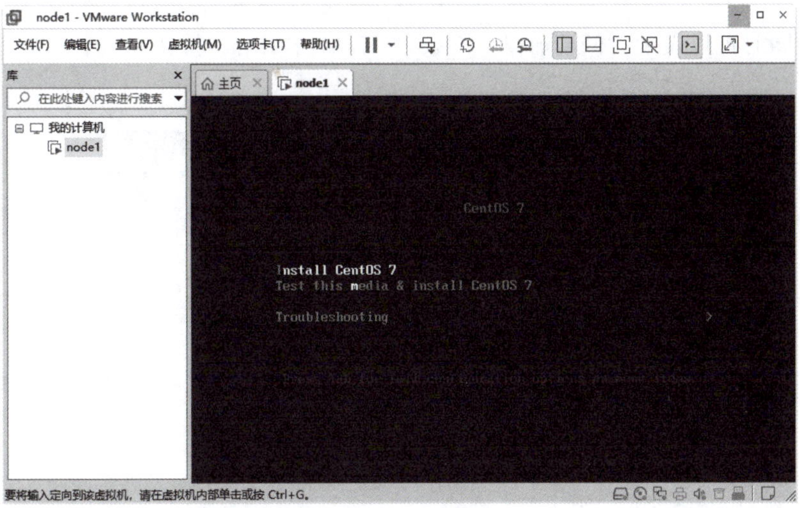

图 2-18　开始安装 Linux

步骤 3:在 Linux 的安装欢迎界面"WELLCOME TO CENTOS 7."选择语言为默认的"English(United States)",然后单击"Continue"按钮,如图 2-19 所示。

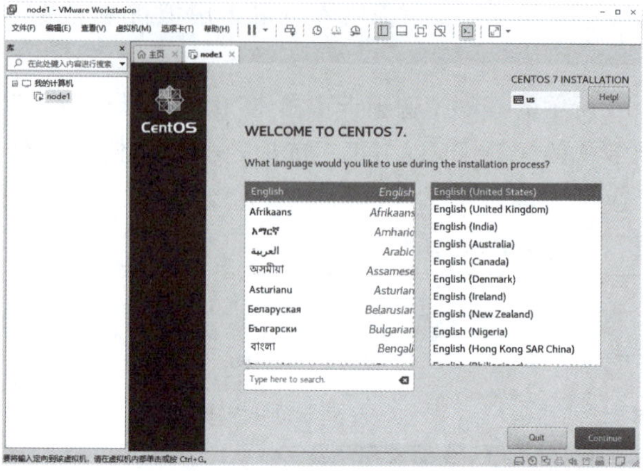

图 2-19 选择语言

步骤 4:在 Linux 的安装概览界面"INSTALLATION SUMMARY"可以进行时区、时间、安装组件、网络等设置。首先来设置时间与时区,单击"DATE & TIME"选项,如图 2-20 所示。

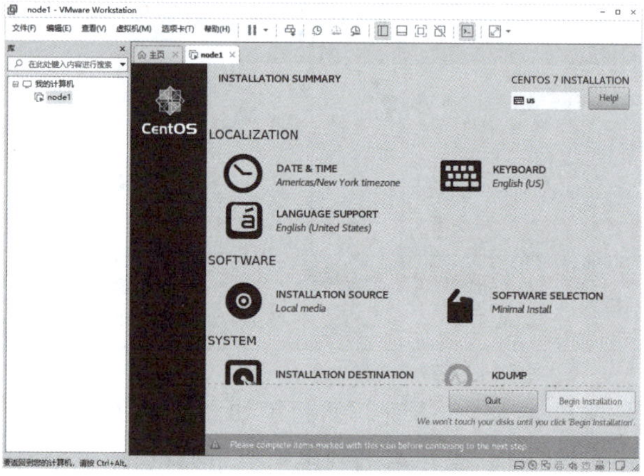

图 2-20 安装概览界面

打开时间与时区界面"DATE & TIME",选择区域为亚洲"Asia",城市为上海"Shanghai",同时可以设置时间与日期,完成设置后单击"Done"按钮,如图 2-21 所示。

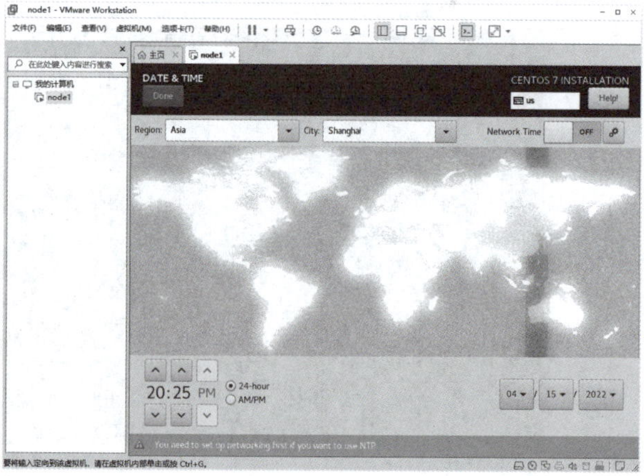

图 2-21 设置时间与时区

步骤 5：选择 Linux 软件基本环境，回到如图 2-20 所示的安装概览界面，单击概览界面的“SOFTWARE SELECTION”选项，打开“SOFTWARE SELECTION”界面，选择默认的最小化安装“Minimal Install”选项，完成设置后单击“Done”按钮，如图 2-22 所示。

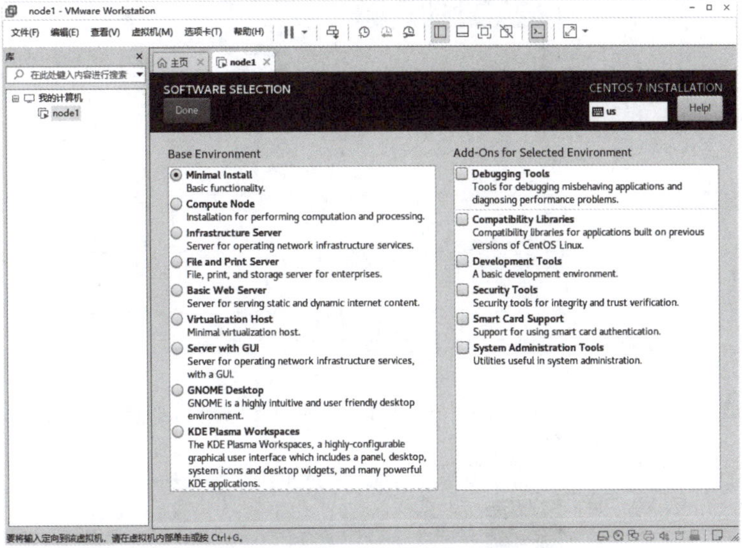

图 2-22 选择 Linux 软件基本环境

步骤 6：设置 Linux 的安装盘，回到如图 2-20 所示的安装概览界面，单击概览界面的“INSTALL DESTINATION”选项，打开“INSTALL DESTINATION”界面，选择默认的自动配置分区“Automatically configure partitioning”，完成设置后单击“Done”按钮，如图 2-23 所示。

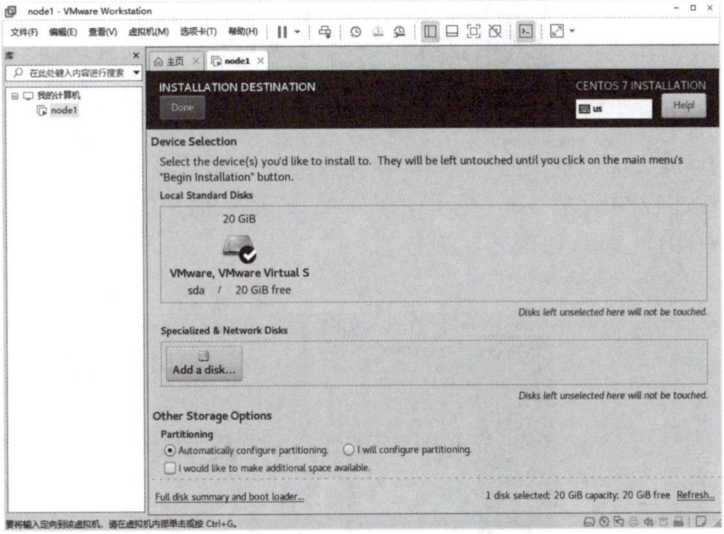

图 2-23 设置 Linux 的安装盘

步骤 7：设置 Linux 的网络与主机名，回到如图 2-20 所示的安装概览界面，单击概览界面的“NETWORK & HOST NAME”选项，打开“NETWORK & HOST NAME”界面，开启网络为“ON”打开状态，其他 IP 地址、子网掩码使用默认值。同时设置主机名为“node1”，然后单击后面的“Apply”按钮，这样修改后的主机名才能生效，完成设置后单击“Done”按钮，如图 2-24 所示。

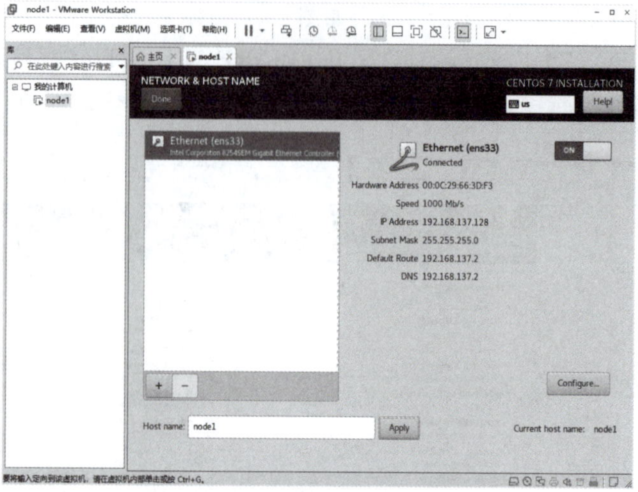

图 2-24 设置 Linux 的网络与主机名

步骤 8：完成配置后单击“Begin Installation”按钮开始安装，如图 2-25 所示。

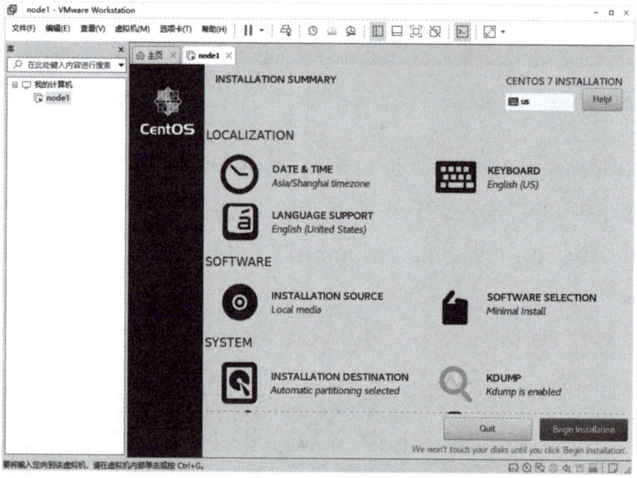

图 2-25 开始安装

步骤 9：安装过程中设置 root 密码，在安装配置界面“CONFIGURATION”中单击“ROOT PASSWORD”选项，如图 2-26 所示。

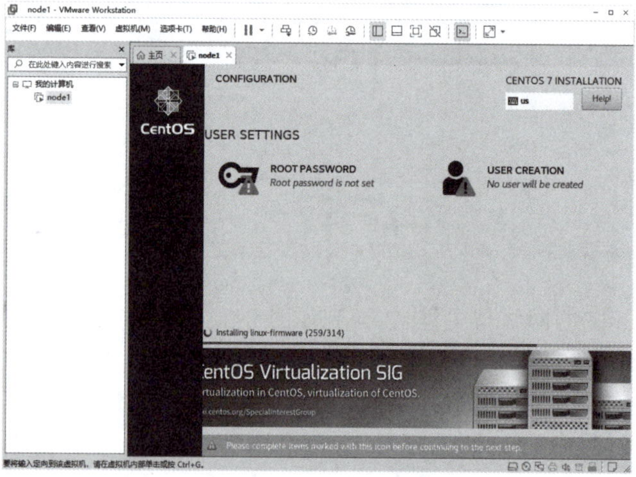

图 2-26 设置 root 密码

打开 root 密码设置界面“ROOT PASSWORD”，在此界面中输入密码“123456”，以及相同的确认密码，完成设置后单击“Done”按钮，如图 2-27 所示。

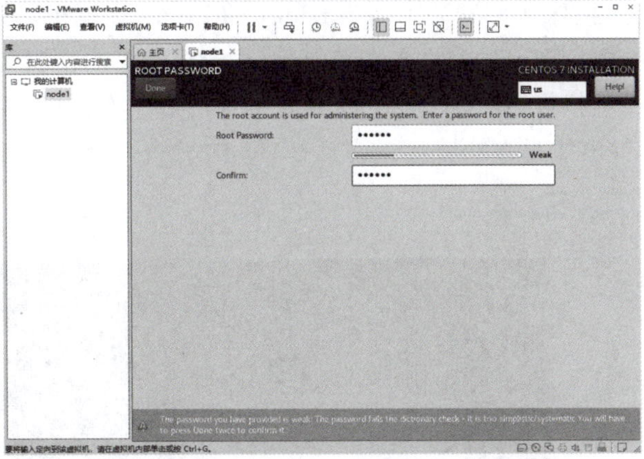

图 2-27 完成密码设置

步骤 10：安装完成后在“CONFIGURATION”界面中单击“Reboot”按钮，将开始重启 Linux 系统，如图 2-28 所示。

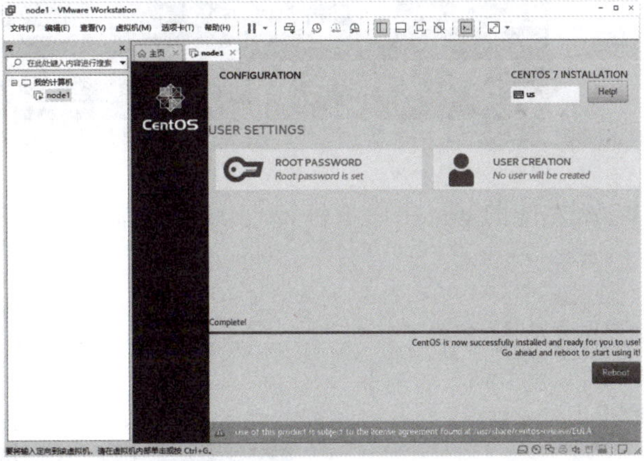

图 2-28 重启 Linux 系统界面

步骤 11：重启 Linux 系统后输入用户名“root”和密码“123456”，出现 Linux 的提示符“[root@node1 ~]#”，如图 2-29 所示，则说明 Linux 安装成功。

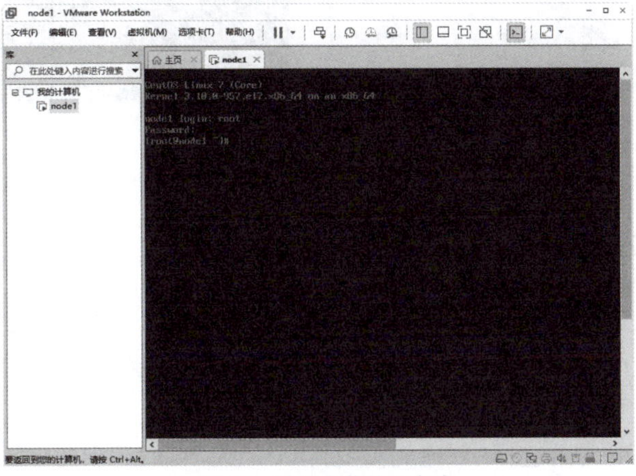

图 2-29 验证安装是否成功

3. Linux 克隆

本书 Hive 环境是基于高可用全分布式 Hadoop 来搭建的，至少需要三台 Linux 虚拟机，先前我们通过 CentOS 7 镜像文件安装了名为 node1 的 Linux 虚拟机，另外两台 Linux 虚拟机 node2 和 node3 可以通过克隆 node1 的方法来创建，克隆虚拟机的步骤如下：

步骤 1：关闭 node1 虚拟机，在 VMWare 的界面中点击选中左侧的 node1，然后通过快捷键"Ctrl＋E"关闭虚拟机，弹出如图 2-30 所示的对话框，单击"关机"按钮即可关闭 node1 虚拟机。

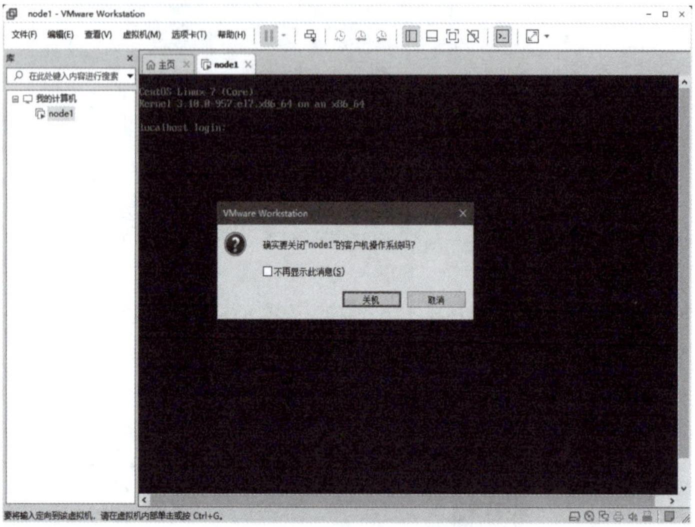

图 2-30　关闭 node1 虚拟机

步骤 2：右击 VMWare 左侧的 node1 虚拟机，弹出快捷菜单，选择"管理"→"克隆"菜单，如图 2-31 所示。

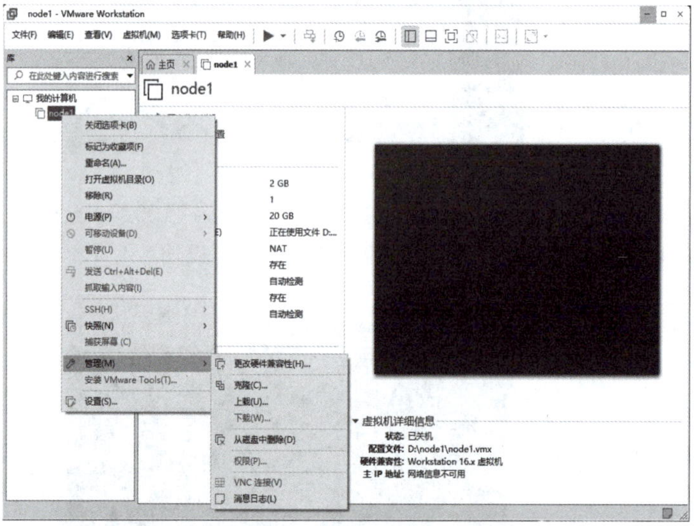

图 2-31　选择克隆菜单

弹出克隆虚拟机向导界面，然后单击"下一页"按钮，如图 2-32 所示。

步骤 3：在克隆源页面选择"虚拟机中的当前状态(C)"选项，然后单击"下一页"按钮，如图 2-33 所示。

步骤 4：在克隆类型页面选择"创建完整克隆(F)"选项，然后单击"下一页"按钮，如图 2-34 所示。

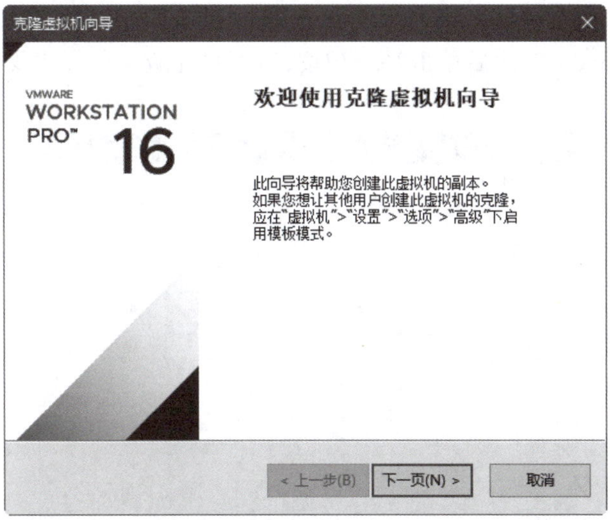

图 2-32 克隆虚拟机向导

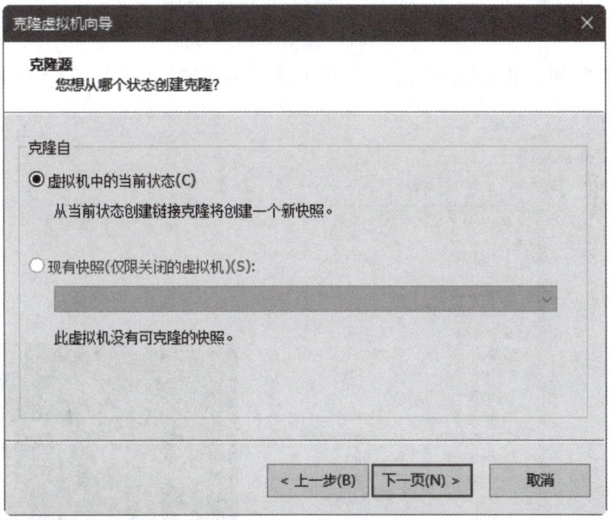

图 2-33 选择克隆源

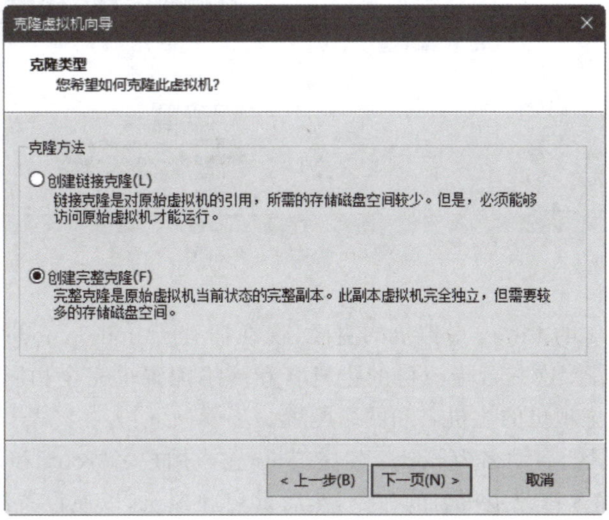

图 2-34 选择克隆类型

步骤 4：在新虚拟机名称页面输入虚拟机名称为“node2”，位置为 node2 虚拟机在本机安装位置，此处为“D:\node2”，然后单击“完成”按钮，即可完成 node2 虚拟机的创建，如图 2-35 所示。

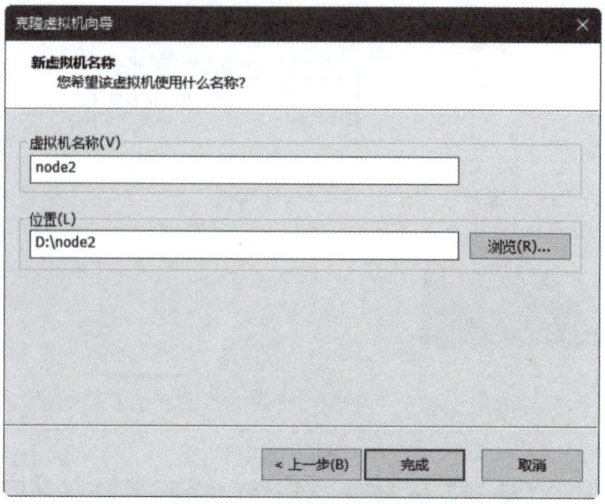

图 2-35　设置新虚拟机名称与位置

步骤 5：重复上述步骤，即可完成 node3 虚拟机的创建。最终三台虚拟机创建完成的情况如图 2-36 所示。

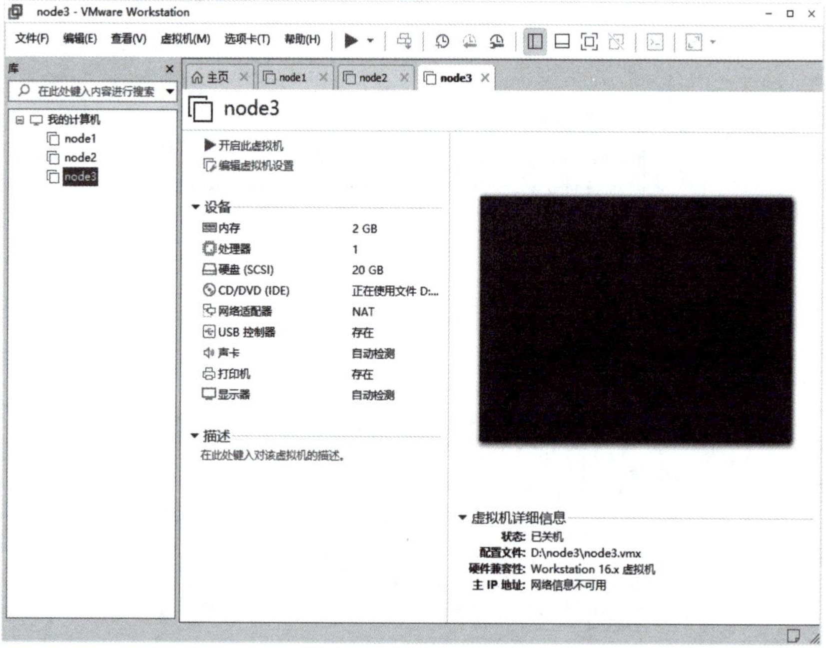

图 2-36　虚拟机完成克隆

4. Linux 配置

通过对名为 node1 的 Linux 虚拟机的克隆，现在拥有了 node1、node2、node3 三台配置完全相同的 Linux 虚拟机，这三台虚拟机的主机名和网络配置也完全相同，这显然不能满足需求。接下来需要修改虚拟机的主机名和网络配置。步骤如下：

步骤 1：修改主机名，启动名为 node2 的虚拟机，输入用户名“root”和密码“123456”登录系统，在 Linux 提示符输入修改主机名的命令，然后重启虚拟机，以便设置的新主机名 node2 生效，如图 2-37 所示。

```
[root@node1 ~]# hostnamectl set-hostname node2
[root@node1 ~]# reboot
```

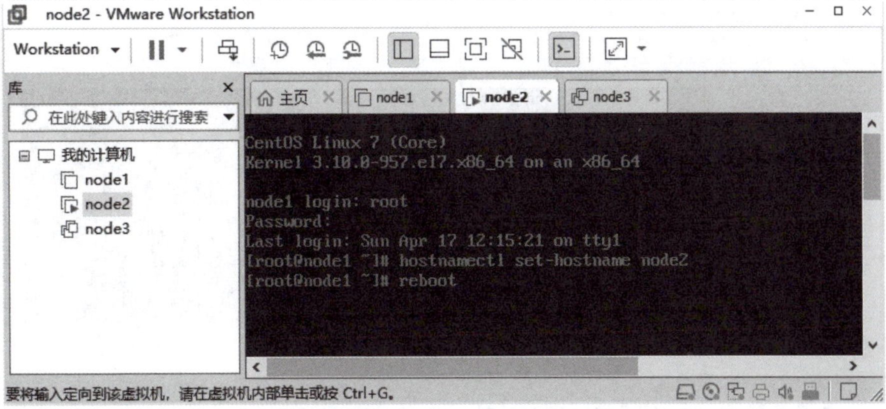

图 2-37　修改主机名

重启 node2 虚拟机，主机名被修改成了 node2，如图 2-38 所示。用同样的方法把 node3 虚拟机的主机名改成 node3。

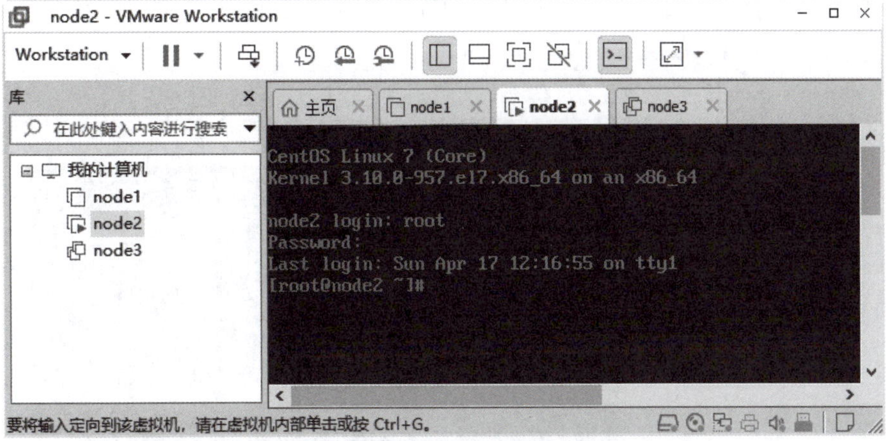

图 2-38　修改主机名成功

步骤 2：修改网络配置，启动 node2 虚拟机，在 Linux 提示符输入查看网络配置文件目录的命令，具体如下：

```
[root@node2 ~]# ls /etc/sysconfig/network-scripts/
```

在此目录下可以看到网络配置文件“ifcfg-ens33”，如图 2-39 所示。

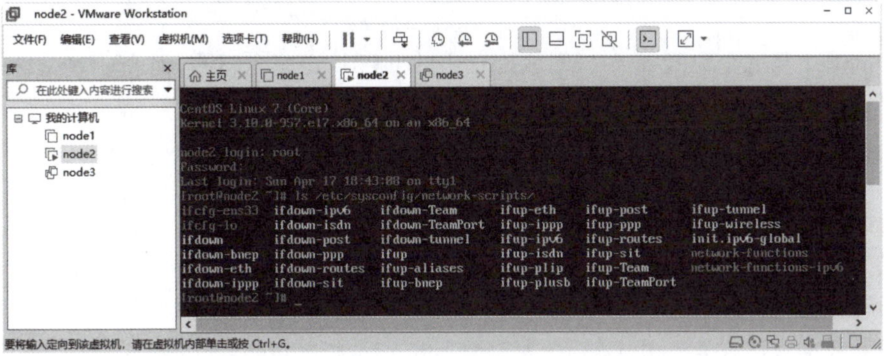

图 2-39　查看网络配置文件所在目录

使用 vi 编辑命令修改网络配置文件，如图 2-40 所示，具体命令如下：

```
[root@node2 ~]# vi /etc/sysconfig/network-scripts/ifcfg-ens33
```

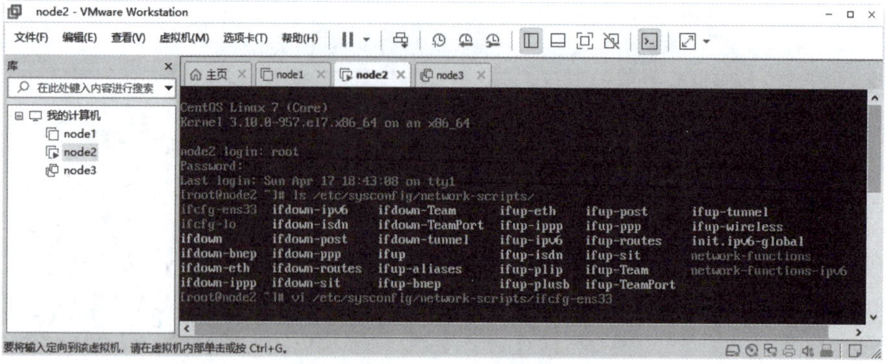

图 2-40　vi 命令打开网络配置文件

执行 vi 编辑命令后打开网络配置文件，修改 BOOTPROTO 为“static”，增加 IP 地址“IPADDR”、网关“GATEWAY”、子网掩码“NETMASK”、域名解析“DNS1”等参数，设置 node2 的 IP 地址为 192.168.137.129，网关为 192.168.137.2，子网掩码为 255.255.255.0，域名解析为 8.8.8.8，修改完保存配置并退出 vi 编辑器，网络配置如图 2-41 所示。

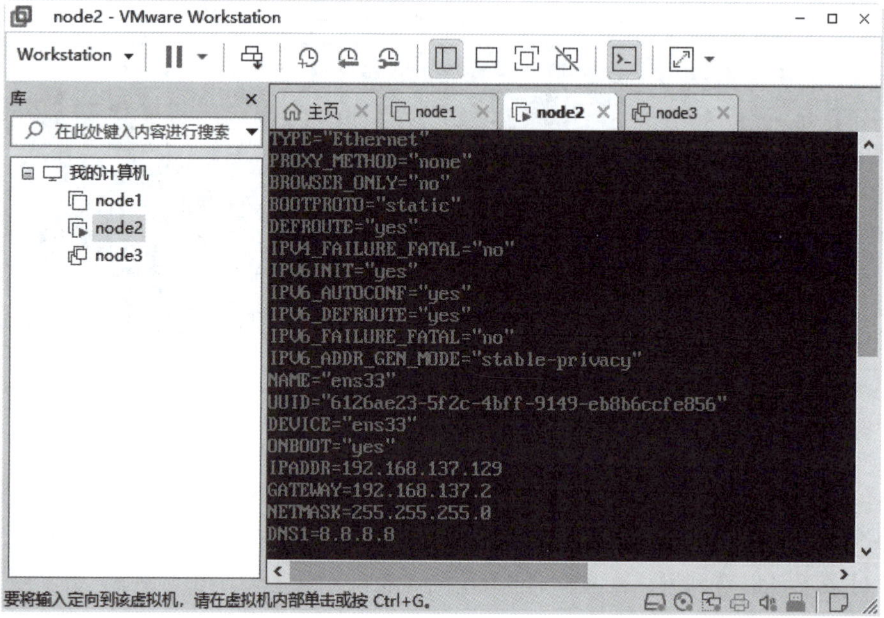

图 2-41　编辑网络配置文件

由于 node2 是完全克隆 node1，网络配置中的 UUID 也完全相同，但 UUID 是虚拟机的唯一标识码，可以通过命令来重新生成 UUID，具体命令如下：

```
[root@node2 ~]# sed -i '/UUID=/c\UUID='`uuidgen`'' /etc/sysconfig/network-scripts/ifcfg-ens33
```

注意区分上述命令中的单引号“'”与反引号“`”。

完成上述 node2 的网络设置与 UUID 的重新生成后一定要执行“service network restart”命令，使其生效。

使用同样的方法设置 node1 的 IP 为 192.138.137.128，node3 的 IP 为 192.168.137.130，其他网络配置相同，同时也将 node3 的 UUID 重新生成。

5. 通过 Xshell 连接 Linux 虚拟机

Xshell 是一个强大的安全终端模拟软件，支持 SSH1、SSH2 以及 Microsoft Windows 平台的 TELNET 协议。Xshell 是通过互联网到远程主机的安全连接。在 Xshell 的窗口还可以复制、粘贴 Linux 命令和配置文件，为方便学习，在将虚拟机启动后即可最小化 VMWare 窗口，通过 Xshell 来连接三台虚拟机，步骤如下：

步骤 1：打开 Xshell 工作窗口，单击选择"文件"→"新建会话属性"菜单，打开如图 2-42 所示的"新建会话属性"窗口，在名称处输入"node1"，主机输入"192.168.137.128"，然后单击"确定"按钮。

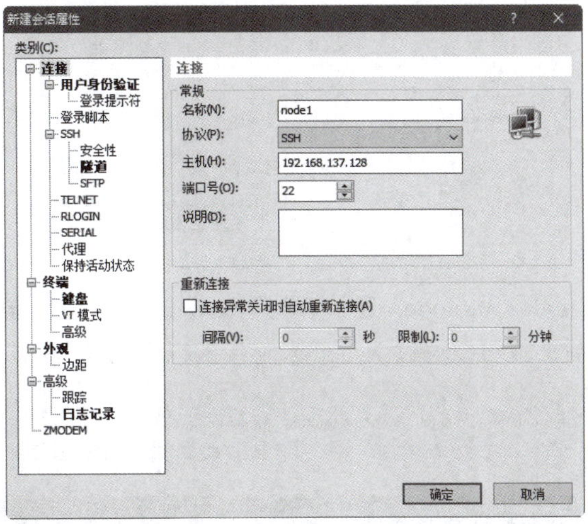

图 2-42 Xshell 连接 node1 设置

步骤 2：新建连接后，打开"会话"窗口，会显示当前的连接，选中 node1，然后单击"连接"按钮，如图 2-43 所示。

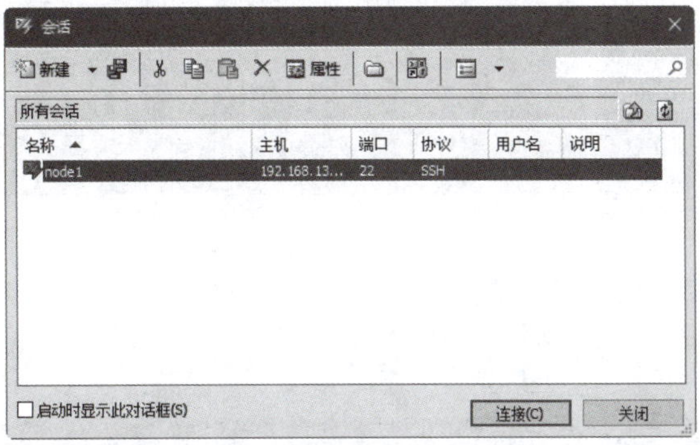

图 2-43 完成新建连接 node1 的会话

步骤 3：在弹出的"SSH 用户名"窗口中输入用户名"root"，勾选"记住用户名"复选框，然后单击"确定"按钮，如图 2-44 所示。

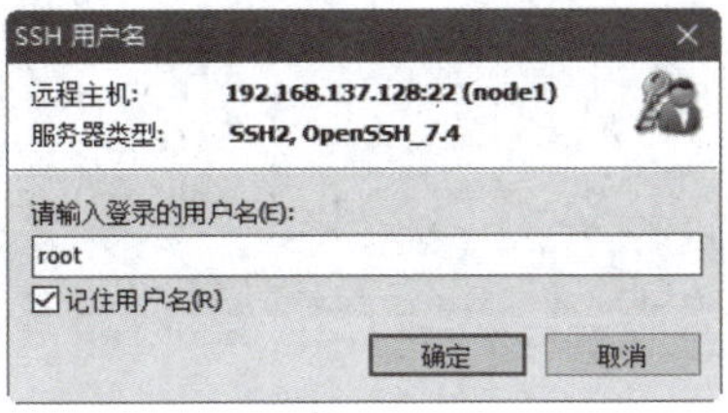

图 2-44 输入 SSH 用户名

步骤 4:在弹出的“SSH 用户身份验证”窗口中输入密码“123456”,勾选“记住密码”复选框,然后单击“确定”按钮,如图 2-45 所示。

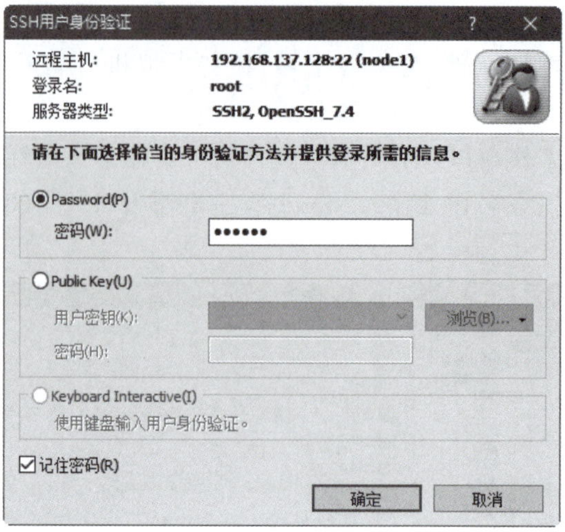

图 2-45　输入 SSH 密码

用同样的方法新建 node2 和 node3 连接,最终 Xshell 连接三台虚拟机的效果如图 2-46、图 2-47 和图 2-48 所示,后面就可以通过 Xshell 来连接虚拟机完成 Hadoop、Hive 等相关操作。

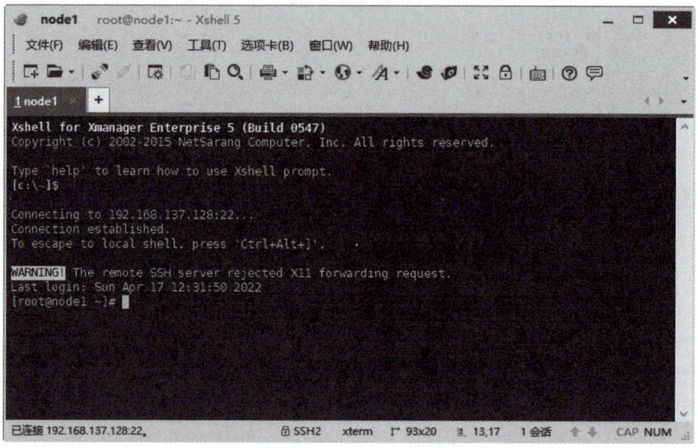

图 2-46　Xshell 连接虚拟机 node1 成功

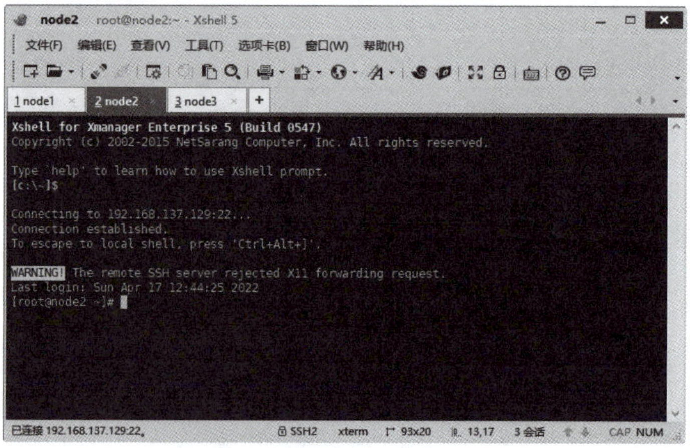

图 2-47　Xshell 连接虚拟机 node2 成功

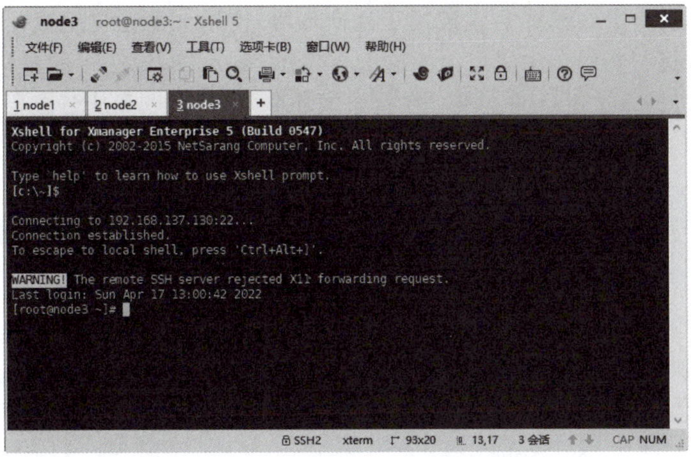

图 2-48 Xshell 连接虚拟机 node3 成功

任务 2.2 搭建 Hadoop 环境

2.2.1 任务描述

Hive 数据仓库底层的数据存储依赖的是 Hadoop 平台的分布式文件系统(HDFS),因此在搭建 Hive 之前需要先部署 Hadoop 环境。本任务将学会如何搭建全分布式 Hadoop 环境,为后续搭建 Hive 数据仓库打好基础。

2.2.2 任务准备知识

Hadoop 是由 Apache 基金会所开发的分布式系统基础架构。用户可以在不了解分布式底层细节的情况下,开发分布式程序,充分利用集群的威力进行高速运算和存储。Hadoop 的生态系统,主要由 HDFS、MapReduce、HBase、ZooKeeper、Pig、Hive 等核心组件构成,另外还包括 Sqoop、Flume 等框架,用来与其他企业系统融合。同时,Hadoop 生态系统也在不断增长,新增了 Mdhout、Ambari 等内容,以提供更新功能。Hadoop 搭建有三种模式,分别为单机模式、伪分布模式、全分布模式。

单机(本地)模式:这种模式在一台单机上运行,没有分布式文件系统,而是直接读写本地操作系统的文件系统。在单机模式(Standalone)中不会存在守护进程,所有东西都运行在一个 JVM 上。这里同样没有 DFS,使用的是本地文件系统。单机模式适用于开发过程中运行 MapReduce 程序,这也是最少使用的一个模式。

伪分布式模式:也是在一台单机上运行,但用不同的 Java 进程模仿分布式运行中的各类节点(如 NameNode、DataNode、JobTracker、TaskTracker 和 SecondaryNmeNode 等)。伪分布式适用于开发和测试环境,在这个模式中,所有守护进程都在同一台机器上运行。

全分布式模式：全分布模式通常被用于生产环境，使用 n 台主机组成一个 Hadoop 集群，Hadoop 守护进程运行在每台主机之上。这里会存在 NameNode 运行的主机、DataNode 运行的主机以及 TaskTracker 运行的主机。在分布式环境下，主节点和从节点会分开。

2.2.3 任务实施

1. 准备工作

搭建之前需要配置主机名与 IP 的映射，以及 SSH 免密登录，步骤如下：

步骤 1：配置主机名与 IP 的映射，修改 node1 的/etc/hosts 文件，命令如下：

```
[root@node1 ~]# vi /etc/hosts
```

在文件末尾添加如图 2-49 所示的内容，然后保存退出。node2 和 node3 都做同样的修改。

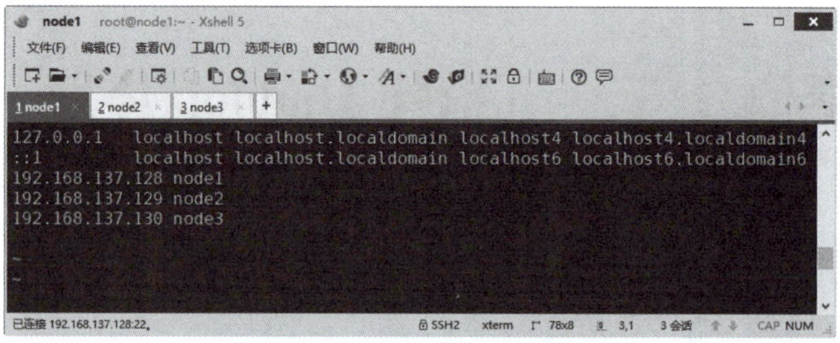

图 2-49 配置主机名与 IP 的映射

步骤 2：SSH 免密登录，在完全分布式模式下，集群内任意一台主机可免密登录集群内所有主机，即实现了两两免密登录。设置方法是分别在 node1、node2、node3 主机上生成公钥/私钥密钥对，然后将公钥发送给集群内的所有主机。下面以 node1 免密登录集群内其他所有主机为例进行操作。

（1）在 node1 使用“ssh-keygen -t rsa”命令生成密钥对，其中 rsa 表示加密算法，键入上面一条命令后连续敲击四次回车键，如图 2-50 所示。

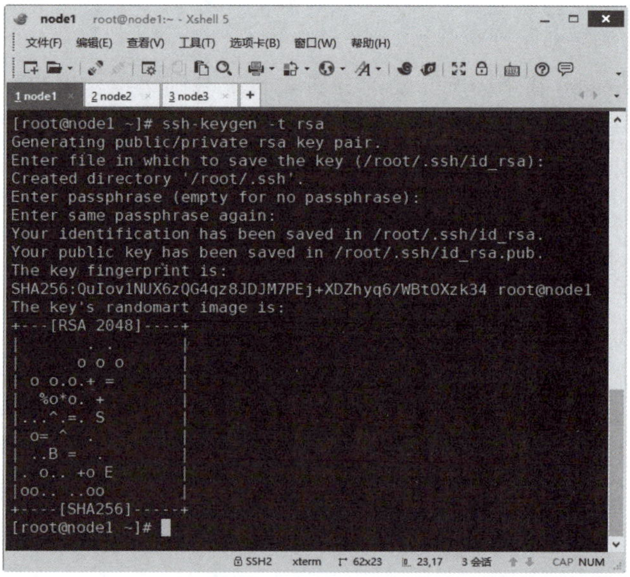

图 2-50 生成密钥对

在/root/.ssh 目录下生成公钥(id_rsa.pub)和私钥(id_rsa),可通过命令“ls /root/.ssh”查看,如图 2-51 所示。

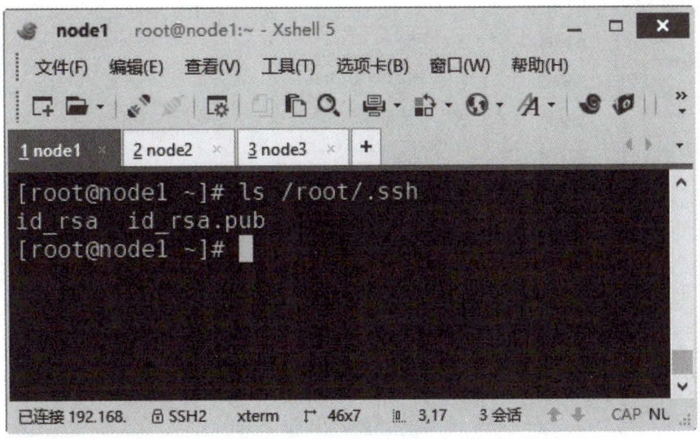

图 2-51 查看生成的密钥对

(2)将 node1 公钥 id_rsa.pub 复制到 node1、node2 和 node3 主机上。使用“ssh-copy-id”命令来复制公钥,命令如下:

```
[root@node1 ~]# ssh-copy-id node1
[root@node1 ~]# ssh-copy-id node2
[root@node1 ~]# ssh-copy-id node3
```

执行命令过程中会提示输入密码,此处密码都为“123456”。

(3)验证免密登录,在 node1 主机输入“ssh node2”和“ssh node3”命令验证,验证结果如图 2-52 所示。

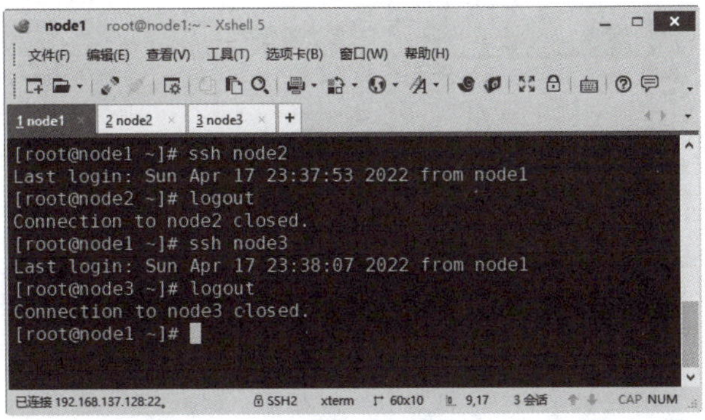

图 2-52 验证免密登录

2. 安装 JDK

Hadoop 是基于 Java 环境来运行的,因此需要在 node1、node2、node3 上安装与配置 JDK,步骤如下:

步骤 1:解压 JDK,在 node1 使用“mkdir”命令创建/tools 目录,使用 Xftp 新建连接 node1 的会话,如图 2-53 所示。

将本机事先从 Oracle 官网下载的 jdk-8u221-linux-x64.tar.gz 上传到 node1 的/tools 目录下,如图 2-54 所示。

将当前目录切换到/tools 目录,可以通过“ls”命令查看通过 Xftp 上传到/tool 目录下的 JDK 安装包,然后使用“tar”命令将 JDK 安装包解压到 tools 文件夹内,如图 2-55 所示。

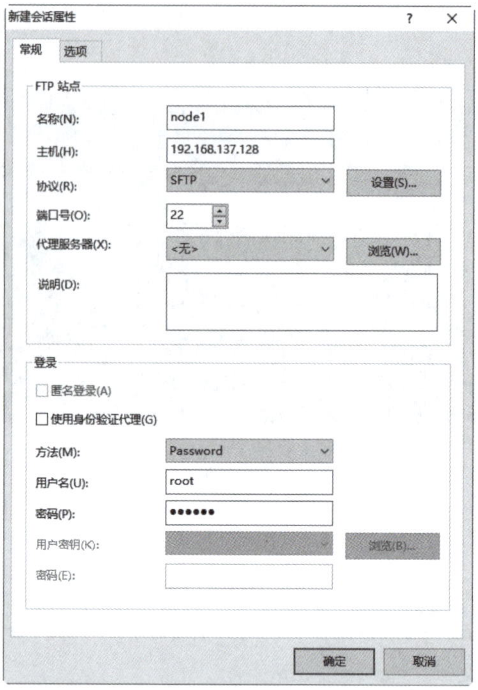

图 2-53　Xftp 新建连接 node1 的会话

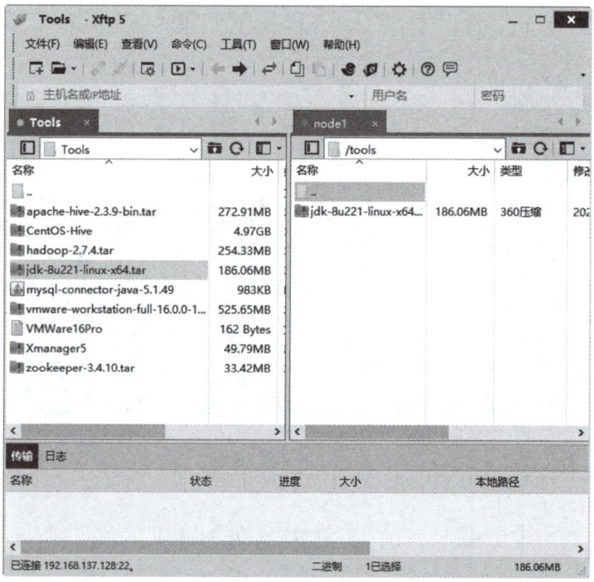

图 2-54　上传 JDK 到 node1 的 tools 目录

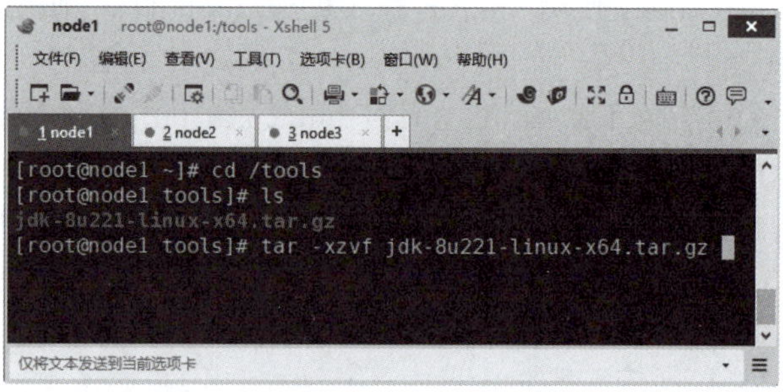

图 2-55　解压 JDK 安装包

使用“mv”命令将 jdk1.8.0_221 安装目录重命名，以便后面进行配置时更加简洁，重命名如图 2-56 所示。

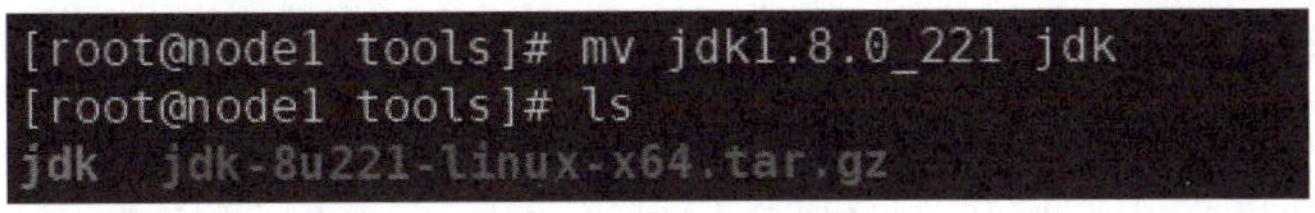

图 2-56 JDK 重命名

步骤 2：配置环境变量，使用“vi /etc/profile”命令编辑系统的环境变量文件，如图 2-57 所示，在文件尾部添加如下内容：

```
export JAVA_HOME=/tools/jdk
export PATH=$PATH:$JAVA_HOME/bin
export CLASSPATH=.:$JAVA_HOME/lib/dt.jar:$JAVA_HOME/lib/tools.jar
```

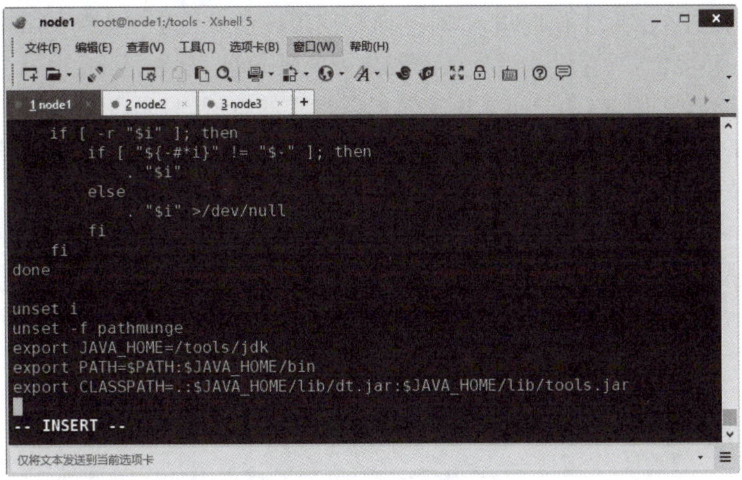

图 2-57 配置 jdk 环境变量

配置环境变量后一定要使用“source /etc/profile”命令使得配置生效，然后可以使用“java -version”命令验证 JDK 环境是否配置成功，如图 2-58 所示。

图 2-58 验证 JDK 环境是否配置成功

步骤 3：远程拷贝 JDK 与配置文件，使用“scp”命令将 node1 的 JDK 安装包与配置文件远程拷贝到 node2 与 node3 虚拟机里，拷贝前在 node2、node3 虚拟机的根目录下新建 tools 目录，远程拷贝 JDK 安装包的命令如下：

```
[root@node1 /]# scp -r /tools/jdk/ root@node2:/tools
[root@node1 /]# scp -r /tools/jdk/ root@node3:/tools
```

远程拷贝配置文件的命令如下：

```
[root@node1 /]# scp /etc/profile root@node2:/etc/profile
[root@node1 /]# scp /etc/profile root@node3:/etc/profile
```

配置文件拷贝后一定要使用“source /etc/profile”命令使配置在 node2、node3 虚拟机生效，同时再使用“java -version”命令验证一下 JDK 是否安装成功。

3. 部署 Hadoop

Hadoop 是一个由 Apache 基金会所开发的分布式系统基础架构。用户可以在不了解分布式底层细节的情况下，开发分布式程序，充分利用集群的威力进行高速运算和存储。

Hadoop 集群的部署方式分为三种，分别是独立模式（Standalone Mode）、伪分布式模式（Pseudo-Distributed Mode）、完全分布式模式（Cluster Mode）。

（1）独立模式：又称为单机模式，在该模式下，无须运行任何守护进程，所有的程序都在单个 JVM 上执行。独立模式下调试 Hadoop 集群的 MapReduce 程序非常方便，所以一般情况下，在学习或者开发阶段调试使用该模式。

（2）伪分布式模式：Hadoop 程序的守护进程运行在一台节点上，通常使用伪分布式模式来调试 Hadoop 分布式程序的代码，以及判断程序执行是否正确，伪分布式模式是完全分布式模式的一个特例。

（3）完全分布式模式：Hadoop 的守护进程分别运行在由多个主机搭建的集群上，不同节点担任不同的角色，在实际工作应用开发中，通常使用该模式构建企业级 Hadoop 应用系统。

在 Hadoop 环境中，所有服务器节点仅划分为两种角色，分别是 master（主节点，1 个）和 slave（从节点，多个）。因此，伪分布式模式是集群模式的特例，只是将主节点和从节点合二为一罢了。接下来，本书将以前面安装的三台虚拟机为例，阐述完全分布式模式 Hadoop 集群的安装与配置方法，步骤如下：

步骤 1：将本机事先下载的 Hadoop 安装包 hadoop-2.7.4.tar.gz 使用 Xftp 工具上传到 node1 的 tools 目录下，如图 2-59 所示。

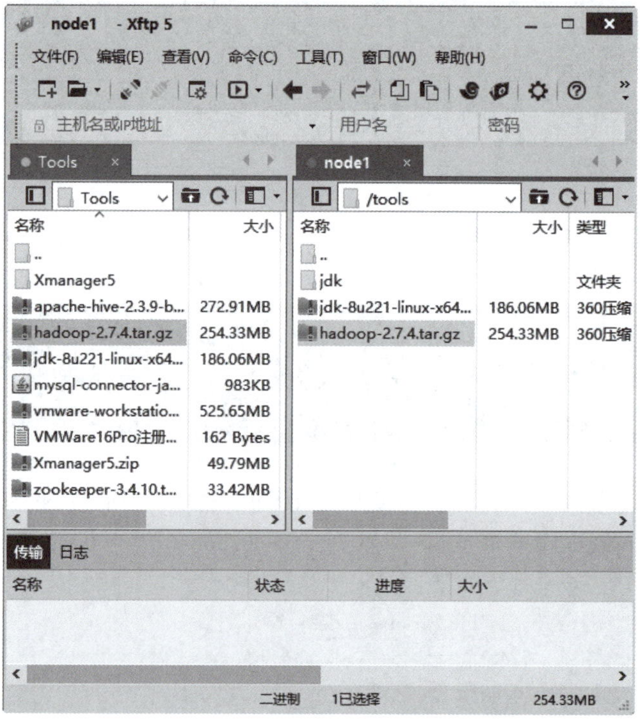

图 2-59　上传 Hadoop 到 node1 的 tools 目录

在 node1 中将当前目录切换到/tools 目录，可以通过“ls”命令查看通过 Xftp 上传到/tool 目录下的 Hadoop 安装包，然后使用“tar”命令将 Hadoop 安装包解压到 tools 文件夹内，如图 2-60 所示。

使用“mv”命令将 hadoop-2.7.4 安装目录重命名为“hadoop”，以便后面进行配置时更加简洁，重命名如图 2-61 所示。

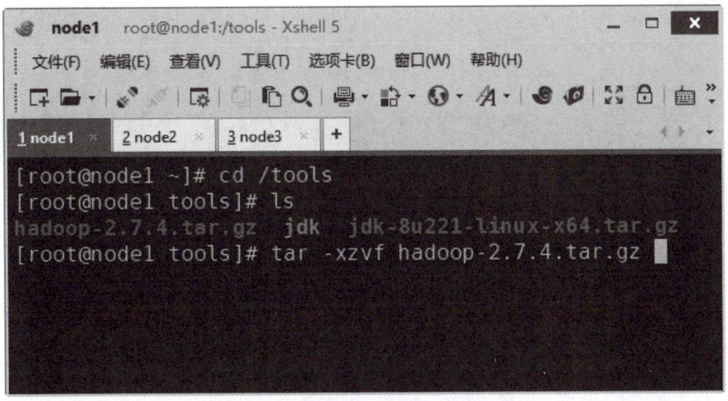

图 2-60 解压缩 Hadoop 安装包

图 2-61 安装目录重命名为“hadoop”

步骤 2:配置 Hadoop。用“vi /etc/profile”命令编辑系统的环境变量文件,如图 2-62 所示,在文件尾部添加如下内容:

```
export HADOOP_HOME=/tools/hadoop
export PATH=$PATH:$HADOOP_HOME/bin:$HADOOP_HOME/sbin
```

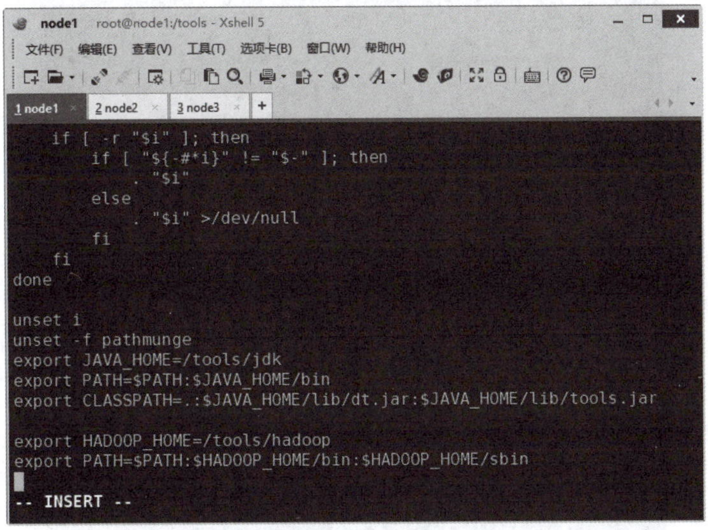

图 2-62 配置 Hadoop 环境变量

配置环境变量后一定要使用“source /etc/profile”命令使得配置生效,同时使用“hadoop version”命令验证 Hadoop 环境是否配置成功,如图 2-63 所示。

步骤 3:配置 Hadoop 集群。涉及的自定义配置文件主要有 hadoop-env. sh(配置 Hadoop 运行时需要的 Java 环境变量)、yarn-env. sh(配置 YARN 运行时需要的 Java 环境变量)、core-site. xml(Hadoop 核心全局配置文件)、hdfs-site. xml(HDFS 配置文件)、mapred-site. xml(MapReduce 配置文件)、yarn-site. xml(YARN 配置文件),下面分别来编辑这些配置文件。

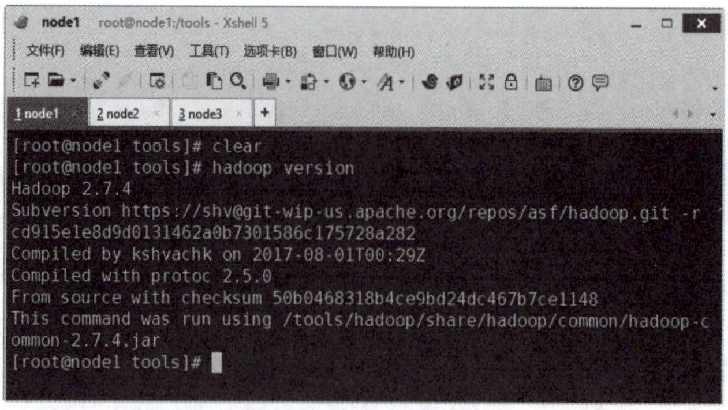

图 2-63 验证 Hadoop 环境是否配置成功

(1)编辑 hadoop-env. sh 文件

用 Xshell 连接 node1，hadoop-env. sh 在 Hadoop 安装目录的 etc/hadoop 目录下，用 vi 命令编辑 hadoop-env. sh，指定 Hadoop 运行时的 Java 环境变量，将 JAVA_HOME 设置为 node1 中 JDK 的安装路径，如图 2-64 所示。

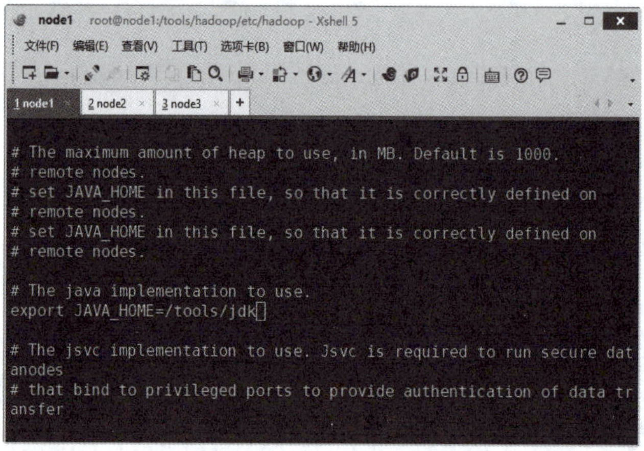

图 2-64 编辑 hadoop-env. sh 文件

(2)编辑 yarn-env. sh 文件

yarn-env. sh 在 Hadoop 安装目录的 etc/hadoop 目录下，用 vi 命令编辑 yarn-env. sh，指定 YARN 运行时的 Java 环境变量，将 JAVA_HOME 设置为 node1 中 JDK 的安装路径，如图 2-65 所示。

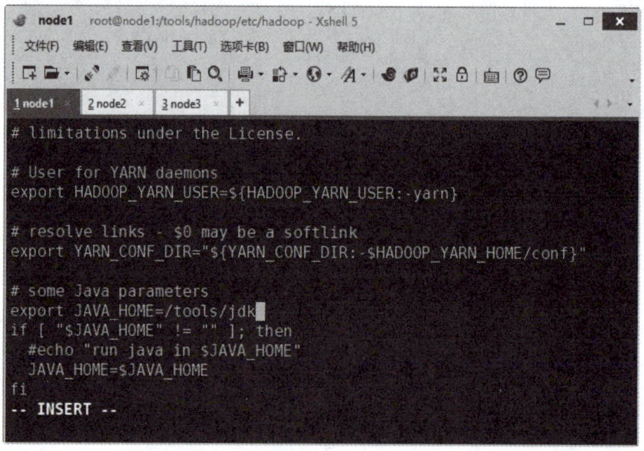

图 2-65 编辑 yarn-env. sh 文件

(3)编辑 core-site. xml 文件

core-site.xml 在 Hadoop 安装目录的 etc/hadoop 目录下，是 Hadoop 的核心配置文件，用 vi 命令编辑 core-site.xml，指定 NameNode 的地址在 node1 上，同时设置 Hadoop 的临时目录(事先使用"mkdir"命令在 hadoop 目录下新建 tmp 目录)，在<configuration>标签内添加如下内容，完成配置后如图 2-66 所示。

```
<property>
    <name>fs.defaultFS</name>
    <value>hdfs://node1:9000</value>
</property>
<property>
    <name>hadoop.tmp.dir</name>
    <value>/tools/hadoop/tmp</value>
</property>
```

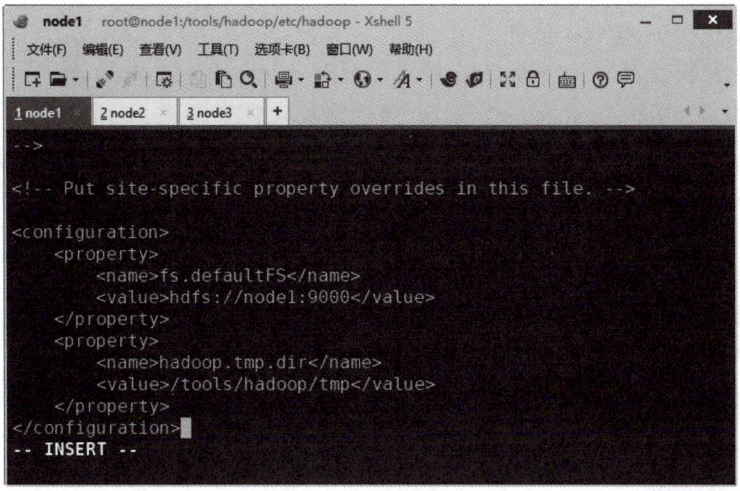

图 2-66 编辑 core-site. xml 文件

(4)编辑 hdfs-site. xml 文件

hdfs-site.xml 在 Hadoop 安装目录的 etc/hadoop 目录下，是 HDFS 的核心配置文件，用 vi 命令编辑 hdfs-site.xml，指定 HDFS 的数量，同时设置 secondary namenode 所在主机和端口，在<configuration>标签内添加如下内容，完成配置后如图 2-67 所示。

```
<property>
    <name>dfs.replication</name>
    <value>3</value>
</property>
<property>
    <name>dfs.namenode.secondary.http-address</name>
    <value>node2:50090</value>
</property>
```

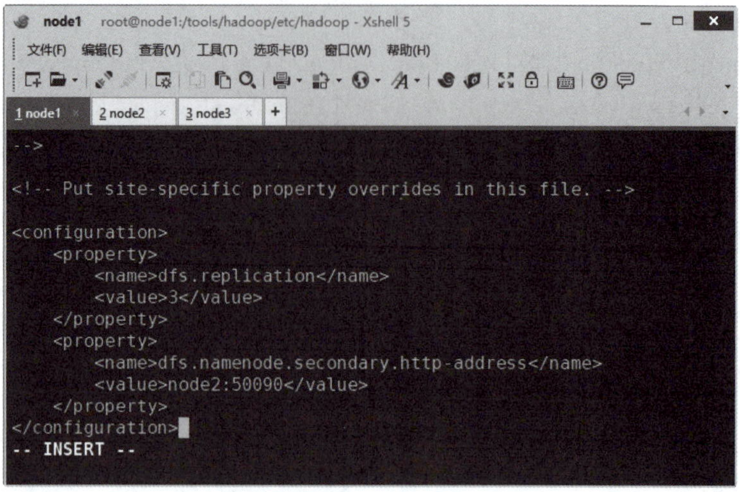

图 2-67 编辑 hdfs-site. xml 文件

(5)编辑 mapred-site. xml 文件

在 Hadoop 安装目录的 etc/hadoop 目录下只有 mapred-site.xml.template 文件,使用“cp mapred-site.xml.template mapred-site.xml”命令拷贝模板来新建 mapred-site.xml 文件,用 vi 命令编辑 mapred-site.xml,指定 MapReduce 运行时的框架,这里指定在 YARN 上,默认在 local,在<configuration>标签内添加如下内容,完成配置后如图 6-68 所示。

```
<property>
    <name>mapreduce. framework. name</name>
    <value>yarn</value>
</property>
```

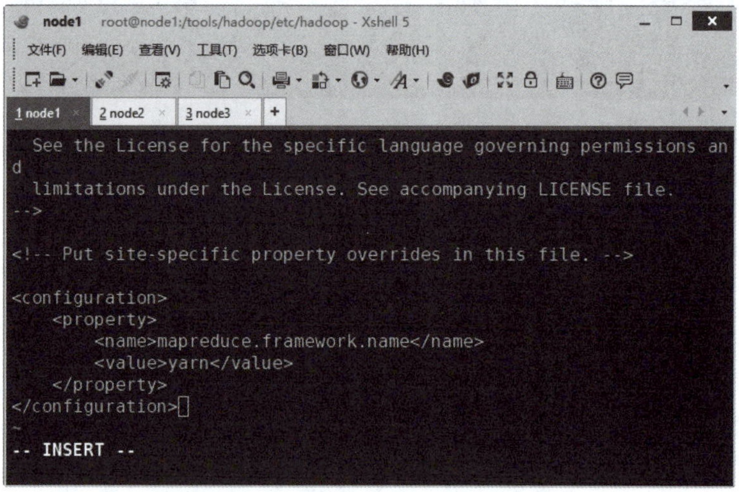

图 2-68 编辑 mapred-site. xml 文件

(6)编辑 yarn-site. xml 文件

yarn-site.xml 在 Hadoop 安装目录的 etc/hadoop 目录下,用 vi 命令编辑 yarn-site.xml,指定 YARN 集群的管理者(ResourceManager)的地址,在<configuration>标签内添加如下内容,完成配置后如图 2-69 所示。

```
<property>
    <name>yarn.resourcemanager.hostname</name>
    <value>node1</value>
</property>
<property>
    <name>yarn.nodemanager.aux-services</name>
    <value>mapreduce_shuffle</value>
</property>
```

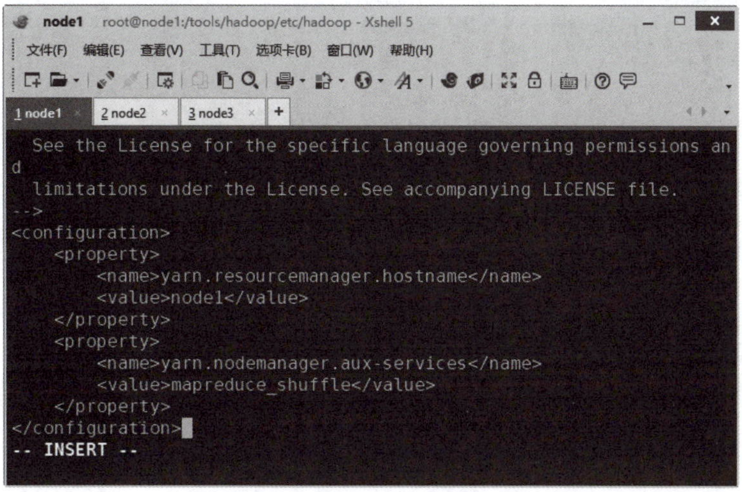

图 2-69 编辑 yarn-site.xml 文件

(7)编辑 slaves 文件

slaves 在 Hadoop 安装目录的 etc/hadoop 目录下，用 vi 命令编辑 slaves，将文件中的 localhost 删除，添加主节点和子节点的主机名称，此处主节点为 node1，子节点为 node2 和 node3，完成配置后如图 2-70 所示。

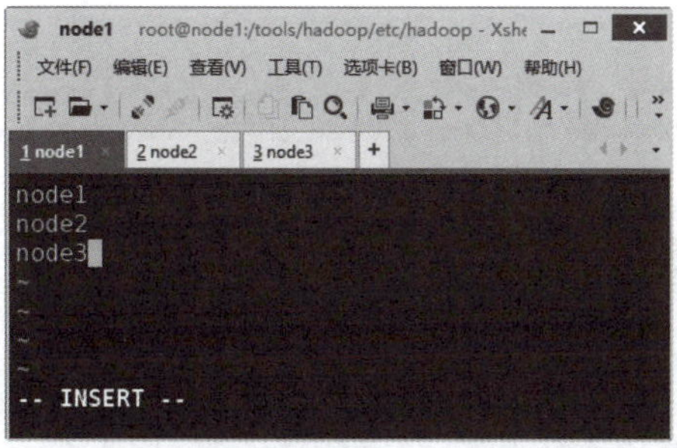

图 2-70 编辑 slaves 文件

(8)远程拷贝 Hadoop 安装包与配置文件

使用“scp”命令将 node1 的 Hadoop 安装包与配置文件远程拷贝到 node2 与 node3 虚拟机里，远程拷贝 Hadoop 安装包的命令如下：

```
[root@node1 /]# scp -r /tools/hadoop/ root@node2:/tools
[root@node1 /]# scp -r /tools/hadoop/ root@node3:/tools
```

远程拷贝配置文件的命令如下：

```
[root@node1 /]# scp /etc/profile root@node2:/etc/profile
[root@node1 /]# scp /etc/profile root@node3:/etc/profile
```

配置文件拷贝后一定要使用“source /etc/profile”命令使配置在 node2、node3 虚拟机生效。

步骤 4：主节点文件系统格式化，在 node1 上执行“hdfs namenode-format”命令，对主节点上的文件系统进行格式化，此命令只在初次启动 Hadoop 时执行，出现“successfully formatted”信息则表明格式化成功，如图 2-71 所示。

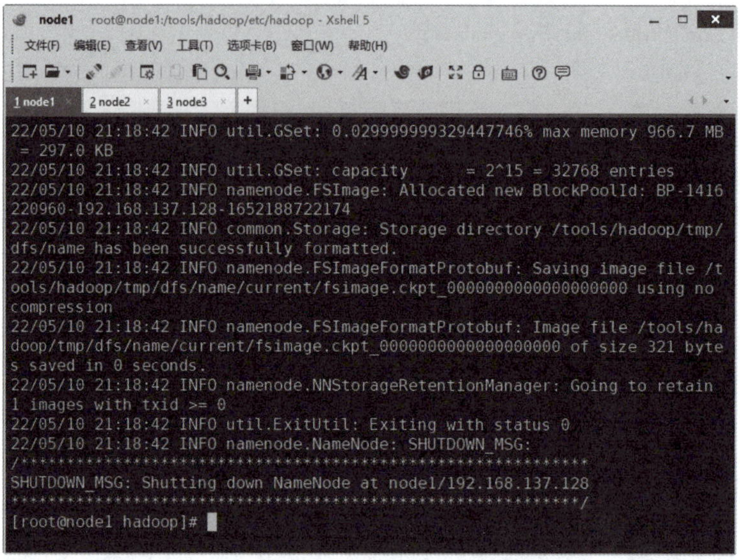

图 2-71　主节点文件系统格式化成功

步骤 5：启动 HDFS 和 YARN。使用“start-dfs. sh”命令启动 Hadoop 集群的 HDFS，node1 和 node2 的 NameNode，以及 node1、node2 和 node3 的 DataNode 都会被启动。

使用“start-yarn. sh”命令启动 Hadoop 集群的 YARN，node1 的 ResourceManager 以及 node1、node2 和 node3 的 NodeManager 都会被启动。

两个命令及其执行结果如图 2-72 所示。

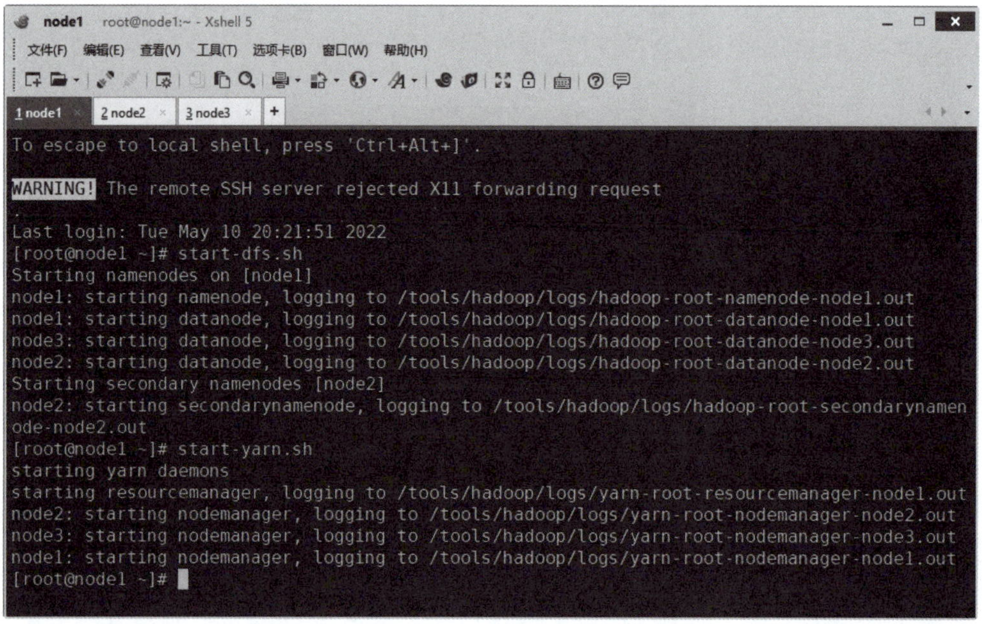

图 2-72　启动 HDFS 和 YARN

步骤 6:使用“jps”命令查看进程。在 node1、node2 和 node3 上分别执行“jps”命令,查看完全分布式模式 Hadoop 集群是否启动成功,效果如图 2-73、图 2-74 和图 2-75 所示。

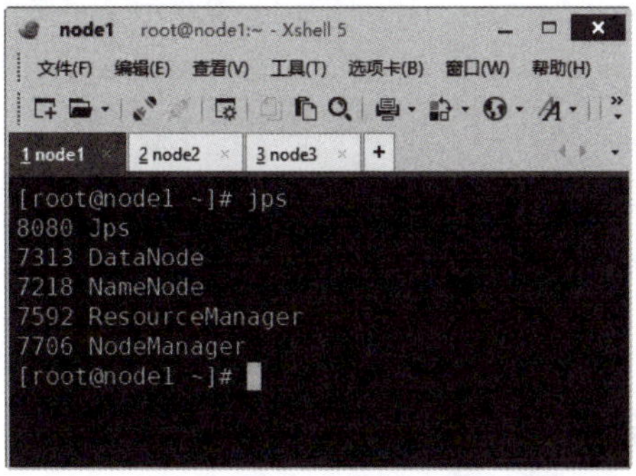

图 2-73 jps 命令查看 node1 进程

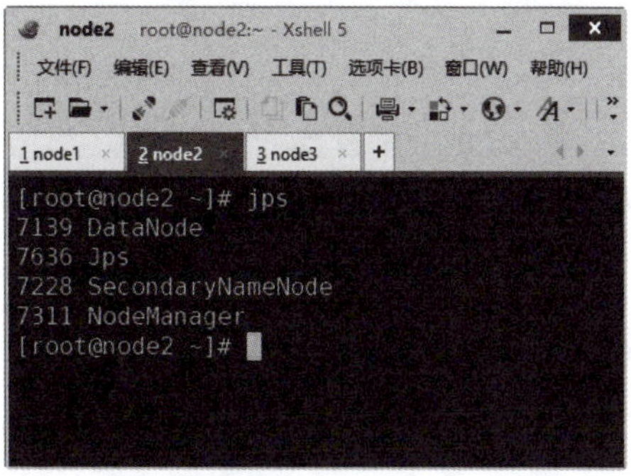

图 2-74 jps 命令查看 node2 进程

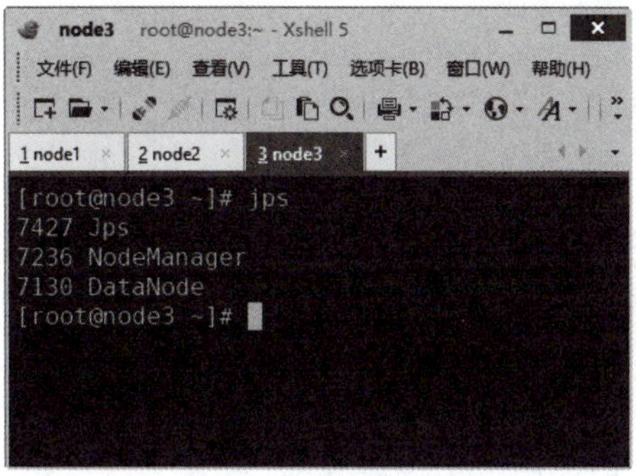

图 2-75 jps 命令查看 node3 进程

步骤 7:关闭防火墙。在默认情况下,CentOS 7 是开启防火墙的,在 node1、node2 和 node3 上分别执行关闭防火墙服务和禁止防火墙开机启动命令,如下所示:

```
[root@node1 /]# systemctl stop firewalld
[root@node1 /]# systemctl disable firewalld
```

步骤 8:在 Windows 系统下,访问 http://192.168.137.128:50070,查看 HDFS 集群状态,如图 2-76 所示。

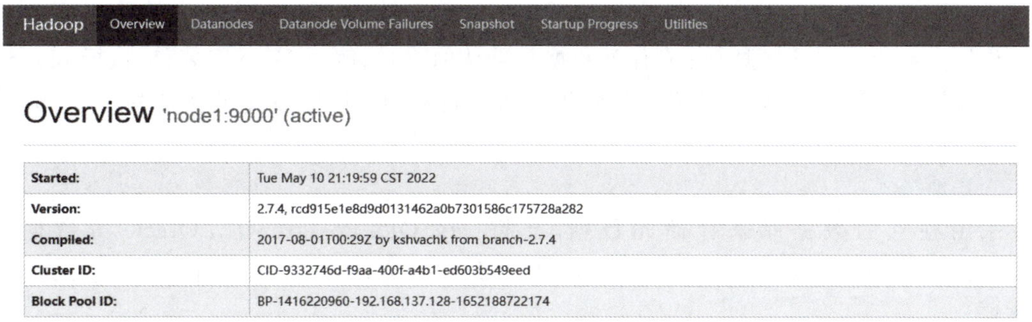

图 2-76 查看 HDFS 集群状态

步骤 9:在 Windows 系统下,访问 http://192.168.137.128:8088,查看 YARN 集群状态,如图 2-77 所示。

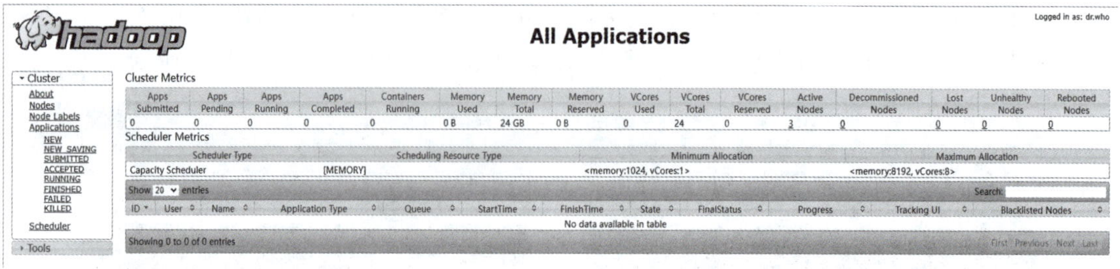

图 2-77 查看 YARN 集群状态

任务 2.3 搭建 Hive 三种部署模式

2.3.1 任务描述

Hive 是基于 Hadoop 的一个数据仓库工具，用来进行数据的提取、转化和加载，这是一种可以存储、查询和分析存储在 Hadoop 中的大规模数据的机制。Hive 数据仓库工具能将结构化的数据文件映射为一张数据库表，并提供 SQL 查询功能，能将 SQL 语句转变成 MapReduce 任务来执行。Hive 十分适合对数据仓库进行统计分析。本任务将介绍 Hive 的三种部署模式的搭建过程，为后续 Hive 数据仓库操作打好基础。

2.3.2 任务准备知识

Hive 部署模式有内嵌模式、本地模式、远程模式三种，客户端连接 MetaStore 元数据服务，MetaStore 再去连接 MySQL 数据库进行元数据存取。

1. 内嵌模式

使用内置的 Derby 数据库来存储元数据是默认的方式，解压 Hive 安装包，执行 bin/hive 启动即可使用，但是一次只能连接一个客户端，不支持多会话连接，元数据无法共享，一般适用于测试环境。

2. 本地模式

采用独立的数据库来存储元数据，支持 MySQL、PostgreSQL、Oracle 等数据库。MetaStore 服务和 Hive 在同一个进程中启动，无须单独启动 MetaStore 服务，支持本地多会话连接。

3. 远程模式

远程模式的 MetaStore 服务和 Hive 运行在不同的进程里。Hive 客户端通过远程连接 MetaStore 服务获取元数据，远程模式同样使用独立数据库来存储元数据，并且支持远程多会话连接。

2.3.3 任务实施

1. 内嵌模式的部署

内嵌模式部署Hive

内嵌模式使用 Hive 自带的默认元数据库 Derby 来进行存储，通常用于测试。本书将在 node1 虚拟机上部署内嵌模式，阐述内嵌模式的安装与配置方法，步骤如下：

步骤 1：将本机事先下载的 Hive 安装包 apache-hive-2.3.9-bin.tar.gz 使用 Xftp 工具上传到 node1 的 tools 目录下，如图 2-78 所示。

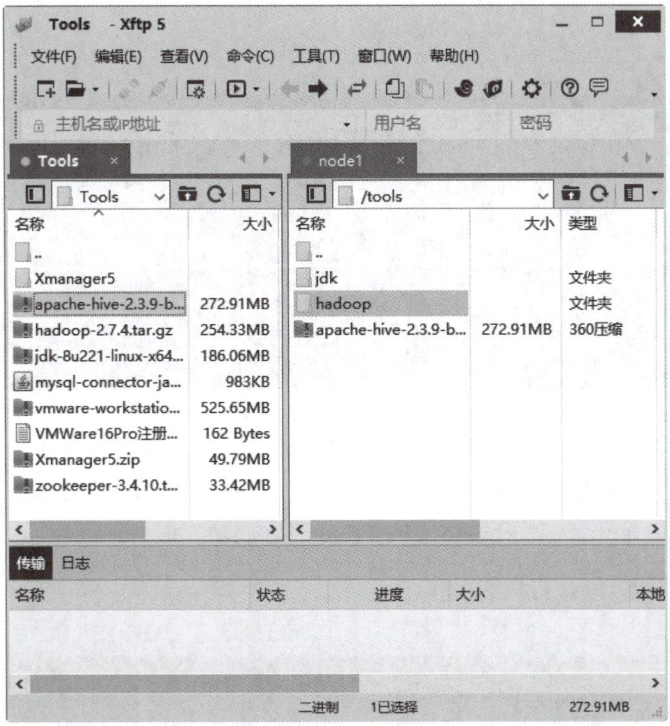

图 2-78 上传 Hive 安装包到 node1 的 tools 目录

在 node1 中将当前目录切换到/tools 目录，可以通过“ls”命令查看通过 Xftp 上传到/tool 目录下的 Hive 安装包，然后使用“tar”命令将 Hive 安装包解压到 tools 文件夹内，如图 2-79 所示。

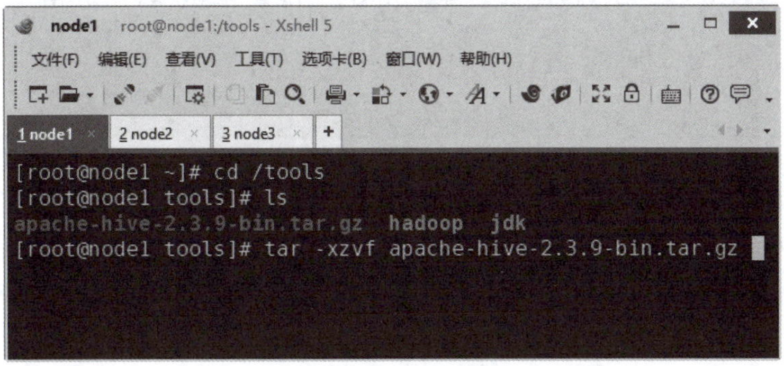

图 2-79 解压缩 Hive 安装包

使用“mv”命令将 apache-hive-2.3.9-bin 安装目录重命名为“hive”，以便后面进行配置时更加简洁，重命名如图 2-80 所示。

图 2-80　安装目录重命名为“hive”

步骤 2：启动 Hadoop。Hive 是运行在 Hadoop 基础之上的，使用前述的“start-dfs.sh”和“start-yarn.sh”命令启动 Hadoop。

步骤 3：初始化 Hive。启动 Hive 之前需要初始化 Hive 内嵌的 Derby 数据库，具体命令如下，运行结果显示“schmaTool completed”表明初始化成功，如图 2-81 所示。

[root@node1 hive]# bin/schematool -initSchema -dbType derby

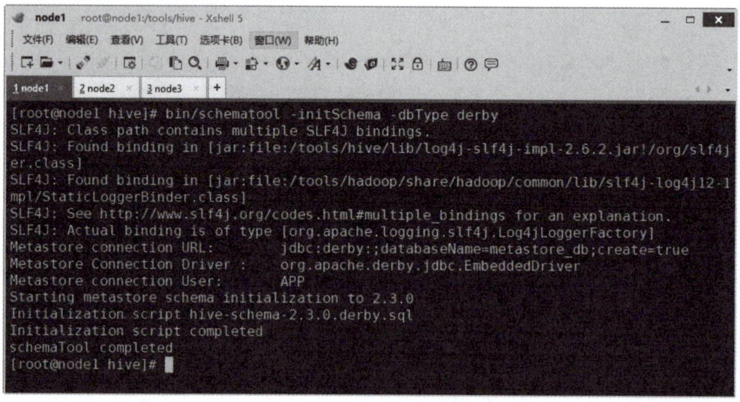

图 2-81　初始化 Hive 完成

步骤 4：启动 Hive。使用“bin/hive”命令在初始化的目录启动 Hive，运行成功后则显示“hive”提示符，同时可以使用“SHOW DATABASES”命令查看 Hive 数据库，如果能查看到默认的 Hive 数据库 default，表明内嵌模式的 Hive 部署成功，如图 2-82 所示。

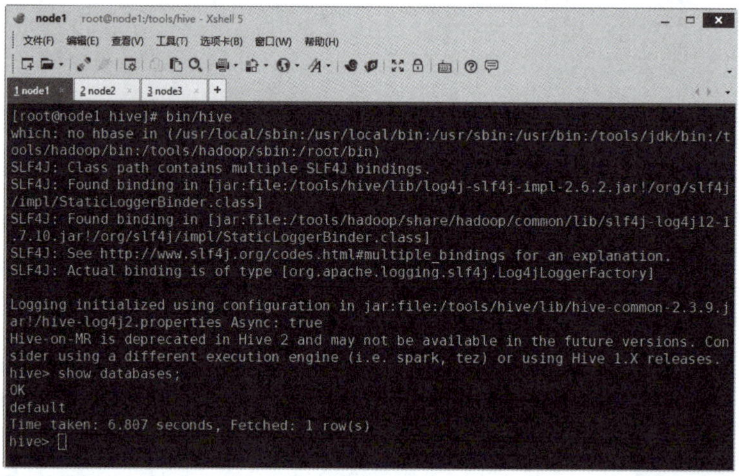

图 2-82　启动 Hive

2. 本地模式的部署

通常使用关系型数据库来进行元数据存储（MySQL、Oracle 等执行带 JDBC 驱动的数据库），本书将在 node2 虚拟机上部署本地模式，阐述本地模式的安装与配置方法，步骤如下：

本地模式部署Hive

步骤 1：安装 MySQL，在 node2 虚拟机上安装 MySQL，需要执行以下 Linux 命令：

(1)下载并安装 wget 命令：

```
[root@node2/]# yum -y install wget
```

(2)在 tools 下创建 mysql 文件夹，同时切换到 mysql 目录下，命令如下：

```
[root@node2/]# mkdir -p /tools/mysql
[root@node2/]# cd /tools/mysql
```

(3)下载官方 mysql-rpm 包，命令如下：

```
[root@node2 mysql]# wget -i -c http://dev.mysql.com/get/mysql57-community-release-el7-10.noarch.rpm
```

(4)安装下载好的 rpm 包，命令如下：

```
[root@node2 mysql]# yum -y install mysql57-community-release-el7-10.noarch.rpm
```

(5)安装 mysql-server，命令如下：

```
[root@node2 mysql]#  yum -y install mysql-community-server
```

(6)MySQL GPG 密钥已过期导致的安装失败，可以运行以下命令(以 2022 年为例)：

```
[root@node2 mysql]rpm --import https://repo.mysql.com/RPM-GPG-KEY-mysql-2022
```

(7)使用如下命令再次安装 mysql-server，安装成功则显示“Complete!”，如图 2-83 所示。

```
[root@node2 mysql]#  yum -y install mysql-community-server
```

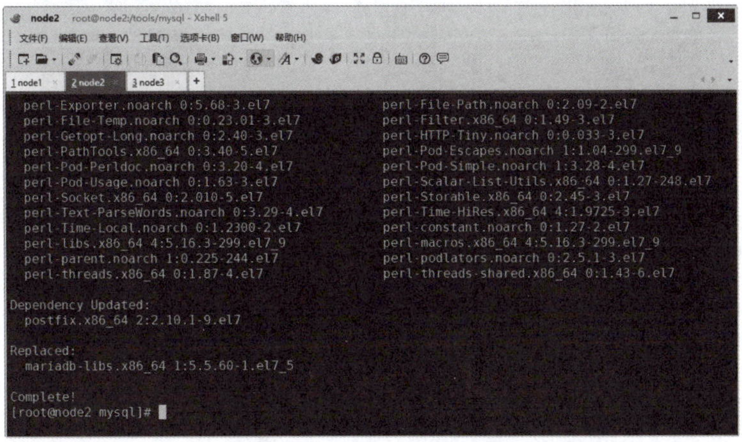

图 2-83 安装 mysql-server 完成

(8)使用如下命令启动 MySQL 并查看状态，启动成功则显示“active (running)”，如图 2-84 所示。

```
[root@node2 mysql]systemctl start mysqld.service
[root@node2 mysql]service mysqld status
```

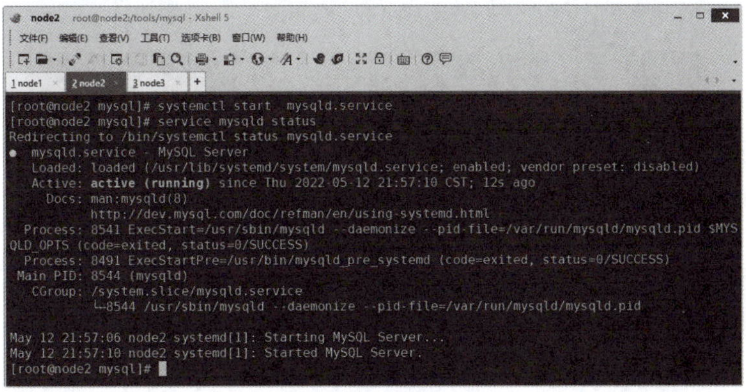

图 2-84 成功启动 MySQL

(9)使用如下命令查看 MySQL 初始密码,如图 2-85 所示。

```
[root@node2 mysql] grep 'password' /var/log/mysqld. log
```

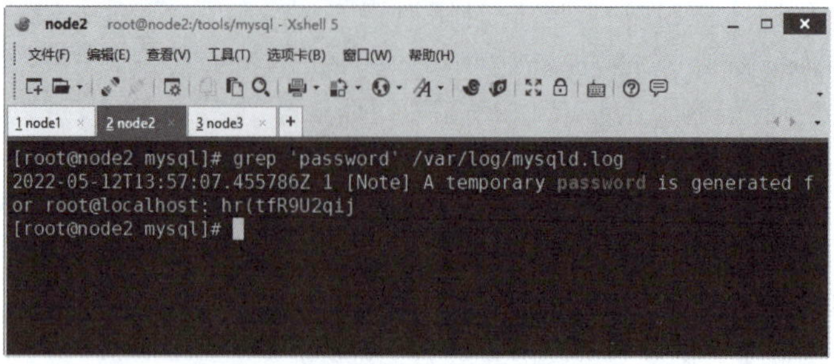

图 2-85 查看 MySQL 初始密码

(10)使用如下命令通过初始密码登录 MySQL,提示输入的密码为前面查看到的初始密码,如图 2-86 所示。

```
[root@node2 mysql] mysql -uroot -p
```

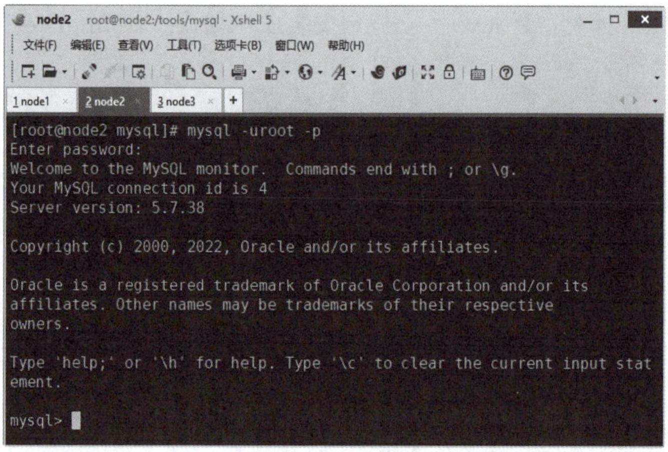

图 2-86 登录 MySQL

(11)初始密码复杂没有规律,不便记忆,登录后可以修改密码。使用如下命令把密码修改成“Hive@2022”,如图 2-87 所示。

```
[root@node2 mysql] ALTER USER USER() IDENTIFIED BY 'Hive@2022';
[root@node2 mysql]FLUSH PRIVILEGES;
```

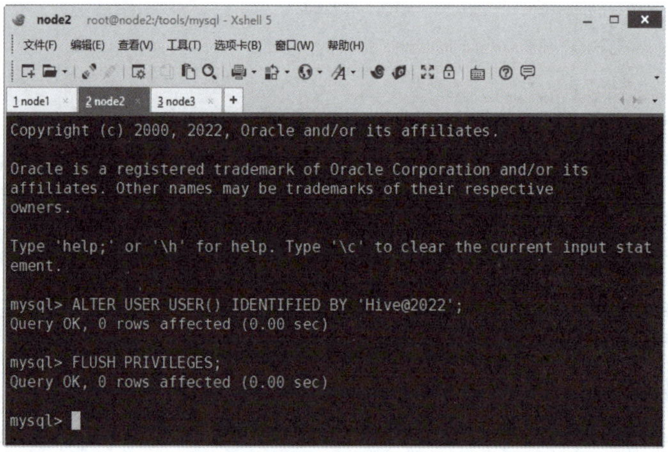

图 2-87 修改 MySQL 密码

步骤 2:上传并安装 Hive 到 node2 的 tools 目录下,过程参看嵌入模式的步骤 1。

步骤 3:配置 Hive,进入 Hive 安装目录的 conf 目录下,根据配置模板文件新建 hive-env.sh,命令如下:

```
[root@node2 hive]cd conf
[root@node2 conf]cp hive-env.sh.template hive-env.sh
```

用 vi 命令编辑 hive-env.sh,添加以下配置项,配置完结果如图 2-88 所示。

```
export HADOOP_HOME=/tools/hadoop
export HIVE_CONF_DIR=/tools/hive/conf
export HIVE_AUX_JARS_PATH=/tools/hive/lib
export JAVA_HOME=/tools/jdk
```

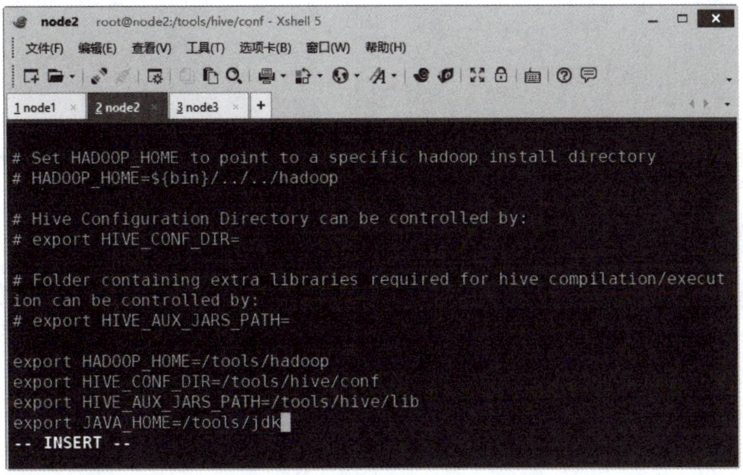

图 2-88 编辑 hive-env.sh 文件

步骤 4:配置 Hive,在/tools/hive 目录下新建 warehouse 目录和 tmp 目录,然后在/tools/hive/conf 目录下用 vi 新建 hive-site.xml 并配置相关信息。

```
[root@node2 hive]cd conf
[root@node2 conf]vihive-site.xml
<?xml version="1.0" encoding="UTF-8" standalone="no"?>
<?xml-stylesheet type="text/xsl" href="configuration.xsl"?>
<configuration>
<!--配置 Hive 数据存储在 HDFS 上的目录-->
<property>
<name>hive.metastore.warehouse.dir</name>
<value>/tools/hive/warehouse</value>
</property>

<!--配置 Hive 在 HDFS 上的临时目录-->
<property>
<name>hive.exec.scratchdir</name>
<value>/tools/hive/tmp</value>
</property>

<!--配置 Hive 开启本地模式-->
```

```
<property>
<name>hive. metastore. local</name>
<value>true</value>
</property>

<! --配置 MySQL 的连接字符串-->
<property>
<name>javax. jdo. option. ConnectionURL</name>
<value>jdbc: mysql://localhost: 3306/hive? createDatabaseIfNotExist = true&amp; usessL = false
</value>
</property>

<! --配置 MySQL 的连接驱动-->
<property>
<name>javax. jdo. option. ConnectionDriverName</name>
<value>com. mysql. jdbc. Driver</value>
</property>

<! --配置登录 MySQL 的用户-->
<property>
<name>javax. jdo. option. ConnectionUserName</name>
<value>root</value>
</property>

<! --配置登录 MySQL 的密码-->
<property>
<name>javax. jdo. option. ConnectionPassword</name>
<value>Hive@2022</value>
</property>

<! --配置在 cli 中是否显示表的列名-->
<property>
<name>hive. cli. print. header</name>
<value>true</value>
</property>

<! --配置在 cli 中是否显示当前数据库名-->
<property>
<name>hive. cli. print. current. db</name>
<value>true</value>
</property>

<! --配置 Beeline 访问连接被拒绝问题-->
<property>
```

```
<name>hive.server2.enable.doAs</name>
<value>false</value>
</property>
</configuration>
```

步骤 5:用 Xftp 将 JDBC 连接 MySQL 的驱动包 mysql-connector-java-5.1.49 从本地上传到 node2 虚拟机的/tools/hive/lib 目录下面,如图 2-89 所示。

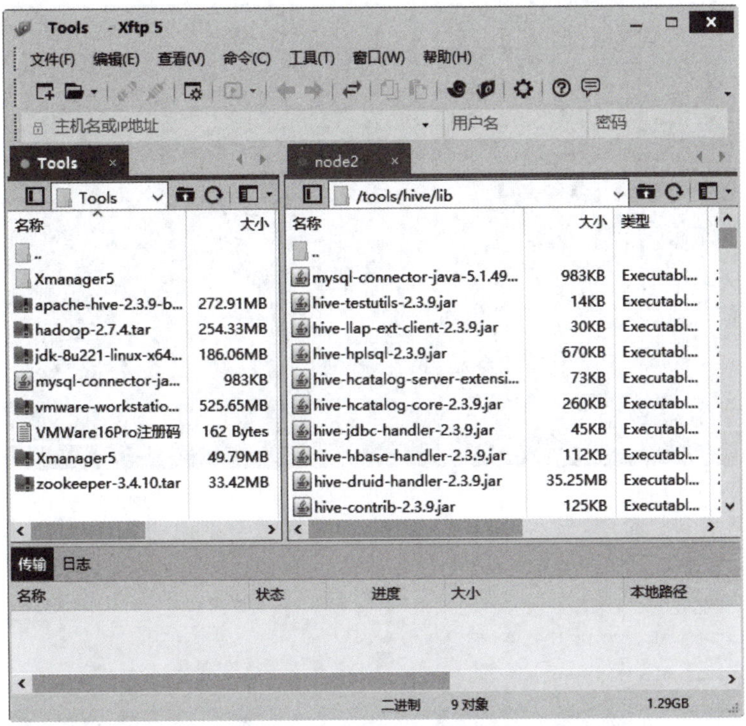

图 2-89 上传连接 MySQL 的驱动包

步骤 6:配置 Hive 环境变量,使用"vi /etc/profile"命令编辑系统的环境变量文件,在文件尾部添加如下内容,如图 2-90 所示。

```
export HIVE_HOME=/tools/hive
export PATH=$PATH:$HIVE_HOME/bin
```

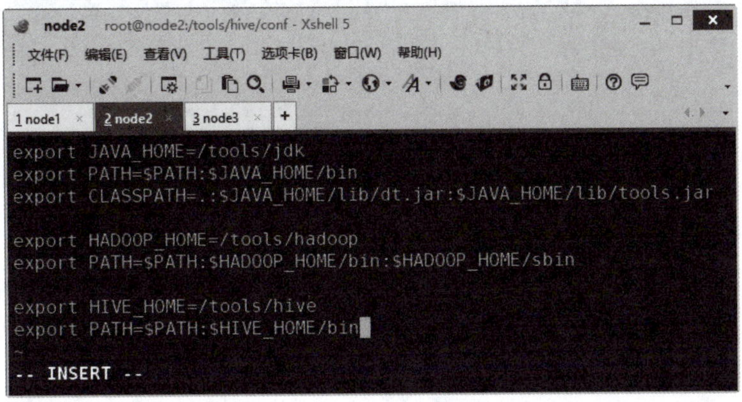

图 2-90 配置 Hive 环境变量

配置环境变量后一定要使用"source /etc/profile"命令使得配置生效。

步骤 7：初始化 MySQL，运行以下命令，显示“schemaTool completed”，则表明初始化成功，如图 2-91 所示。

```
[root@node2 hive]# schematool -initSchema -dbType mysql
```

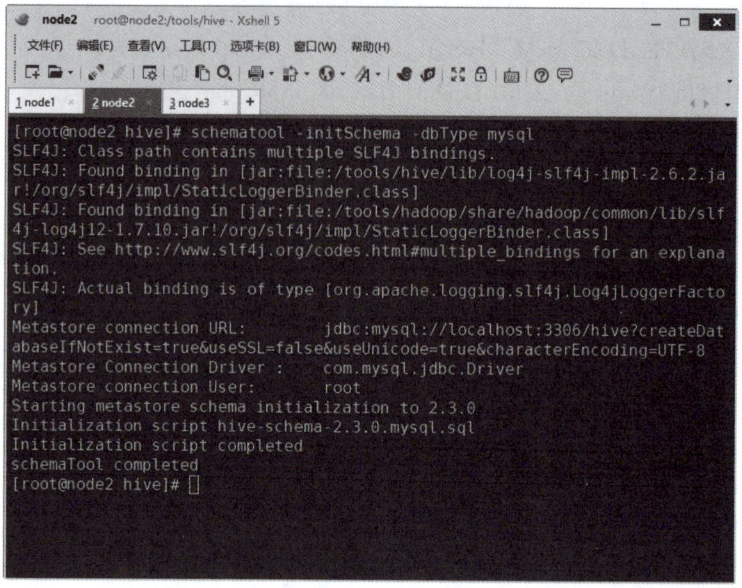

图 2-91　初始化 MySQL 成功

步骤 8：输入“hive”命令，显示“hive (default)>”提示符则说明 Hive 本地模式部署以及配置成功，如图 2-92 所示。

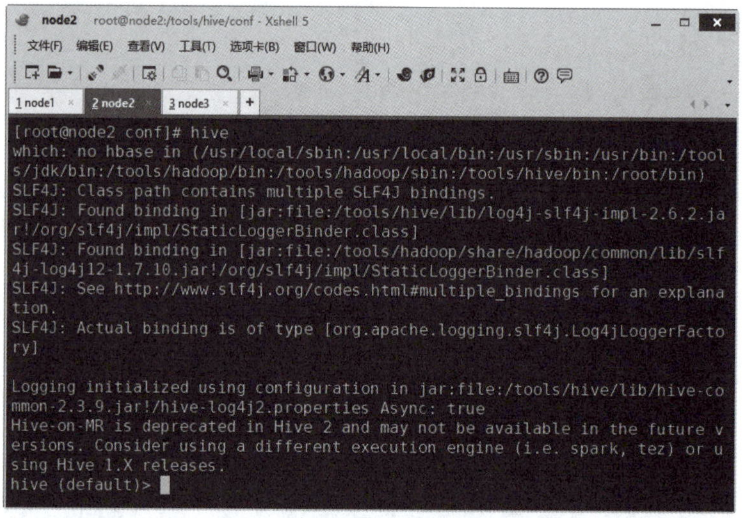

图 2-92　Hive 本地模式部署成功

3. 远程模式的部署

Hive 远程模式的部署需要两个虚拟机，本教材使用 node2 作为服务端，node3 作为客户端，在 node2 上运行 MySQL 服务和 HiveServer2 服务，node3 只需安装 Hive，通过 Hive 的客户端工具 Bealine 来连接 node2 服务端，部署步骤如下：

远程模式部署Hive

步骤 1：node2 启动 HiveServer2 服务。在 node2 虚拟机上运行“hiveserver2”命令，启动 HiveServer2 服务。HiveServer2 启动成功后如图 2-93 所示。

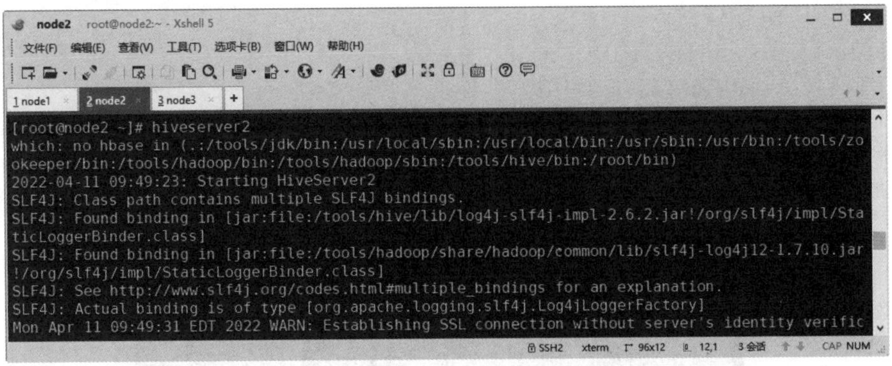

图 2-93 启动 HiveServer2 服务

步骤 2：上传并安装 Hive 到 node3 的 tools 目录下，参看嵌入模式的步骤 1。

步骤 3：配置 Hive，在/tools/hive 目录下新建 warehouse 和 tmp 目录，然后在/tools/hive/conf 目录下用 vi 新建 hive-site.xml 并配置相关信息。

```
[root@node3 hive]cd conf
[root@node3 conf]vi hive-site.xml
<?xml version="1.0" encoding="UTF-8" standalone="no"?>
<?xml-stylesheet type="text/xsl" href="configuration.xsl"?>
<configuration>
<!--配置 Hive 数据存储在 HDFS 上的目录-->
<property>
<name>hive.metastore.warehouse.dir</name>
<value>/hive/warehouse</value>
</property>

<!--配置 Hive 在 HDFS 上的临时目录-->
<property>
<name>hive.exec.scratchdir</name>
<value>/tools/hive/tmp</value>
</property>

<!--配置 Hive 开启本地模式-->
<property>
<name>hive.metastore.local</name>
<value>false</value>
</property>

<property>
<name>hive.metastore.uris</name>
<value>thrift://node2:9083</value>
</property>
</configuration>
```

步骤 4：配置 node3 的 Hive 环境变量，使用“vi /etc/profile”命令编辑系统的环境变量文件，在文件尾部添加如下内容，如图 2-94 所示。

```
export HIVE_HOME=/tools/hive
export PATH=$PATH:$HIVE_HOME/bin
```

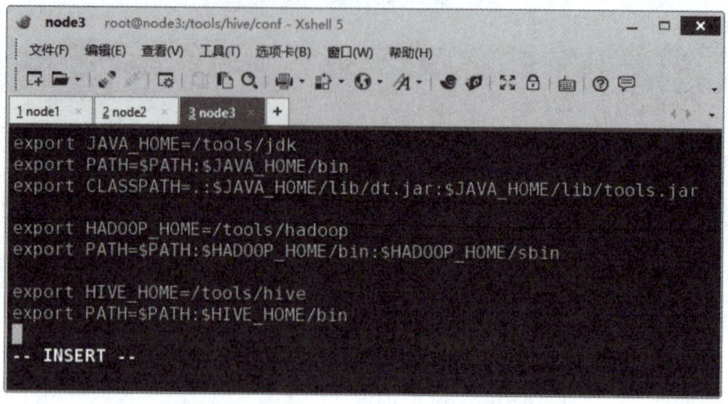

图 2-94　配置 node3 的 Hive 环境变量

配置环境变量后一定要使用“source /etc/profile”命令使得配置生效。

步骤 5:node3 启动 Hive 客户端，在 node3 虚拟机上运行 Hive 的客户端连接工具 Beeline 来远程连接 node 服务端，命令如下：

```
[root@node3 ~]# beeline -u jdbc:hive2://node2:10000 -n root -p
```

上述命令中，“beeline”表示客户端连接命令；“-u”为 beeline 命令参数，表示连接的 HiveServer2 的服务端地址；“-n”表示服务端用户名；“-p”为服务端用户密码。连接成功后如图 2-95 所示。

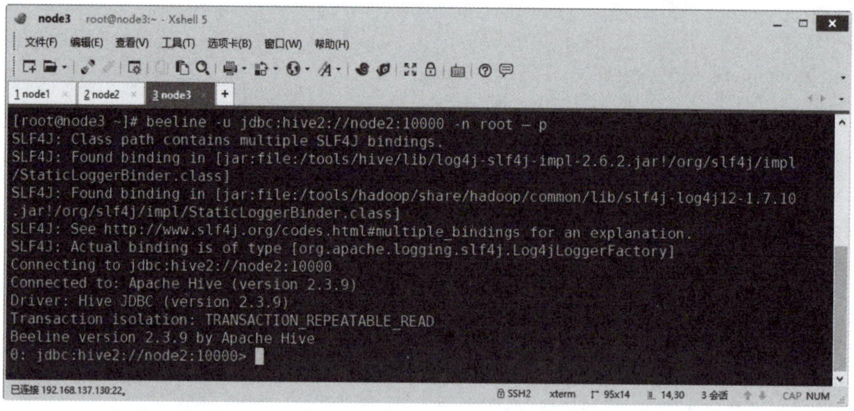

图 2-95　Beeline 连接服务端

步骤 6:验证 Hive 远程连接。在 node3 虚拟机的 Beeline 客户端工具中执行“SHOW DATABASES”命令，查看服务端数据库列表，如果能够显示 node2 中 Hive 数据库列表则表示远程连接成功，如图 2-96 所示。

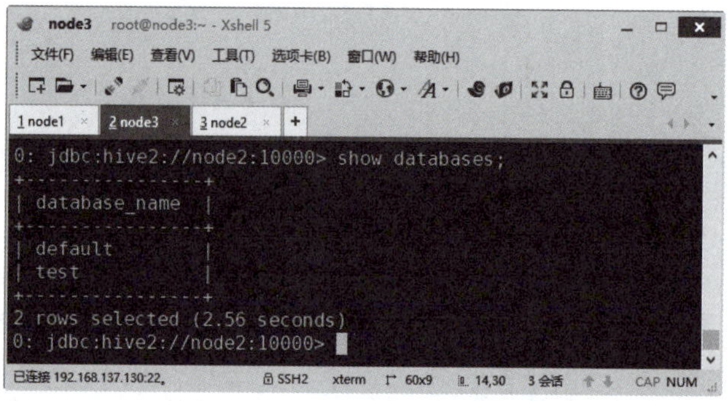

图 2-96　远程连接显示数据库列表

项目小结

我们在本项目中首先学习了虚拟机软件的安装、创建，在虚拟机中安装和克隆 Linux 系统，以及进行网络配置的详细步骤；其次介绍了 Hadoop 环境的搭建过程，包括如何配置主机名与 IP 的映射、SSH 免密登录、JDK 的安装、Hadoop 的完全分布式部署的步骤；最后详细介绍了 Hive 内嵌模式、本地模式、远程模式这三种模式的搭建过程。在本项目中，不仅掌握了虚拟机安装 Linux 的过程，同时掌握了 Hadoop 完全分布式部署步骤，以及 Hive 三种模式的安装与部署，为后续应用 Hive 解决实际问题做好了环境上的准备。

思政小课堂

倾心一件事，干了一辈子。今年已经 80 余岁高龄的李云鹤，仍坚守在文物修复保护第一线，被誉为我国“文物修复界泰斗”。他是国内石窟整体异地搬迁复原成功的第一人，也是国内运用金属骨架修复保护壁画获得成功的第一人。有时候成功不是看我们干了多少事，而是看我们有没有把几件事做好。十年磨一剑，要的不是“磨洋工”，更不是“差不多”，我们追求的是质量，是把中国制造推向世界顶峰的雄心壮志。

课后练习

一、选择题

1. 启动 ZooKeeper 服务的命令是（　　）。

A. start zkServer.sh　B. start ZooKeeper　C. zkServer.sh start　D. start ZooKeeper.sh

2. 启动 Hive 的命令是（　　）。

A. beeline　B. server　C. hiveserver2　D. hive

3. 关于 Hive 嵌入模式错误的是（　　）。

A. 元数据存储在 Derby 数据库中　B. 只允许创建一个连接

C. 一般用于测试连接　D. 一般应用生产环境

4. Hive 的安装模式不包含（　　）。

A. 嵌入模式　B. 远程模式　C. 本地模式　D. 全分布模式

5. hive-env. sh 文件中的配置信息包括（　　）。

A. HADOOP_HOME　B. HIVE_HOME

C. YARN_HOME　D. JRE_HOME

二、简答题

1. 简述 Hive 的部署模式有哪几种。

2. 安装 Hive 时为什么要配置 MySQL 数据库？

3. Hive 的设计特性有哪些？

三、操作题

新建三个虚拟机，主机名为 n1(IP 为 192.168.137.100)，n2(IP 为 192.168.137.101)，n3(IP 为 192.168.137.102)，部署高可用全分布式 Hadoop，同时部署远程模式的 Hive。

项目3 Hive基本语法

知识目标

1. 掌握 Hive 的常用数据类型。
2. 掌握 Hive 运算符与表达式。
3. 掌握 Hive 数据存储方式。
4. 掌握 Hive 常用交互命令和其他操作命令。

技能目标

1. 能够熟练使用 Hive 的数据类型。
2. 能够熟练使用 Hive 的运算符。
3. 能够熟练使用 Hive 的不同存储方式。
4. 能够熟练使用 Hive 常用交互命令和其他操作命令。

素质目标

1. 通过 Hive 基本语法的学习过程培养探究精神和自学能力。
2. 培养创新精神、创业意识。
3. 培养良好的职业道德和社会责任感。

Hive 是建立在 Hadoop 上的数据仓库基础构架。它提供了一系列的工具，可以存储、查询和分析存储在分布式存储系统中的大规模数据集。本项目主要介绍 Hive 相关基础知识，包括数据类型、运算符、Hive 数据存储、文件存储格式以及 Hive 的一些常用命令等。

任务 3.1 认识数据类型

3.1.1 任务描述

通过前两个项目的学习，我们已经对 Hive 数据仓库、采用 Linux 作为 Hive 的运行环境等有了基本的了解，Hive 数据表包括表结构和记录部分，是相关数据的集合。创建 Hive 表时，必须指定表字段的数据类型。表字段的值类型、取值范围等都是数据类型决定的。本任务将讲解 Hive 基本数据类型、复杂数据类型及数据类型之间的转换。数据表的设计与实现将直接影响数据库的运行效率。通过本任务的学习为认识和理解数据表结构打下基础。

3.1.2 任务准备知识

1. Hive 数据类型的概念

Hive 支持关系型数据库中的大多数基本数据类型，同时也支持关系型数据库中很少出现的 3 种集合数据类型。下面将简短地介绍一下这样做的原因。

其中一个需要考虑的因素就是这些数据类型是如何在文本文件中进行表示的，同时还要考虑文本存储中为了解决各种性能问题以及其他问题有哪些替代方案。和大多数的数据库相比，Hive 具有一个独特的功能，那就是其对于数据在文件中的编码方式具有非常大的灵活性。大多数的数据库对数据具有完全的控制，这种控制既包括对数据存储到磁盘的过程的控制，也包括对数据生命周期的控制。Hive 将这些方面的控制权转交给用户，以便更加容易地使用各种各样的工具来管理和处理数据。

2. Hive 支持的数据类型

Hive 数据仓库中的常量、变量和参数都有数据类型，用来指定存储格式、约束和有效范围。

Hive 数据仓库也提供了多种数据类型，在创建 Hive 表时，需要指定表字段的数据类型。

Hive 中的数据类型分为基本数据类型和复杂数据类型。基本数据类型包括数值型、字符串型、布尔型、日期时间型等。复杂数据类型包括数组(Array)、映射(Map)和结构体(Struct)类型。

3.1.3 任务实施

1. Hive 基本数据类型

Hive 支持多种不同长度的整型和浮点型数据类型、布尔类型以及无长度限制的字符串类型。Hive 0.8.0 版本中增加了时间戳和二进制数组数据类型。Hive 所支持的基本数据类型见表 3-1。

表 3-1 基本数据类型

基本数据类型	描述	示例
TINYINT	1 字节有符号整数	60
SMALLINT	2 字节有符号整数	60
INT	4 字节有符号整数	60
BIGINT	8 字节有符号整数	60

（续表）

基本数据类型	描述	示例
FLOAT	4 字节单精度浮点数	3.1415
DOUBLE	8 字节双精度浮点数	3.1415
DECIMAL	高精度浮点数，从 Hive 0.13 开始，用户可以在创建具有 DECIMAL 数据类型表时通过 DECIMAL(precision，scale)语法指定小数和精度。如果未指定 scale，则默认为 0(无小数位数)；如果未指定精度，则默认为 10	DECIMAL（5，2）用于存储 −999.99～999.99 的数值，小数点后 2 位
NUMERIC	同 DECIMAL，从 Hive 3.0 开始提供	NUMERIC（3，1）用于存储 −99.9～99.9 的数值，小数点后 1 位
STRING	字符串，没有长度限制	'hello，world'
VARCHAR	变长字符串，字符串长度限制为 1～65 535	'abc'
CHAR	定长字符串	'abc'
BOOLEAN	布尔类型，true 或 false	true，false
DATE	日期，对应年、月、日	'2024-05-10'
TIMESTAMP	精度到纳秒的 UNIX 时间戳	不包含任务的时区信息
BINARY	字节数组	用于存储变长的二进制数据

Hive 基本数据类型中的 STRING 类型相当于数据库中的 VARCHAR 类型，该数据类型是一个可变的字符串，但是不能声明存储多少字符，理论上可以存储 2 GB 字符。在其他 SQL 语言中，通常会提供限制最大长度的“字符数组”(也就是很多字符串)类型，但需要注意的是 Hive 中不支持这种数据类型。关系型数据库提供这个功能是出于性能优化的考虑。因为定长的记录更容易进行索引建立和数据扫描等。在 Hive 所处的“宽松”的世界里，不一定拥有数据文件但必须能够支持使用不同的文件格式，Hive 根据不同字段间的分隔符来对其进行判断。同时，Hadoop 和 Hive 强调优化磁盘的读和写的性能，而限制列的值的长度相对来说并不重要。

Hive 中涉及的日期时间有两种类型：一种是 DATE 类型，自 Hive 0.12.0 版本以后支持。DATE 类型的数据，通常用“年、月、日”来表示一个具体的日期。DATE 的格式为 YYYY-MM-DD，其中 YYYY 表示年，MM 表示月，DD 表示日。Hive 的 DATE 类型只包括年月日，不包括时分秒；另一种类型是 TIMESTAMP 类型，从 Hive 0.8.0 版本开始支持。它是与时区无关的类型，即各个时区表示的值都是相等的，是一个从 UNIX 时代开始的时间偏移量。

2. Hive 复杂数据类型

Hive 有 3 种复杂数据类型，包括数组 Array、映射 Map、结构体 Struct。Array 和 Map 与 Java 语言的 Array 和 Map 类似；Struct 与 C 语言的 struct 类似。

大多数的关系型数据库并不支持这些复杂数据类型，因为使用它们会趋向于破坏标准格式。例如，在传统数据模型中，Struct 可能需要由多个不同的表拼装而成，表间需要适当地使用外键来进行连接。

破坏标准格式所带来的一个实际问题是会增大数据冗余的风险，进而导致消耗不必要的磁盘空间，还有可能造成数据不一致，因为当数据发生改变时冗余的拷贝数据可能无法进行相应的同步。

然而，在大数据系统中，不遵循标准格式的一个好处就是可以提供更高吞吐量的数据。当处理的数据的数量级是 T 或者 P 时，以最少的“头部寻址”来从磁盘上扫描数据是非常必要的。按数据集进行封装可以通过减少寻址次数提高查询的速度。而如果根据外键关系关联则需要进行磁盘间的寻址操作，这样会有非常高的性能消耗。

Array 类型声明格式为 Array＜data_type＞，表示相同数据类型的数据所构成的集合。Array 元素的访问从 0 下标开始，例如，Array[2]访问的是第 3 个数组元素。

Map 类型通过 Map＜key，value＞键值对来声明，key 只能是基本数据类型，value 可以是任意数据类型。Map 数据元素的访问使用[]，例如，Map['Tom']。

Struct 类型包含不同数据类型的元素，其类型可以是任意的基本数据类型。Struct 类型更灵活，可以存储多种数据类型的数据。Struct 元素的访问使用点运算符。

例如，Map＜STRING，FLOAT＞表示 Map 中的每个键都是 STRING 数据类型的，而每个值都是 FLOAT 数据类型的；对于 Array＜STRING＞，其中的每个条目都是 STRING 类型的。Struct 可以混合多种不同的数据类型，但是 Struct 中一旦声明好结构，则其位置就不可以再改变。

这里有一个用于演示如何使用这些数据类型的表结构声明语句：

```
CREATE TABLE complex(
    name STRING,
    friends Array<STRING>,
    children Map<STRING,INT>,
    address Struct<street:STRING,city:STRING>);
```

其中，name 是一个简单的字符串；friends 使用的是 Array 类型；children 使用的是 Map 类型，包括孩子的姓名和年龄，分别使用了字符串和整型；address 字段使用的是 Struct 类型，包括 street 和 city，都使用字符串类型。

3. Hive 类型转换

Hive 的基本数据类型根据需要进行转换。例如，TINYINT 类型的数据与 INT 类型的数据相加，则会将 TINYINT 类型的数据隐式地转换为 INT 类型，然后与 INT 类型的数据相加。数据类型转换分为隐式数据类型转换和强制数据类型转换。

(1)隐式数据类型转换

任何整数类型都可以隐式地转换为一个范围更广的类型。例如，TINYINT 类型可以转换成 INT 类型，INT 类型可以转换成 BIGINT 类型。

所有整数类型、FLOAT 和 STRING 类型都可以隐式地转换成 DOUBLE 类型。

TINYINT、SMALLINT、INT 类型都可以转换为 FLOAT 类型。

BOOLEAN 类型不可以转换为任何其他的类型。

TIMESTAMP 类型和 DATE 类型可以隐式地转换成文本类型。

(2)强制数据类型转换

有些情况需要进行强制数据类型转换，其语法格式如下：

```
CAST(expr AS <type>)
```

例如，CAST('1' AS INT)，把字符串'1'转换成整数 1；如果强制数据类型转换失败，如执行 CAST('80' AS INT)，表达式返回空值 NULL。

Hive 可以在 TIMESTAMP 类型与 DATE 类型和字符串类型之间进行强制转换。例如：

```
CAST(DATA AS TIMESTAMP)
CAST(TIMESTAMP AS DATE)
CAST(STRING AS DATE)
CAST(DATE AS STRING)
```

关于 Hive 数据类型需要注意的是：

- 英文字母大小写不敏感。
- 除 SQL 类型外，还支持 Java 的数据类型，如 String。
- INT 和 STRING 是使用最多的，大多数函数都支持。
- 复杂数据类型的使用通常需要和分隔符指定语法配合使用。
- 如果定义的数据类型和文件不一致，Hive 会尝试隐式数据类型转换，但是不保证成功。

任务 3.2 认识运算符

认识运算符

3.2.1 任务描述

通过前面任务的学习，我们学会了 Hive 的数据类型，在 Hive 的基本操作中，经常需要查询数据表中满足条件的数据，往往条件不是单一的，需要配合相应的运算符来实现。本任务将学习 Hive 的不同运算符，包括关系运算符、算术运算符、逻辑运算符、复杂运算符等。通过本任务的学习为实现数据表的查询打下基础。

3.2.2 任务准备知识

Hive 运算符与其他高级语言中的运算符类似，由变量、常量等连接表达式中的各个操作数，其作用是指明对操作数进行运算。Hive 中常见的运算符有关系运算符、算术运算符、逻辑运算符、复杂运算符等。

3.2.3 任务实施

1. 关系运算符

关系运算符又称比较运算符，用于比较两个表达式的值，其运算结果为逻辑值，可以为 true、false 或 NULL。Hive 中的关系运算符见表 3-2。

表 3-2 关系运算符

关系运算符	支持数据类型	示例	示例描述
=	所有基本数据类型	A = B	如果 A 与 B 相等，则为 true，否则为 false

（续表）

关系运算符	支持数据类型	示例	示例描述
<>（或！＝）	所有基本数据类型	A<>B	如果 A 与 B 不相等，则为 true，否则为 false
<	所有基本数据类型	A<B	如果 A 小于 B，则为 true，否则为 false
<=	所有基本数据类型	A<=B	如果 A 小于或等于 B，则为 true，否则为 false
>	所有基本数据类型	A>B	如果 A 大于 B，则为 true，否则为 false
>=	所有基本数据类型	A>=B	如果 A 大于或等于 B，则为 true，否则为 false
IS NULL	所有基本数据类型	A IS NULL	如果 A 为 NULL，则为 true，否则为 false
IS NOT NULL	所有基本数据类型	A IS NOT NULL	如果 A 不为 NULL，则为 true，否则为 false
[NOT]LIKE	字符串数据类型	A [NOT] LIKE B	B 是一个选择条件，可以包含字符或数字："%"代表零或多个字符；"_"代表一个字符。若 A 与其匹配，则返回 true，否则返回 false
RLIKE	字符串数据类似	A RLIKE B	B 是一个正则表达式，若 A 与其匹配，则返回 true，否则返回 false

（1）＝运算符

＝运算符用于比较表达式的两边是否相等，也可以对字符串进行比较。示例如下：

```
SELECT 3.14=3.142,2.12=2.120,'a'='a','apple'='pear';
```

执行结果如图 3-1 所示。

```
0: jdbc:hive2://node2:10000/> select 3.14=3.142,2.12=2.120,'a'='a','apple'='pear';
+--------+-------+-------+--------+
|  _c0   |  _c1  |  _c2  |  _c3   |
+--------+-------+-------+--------+
| false  | true  | true  | false  |
+--------+-------+-------+--------+
1 row selected (0.314 seconds)
0: jdbc:hive2://node2:10000/>
```

图 3-1　＝运算符举例

（2）<>运算符

与＝运算符相反的是<>（或！＝）运算符，用来检测表达式的两边是否相等，如果不相等返回 true，相等则返回 false。示例如下：

```
SELECT 3<>3,5<>6,'5a'<>'5c';
```

执行结果如图 3-2 所示。

```
0: jdbc:hive2://node2:10000/> select 3<>3,5<>6,'5a'<>'5c';
+--------+-------+-------+
|  _c0   |  _c1  |  _c2  |
+--------+-------+-------+
| false  | true  | true  |
+--------+-------+-------+
1 row selected (0.202 seconds)
0: jdbc:hive2://node2:10000/>
```

图 3-2　<>运算符举例

当有 NULL 值参与比较时，以下表达式的结果为 NULL：

```
SELECT null<>null,0<>null;
```

执行结果如图 3-3 所示。

```
0: jdbc:hive2://node2:10000/> select null<>null,0<>null;
+-------+-------+
|  _c0  |  _c1  |
+-------+-------+
| NULL  | NULL  |
+-------+-------+
1 row selected (0.11 seconds)
0: jdbc:hive2://node2:10000/>
```

图 3-3　NULL 值参与运算举例

(3)＞、＞＝、＜、＜＝运算符

＞、＞＝、＜和＜＝运算符用来比较表达式的左边是否大于、大于或等于、小于、小于或等于它的右边，示例如下：

```
SELECT 6＞6,6＞4,10＜8,3.14＞3.145;
```

执行结果如图 3-4 所示。

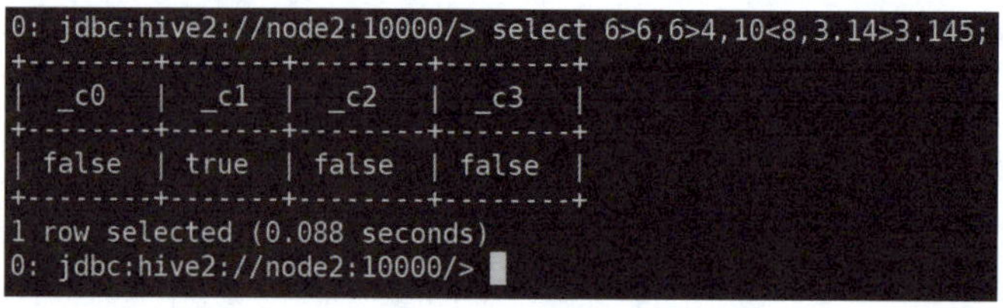

```
0: jdbc:hive2://node2:10000/> select 6>6,6>4,10<8,3.14>3.145;
+--------+-------+--------+--------+
|  _c0   |  _c1  |  _c2   |  _c3   |
+--------+-------+--------+--------+
| false  | true  | false  | false  |
+--------+-------+--------+--------+
1 row selected (0.088 seconds)
0: jdbc:hive2://node2:10000/>
```

图 3-4　＞、＜运算符举例

(4)[NOT] NULL 运算符

判断表达式的结果是否为 NULL，为 NULL 则为 true，否则相反；如果是 NOT NULL 则情况正好和 NULL 相反。本例中创建空表 dual，该表只有一个字段 id，为 STRING 类型，则数据只有一个空格字符。以下涉及 dual 表皆为该设置。示例如下：

```
SELECT 1 FROM dual WHERE 'hello' IS NULL;
```

执行结果如图 3-5 所示。

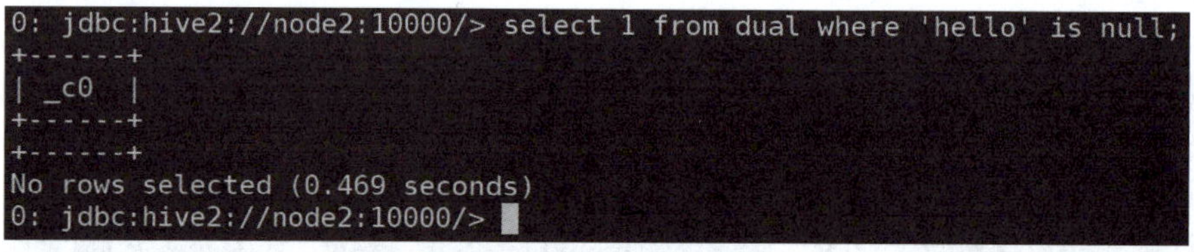

```
0: jdbc:hive2://node2:10000/> select 1 from dual where 'hello' is null;
+------+
| _c0  |
+------+
+------+
No rows selected (0.469 seconds)
0: jdbc:hive2://node2:10000/>
```

图 3-5　is NULL 运算符举例

```
SELECT 1 FROM dual WHERE 'hello' IS NOT NULL;
```

执行结果如图 3-6 所示。

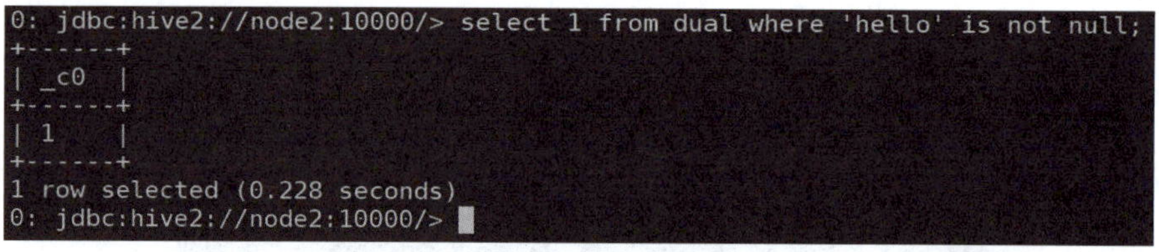

```
0: jdbc:hive2://node2:10000/> select 1 from dual where 'hello' is not null;
+------+
| _c0  |
+------+
| 1    |
+------+
1 row selected (0.228 seconds)
0: jdbc:hive2://node2:10000/>
```

图 3-6　IS NOT NULL 运算符举例

(5)[NOT] LIKE 运算符

LIKE 运算符是字符串模式匹配，可以包含字符或数字：“%”代表零或多个字符，“_”代表一个字符。若与其匹配，则返回 true，否则返回 false。示例如下：

```
SELECT 1 FROM dual WHERE 'hello' LIKE 'he%';
```

执行结果如图 3-7 所示。

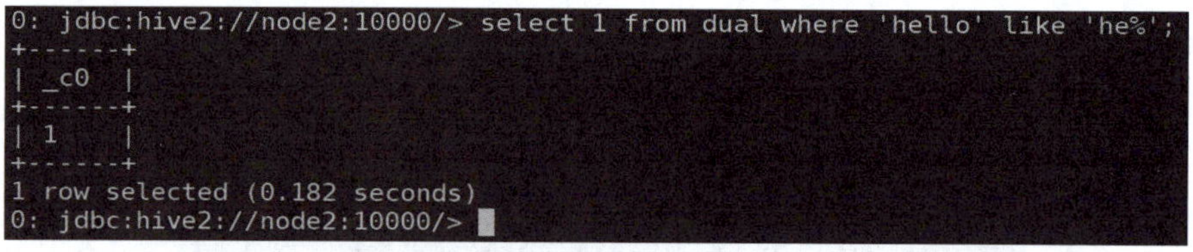

```
0: jdbc:hive2://node2:10000/> select 1 from dual where 'hello' like 'he%';
+------+
| _c0  |
+------+
| 1    |
+------+
1 row selected (0.182 seconds)
0: jdbc:hive2://node2:10000/>
```

图 3-7　LIKE 运算符“%”举例

```
SELECT 1 FROM dual WHERE 'hello' LIKE 'he_';
```

执行结果如图 3-8 所示。

```
0: jdbc:hive2://node2:10000/> select 1 from dual where 'hello' like 'he_';
+------+
| _c0  |
+------+
+------+
No rows selected (0.169 seconds)
0: jdbc:hive2://node2:10000/>
```

图 3-8 LIKE 运算符“_”举例

```
SELECT 1 FROM dual WHERE NOT 'hello' LIKE 'hive_';
```

执行结果如图 3-9 所示。

```
0: jdbc:hive2://node2:10000/> select 1 from dual where not 'hello' like 'hive_';
+------+
| _c0  |
+------+
| 1    |
+------+
1 row selected (0.175 seconds)
0: jdbc:hive2://node2:10000/>
```

图 3-9 NOT LIKE 运算符举例

(6)RLIKE 运算符

确定字符串是否匹配正则表达式，是 REGEXP_LIKE 的同义词。例如：

判断起始为“h”，结尾为“o”的字符串匹配：

```
SELECT 1 FROM dual WHERE 'hello' RLIKE '^h.*o$';
```

执行结果如图 3-10 所示。

```
0: jdbc:hive2://node2:10000/> select 1 from dual where 'hello' rlike '^h.*o$';
+------+
| _c0  |
+------+
| 1    |
+------+
1 row selected (0.223 seconds)
0: jdbc:hive2://node2:10000/>
```

图 3-10 RLIKE 运算符举例 1

判断是否全为数字：

```
SELECT 1 FROM dual WHERE '12345' RLIKE '^\\d+$';
```

执行结果如图 3-11 所示。

```
0: jdbc:hive2://node2:10000/> select 1 from dual where '12345' rlike '^\\d+$';
+------+
| _c0  |
+------+
| 1    |
+------+
1 row selected (0.146 seconds)
(reverse-i-search)`':
```

图 3-11 RLIKE 运算符举例 2

2. 算术运算符

算术运算符是 Hive 中最基本的运算符，用于各类数值运算，返回数据类型。见表 3-3。

表 3-3 算术运算符

运算符	支持数据类型	示例	示例描述
+	所有数字数据类型	A+B	A 和 B 相加
−	所有数字数据类型	A−B	A 减去 B

（续表）

运算符	支持数据类型	示例	示例描述
*	所有数字数据类型	A * B	A 和 B 相乘
/	所有数字数据类型	A/B	A 除以 B，返回商
%	所有数字数据类型	A%B	A 对 B 取余，返回余数

算术运算符接受任意的数值类型。不过，如果数据类型不同，那么两种类型中值范围较小的那个数据类型将转换为其他范围更广的数据类型。范围更广在某种意义上就是指一个类型具有更多的字节从而可以容纳更大范围的值。例如，对于 INT 和 BIGINT 运算，INT 会将类型提升为 BIGINT。对于 INT 和 FLOAT 运算，INT 将提升为 FLOAT。当进行算术运算时，用户需要注意数据溢出或数据下溢问题。Hive 遵循的是底层 Java 中数据类型的规则，因此当溢出或下溢发生时计算结果不会自动转换为更广泛的数据类型。乘法和除法最有可能会引发这个问题。

用户需要注意所使用的数值数据的数值范围，并确认实际数据是否接近表结构中定义的数据类型所规定的数值范围上限或者下限，还需要确认人们可能对这些数据进行什么类型的计算。

如果用户比较担心溢出和下溢，可以考虑在表结构中定义使用范围更广的数据类型。但这样做的缺点是每个数据值会占用更多额外的内存。

算术运算符的示例如下：

```
SELECT 8+9,12/5,12%5,8%0;
```

执行结果如图 3-12 所示。

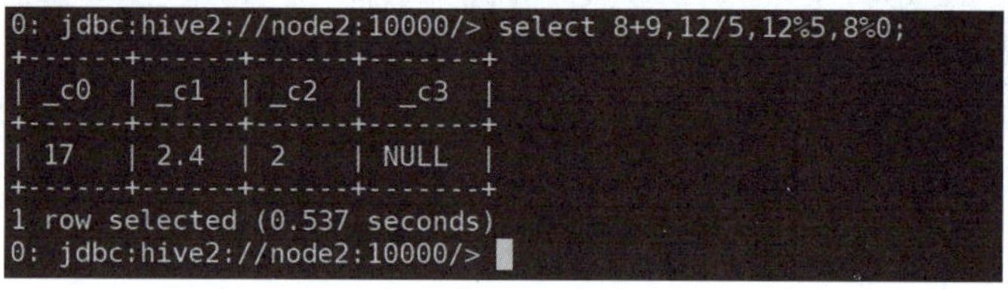

图 3-12　算术运算符举例

3. 逻辑运算符

逻辑运算符用于对某个条件进行测试，运算结果为 true 或 false，Hive 提供的逻辑运算符见表 3-4。

表 3-4　逻辑运算符

逻辑运算符	支持数据类型	示例	示例描述
AND	BOOLEAN 数据类型	A AND B	逻辑与，表达式 A 与表达式 B 必须都为 true，表达式结果才为 true
OR	BOOLEAN 数据类型	A OR B	逻辑或，表达式 A 或表达式 B 至少一个为 true，表达式结果才为 true
NOT	BOOLEAN 数据类型	NOT A	逻辑非

（1）AND 运算符

AND 运算符用于测试两个或更多值（或表达式）的有效性，如果所有表达式的值为 true，并且不是 NULL，则结果为 true，否则为 false。例如：

```
SELECT 1=1 and 8>10,'a'='a' and 'b'<'d';
```

执行结果如图 3-13 所示。

```
0: jdbc:hive2://node2:10000/> select 1=1 and 8>10,'a'='a' and 'b'<'d';
+--------+-------+
|  _c0   |  _c1  |
+--------+-------+
| false  | true  |
+--------+-------+
1 row selected (0.481 seconds)
0: jdbc:hive2://node2:10000/>
```

图 3-13　AND 运算符举例

(2)OR 运算符

如果表达式的值有一个为 true 并且不是 NULL,则结果为 true;若表达式的值全为 false 则结果为 false。例如:

```
SELECT 1=1 OR 8>10,'a'='b' OR 'b'>'d';
```

执行结果如图 3-14 所示。

```
0: jdbc:hive2://node2:10000/> select 1=1 or 8>10,'a'='b' or 'b'>'d';
+-------+--------+
|  _c0  |  _c1   |
+-------+--------+
| true  | false  |
+-------+--------+
1 row selected (0.084 seconds)
0: jdbc:hive2://node2:10000/>
```

图 3-14　OR 运算符举例

(3)NOT 运算符

逻辑运算符中最简单的是 NOT 运算符,它对跟在其后面的逻辑测试判断取反,把 true 变为 false,false 变为 true。例如:

```
SELECT not 8>9,not 1=1,not 10>6;
```

执行结果如图 3-15 所示。

```
0: jdbc:hive2://node2:10000/> select not 8>9,not 1=1,not 10>6;
+-------+--------+--------+
|  _c0  |  _c1   |  _c2   |
+-------+--------+--------+
| true  | false  | false  |
+-------+--------+--------+
1 row selected (0.091 seconds)
0: jdbc:hive2://node2:10000/>
```

图 3-15　NOT 运算符举例

4. 复杂运算符

复杂运算符提供一个表达式来引用复杂类型的元素。复杂运算符见表 3-5 所示。以下复杂运算符中涉及创建表等语法含义详见项目 4 Hive 数据定义。

表 3-5　复杂运算符

复杂运算符	支持数据类型	描述
A[n]	Array	返回 A 的第 n 个元素的值,第一个元素的索引为 0
M[key]	Map	返回 M 指定 key 的 value 值
S. x	Struct	返回 S 的 x 字段值

(1)Array 运算符

创建名为 test1 的表,只有 person 和 friends 两个字段。person 为字符串类型,friends 是 Array 数组类型。通过文本文件导入数据时,person 和 friends 之间的分隔符是竖线,friends 内部多元素之间的分隔符是逗号,创建表如图 3-16 所示。

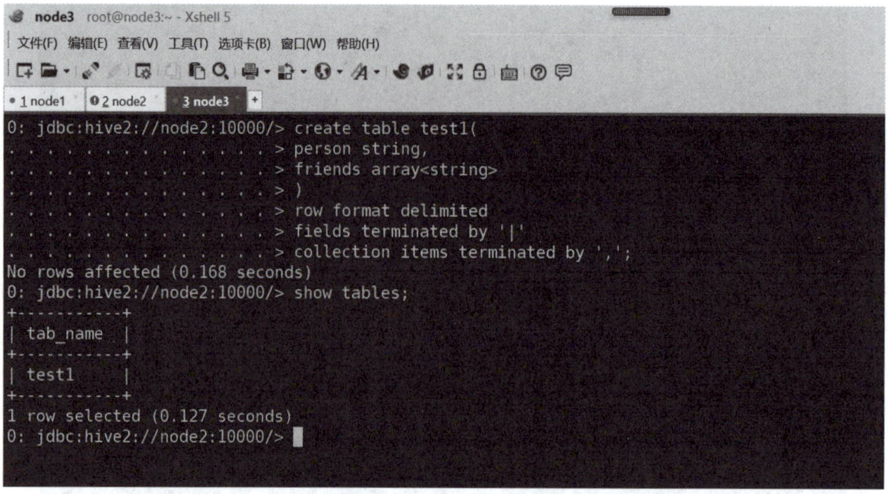


```
0: jdbc:hive2://node2:10000/> create table test1(
. . . . . . . . . . . . . . > person string,
. . . . . . . . . . . . . . > friends array<string>
. . . . . . . . . . . . . . > )
. . . . . . . . . . . . . . > row format delimited
. . . . . . . . . . . . . . > fields terminated by '|'
. . . . . . . . . . . . . . > collection items terminated by ',';
No rows affected (0.168 seconds)
0: jdbc:hive2://node2:10000/> show tables;
+-----------+
| tab_name  |
+-----------+
| test1     |
+-----------+
1 row selected (0.127 seconds)
0: jdbc:hive2://node2:10000/>
```

图 3-16　表 test1 创建

创建文本文件 test1. txt,内容如图 3-17 所示。可见只有三条记录,第一条 person 字段值为 Lucy,friends 字段里面有三个元素,用逗号分隔。

```
[root@node2 data]# cat test1.txt
Lucy|Lucy_friend_0,Lucy_friend_1,Lucy_friend_2
Tom|Tom_friend_0,Tom_friend_1,Tom_friend_2,Tom_friend_3,Tom_friend_4
Sophie|Sophie_friend_0,Sophie_friend_1
[root@node2 data]#
```

图 3-17　test1. txt 数据

加载 test1. txt 数据到 test1 表后,查询 friends 中某个元素。例如,查询每个人的第一个朋友,SQL 语句如下:

```
SELECT person, friends[0] FROM test1;
```

执行结果如图 3-18 所示。

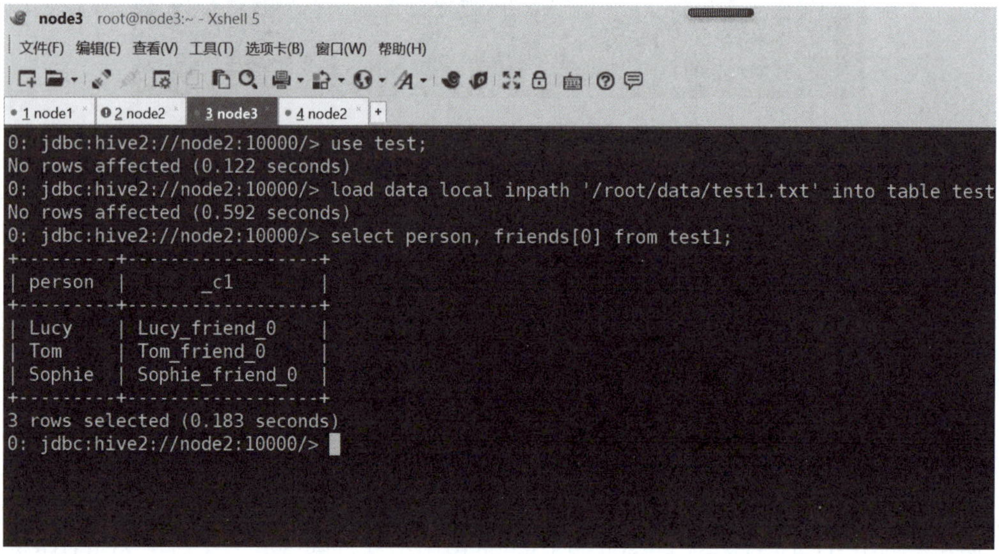


```
0: jdbc:hive2://node2:10000/> use test;
No rows affected (0.122 seconds)
0: jdbc:hive2://node2:10000/> load data local inpath '/root/data/test1.txt' into table test
No rows affected (0.592 seconds)
0: jdbc:hive2://node2:10000/> select person, friends[0] from test1;
+---------+-----------------+
| person  |       _c1       |
+---------+-----------------+
| Lucy    | Lucy_friend_0   |
| Tom     | Tom_friend_0    |
| Sophie  | Sophie_friend_0 |
+---------+-----------------+
3 rows selected (0.183 seconds)
0: jdbc:hive2://node2:10000/>
```

图 3-18　访问数组元素查询

(2)Map 运算符

创建名为 test2 的表,只有 person 和 address 两个字段。person 为字符串类型,address 为 Map 类型。通过文本导入数据时,对分隔符的定义如下:person 和 address 之间的分隔符是竖线；address 内部多个键值对，其分隔符是逗号；每个键值对的键和值的分隔符是冒号。创建表如图 3-19 所示。

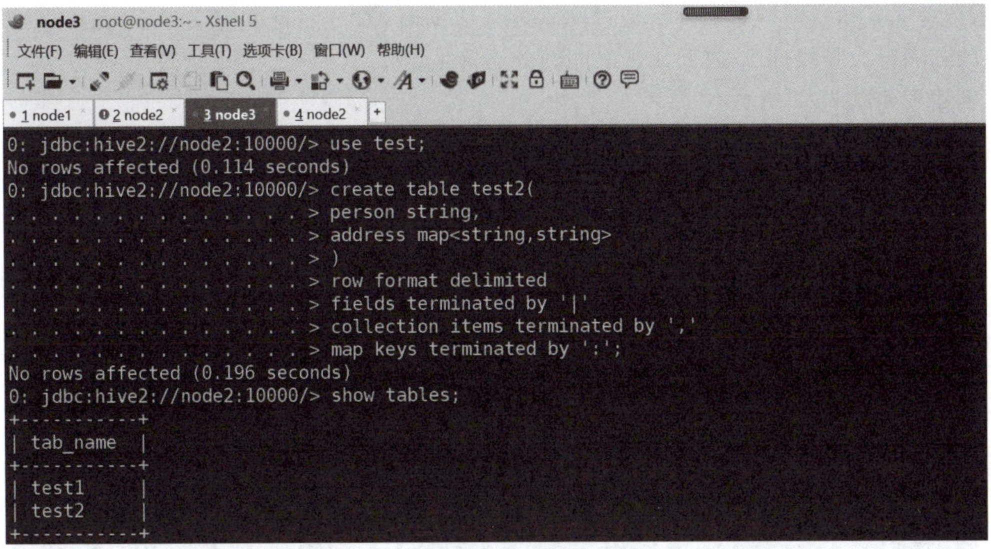

```
0: jdbc:hive2://node2:10000/> use test;
No rows affected (0.114 seconds)
0: jdbc:hive2://node2:10000/> create table test2(
. . . . . . . . . . . . . . > person string,
. . . . . . . . . . . . . . > address map<string,string>
. . . . . . . . . . . . . . > )
. . . . . . . . . . . . . . > row format delimited
. . . . . . . . . . . . . . > fields terminated by '|'
. . . . . . . . . . . . . . > collection items terminated by ','
. . . . . . . . . . . . . . > map keys terminated by ':';
No rows affected (0.196 seconds)
0: jdbc:hive2://node2:10000/> show tables;
+-----------+
| tab_name  |
+-----------+
| test1     |
| test2     |
+-----------+
```

图 3-19 表 test2 创建

创建文本文件 test2.txt，用三种分隔符来分隔字段、Map 中的多个元素、每个元素的键和值。数据如图 3-20 所示。

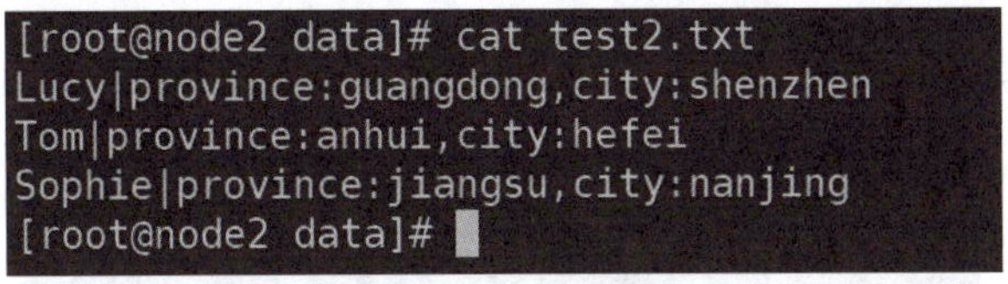

```
[root@node2 data]# cat test2.txt
Lucy|province:guangdong,city:shenzhen
Tom|province:anhui,city:hefei
Sophie|province:jiangsu,city:nanjing
[root@node2 data]#
```

图 3-20 test2.txt 数据

加载 test2.txt 数据到 test2 表中后，查看 Map 中某个 key，示例如下：

```
SELECT person,address["province"] FROM test2;
```

执行结果如图 3-21 所示。

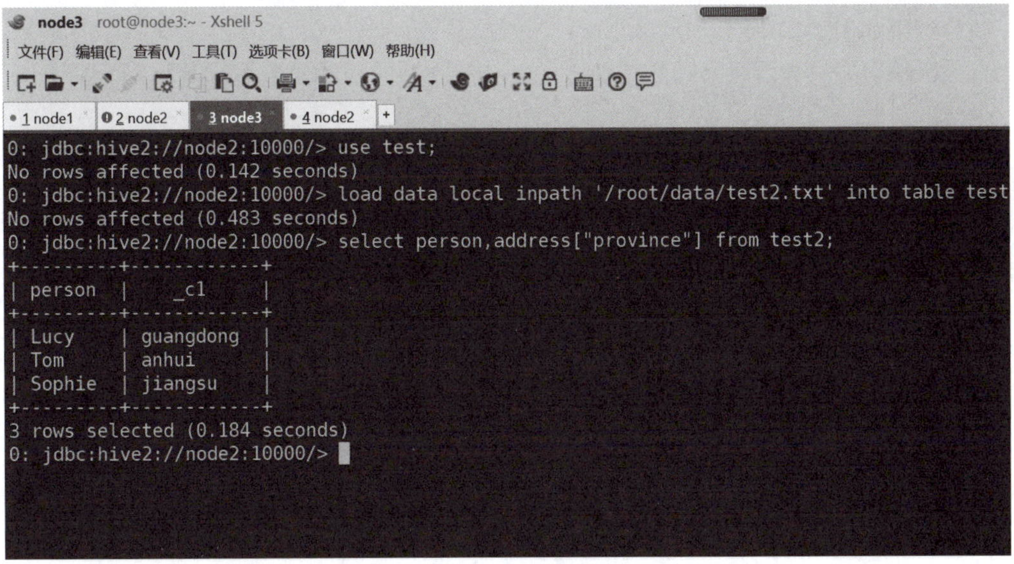

```
0: jdbc:hive2://node2:10000/> use test;
No rows affected (0.142 seconds)
0: jdbc:hive2://node2:10000/> load data local inpath '/root/data/test2.txt' into table test
No rows affected (0.483 seconds)
0: jdbc:hive2://node2:10000/> select person,address["province"] from test2;
+---------+------------+
| person  |    _c1     |
+---------+------------+
| Lucy    | guangdong  |
| Tom     | anhui      |
| Sophie  | jiangsu    |
+---------+------------+
3 rows selected (0.184 seconds)
0: jdbc:hive2://node2:10000/>
```

图 3-21 访问 Map 键值

(3)Struct 运算符

创建名为 test3 的表，只有 person 和 info 两个字段。person 为字符串类型，info 为 Struct 类型，包含 age 和 city 两个属性。通过文本导入数据时，对分隔符的定义如下：person 和 info 之间的分隔符为竖线；info 内部元素之间的分隔符是逗号。

创建表如图 3-22 所示。

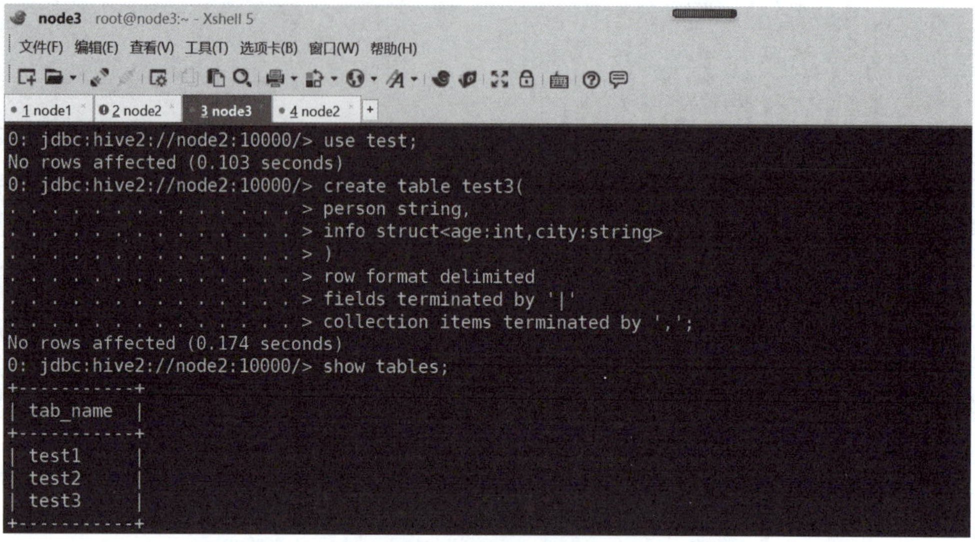

```
0: jdbc:hive2://node2:10000/> use test;
No rows affected (0.103 seconds)
0: jdbc:hive2://node2:10000/> create table test3(
. . . . . . . . . . . . . . > person string,
. . . . . . . . . . . . . . > info struct<age:int,city:string>
. . . . . . . . . . . . . . > )
. . . . . . . . . . . . . . > row format delimited
. . . . . . . . . . . . . . > fields terminated by '|'
. . . . . . . . . . . . . . > collection items terminated by ',';
No rows affected (0.174 seconds)
0: jdbc:hive2://node2:10000/> show tables;
+-----------+
| tab_name  |
+-----------+
| test1     |
| test2     |
| test3     |
+-----------+
```

图 3-22　表 test3 创建

创建文本文件 test3.txt，数据如图 3-23 所示。

```
[root@node2 data]# cat test3.txt
Lucy|12,shenzhen
Tom|13,hefei
Sophie|11,nanjing
[root@node2 data]#
```

图 3-23　test3.txt 数据

加载数据后，查看指定字段，例如查看所在的城市 city：

```
SELECT person,info.city FROM test3;
```

执行结果如图 3-24 所示。

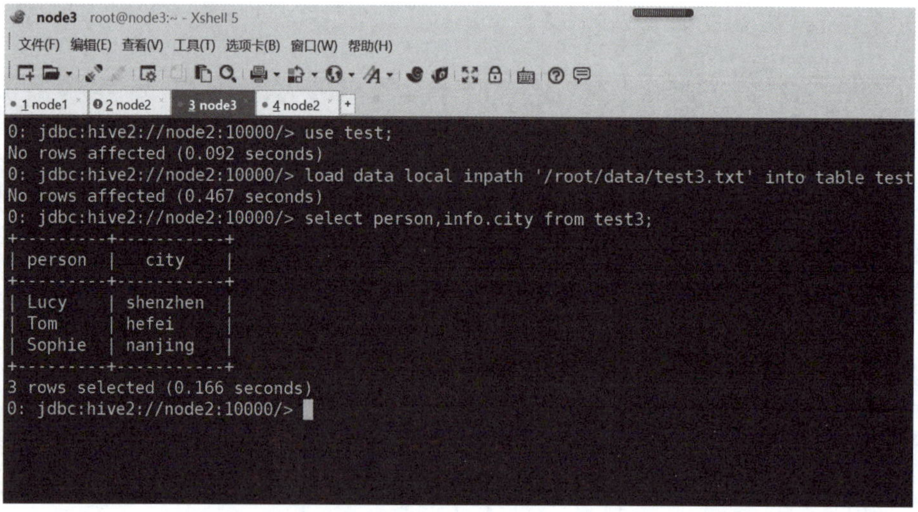

```
0: jdbc:hive2://node2:10000/> use test;
No rows affected (0.092 seconds)
0: jdbc:hive2://node2:10000/> load data local inpath '/root/data/test3.txt' into table test
No rows affected (0.467 seconds)
0: jdbc:hive2://node2:10000/> select person,info.city from test3;
+---------+-----------+
| person  |   city    |
+---------+-----------+
| Lucy    | shenzhen  |
| Tom     | hefei     |
| Sophie  | nanjing   |
+---------+-----------+
3 rows selected (0.166 seconds)
0: jdbc:hive2://node2:10000/>
```

图 3-24　访问结构体中的字段

任务 3.3 认识 Hive 命令

认识Hive命令

3.3.1 任务描述

在 Hive 上进行相关操作，是基于 Hive 命令来执行的。通常包括命令行界面，即 CLI 等服务通道。首先将“$HIVE_HOME/bin”加入环境变量 PATH 中，则用户只需要在 shell 提示符中输入“hive”，即可使用户的 shell 环境（如 bash 环境）找到这个命令。

Hive 中的数据保存在 HDFS 中，可以在 Hive 命令直接执行 HDFS 的操作命令来查看 Hadoop 文件系统上的信息。在 Hive 中也可以执行 Linux 系统命令。

3.3.2 任务准备知识

命令行界面，也就是 CLI，是和 Hive 交互的最常用的方式。使用 CLI，用户可以进行创建表、检查模式以及查询表等操作。

3.3.3 任务实施

1. Hive 常用交互命令

（1）第一代客户端 Hive CLI

$HIVE_HOME/bin/hive 是一个 Shell Util，通常称为第一代客户端或者旧客户端，主要功能有两个：交互式或批处理模式运行 Hive 查询。注意，此时作为客户端，需要并且能够访问的是 Hive MetaStore 服务，而不是 hiveserver2 服务。第二个功能是 Hive 相关服务的启动，如 MetaStore 服务。Hive 的 CLI 命令模式是最常用的模式。启动 Hive 命令行模式有以下两种方式。在 Linux 终端直接输入：

```
[root@node3 ~]# hive
```

或

```
[root@node3 ~]# hive --service cli
```

Hive 的 CLI 提供执行 HQL 语句、设置参数等功能。在命令模式执行如图 3-25 所示命令可以查看 CLI 的参数选项。输入“hive -help”命令，这些是 Hive 常用的交互命令，其参数具体参考图 3-25。

```
usage: hive
 -d,--define <key=value>          Variable substitution to apply to Hive
                                  commands. e.g. -d A=B or --define A=B
    --database <databasename>     Specify the database to use
 -e <quoted-query-string>         SQL from command line
 -f <filename>                    SQL from files
 -H,--help                        Print help information
    --hiveconf <property=value>   Use value for given property
    --hivevar <key=value>         Variable substitution to apply to Hive
                                  commands. e.g. --hivevar A=B
 -i <filename>                    Initialization SQL file
 -S,--silent                      Silent mode in interactive shell
 -v,--verbose                     Verbose mode (echo executed SQL to the
                                  console)
```

图 3-25　Hive 参数选项

Hive 常用交互命令及参数选项见表 3-6。

表 3-6　Hive 常用交互命令及参数选项

参数选项	说明	举例
-d,--define<key=value>	用于命令的变量转换	$ bin/hive -d A=B 或者--define A=B
--database<databasename>	指定使用的数据仓库	$ bin/hive --database test
-e<quoted-query-string>	执行命令行指定的 SQL 语句	$ bin/hive -e "SELECT * FROM student;"
-f<filename>	执行脚本文件中的 SQL 语句或命令	$ bin/hive -f/hivef. sql $ bin/hive -f/hivef. sql>/hive_result. txt
-H,--help	输出打印帮助信息	$ bin/hive -help
-i<filename>	初始化 SQL 文件	$ bin/hive -i/hivef. sql
-S,--silent	执行查询,不显示 MapReduce 进度	$ bin/hive -S -e "SELECT * FROM student;"

其中 hivef. sql 文件中包含如下 SQL 语句:

```
SELECT * FROM student;
```

(2)第二代客户端 Beeline CLI

$HIVE_HOME/bin/beeline 被称为第二代客户端或者新客户端,是一个 JDBC 客户端,是官方强烈推荐使用的 Hive 命令行工具。和第一代客户端相比,性能加强且安全性提高。Beeline 在嵌入模式和远程模式均可工作。在嵌入模式,它运行嵌入式 Hive(类似 Hive CLI)。

在远程模式下 Beeline 通过 Thrift 连接到单独的 HiveServer2 服务上,这也是官方推荐在生产环境中使用的模式。

Beeline CLI 客户端连接服务有两种方式:

①在 Linux 环境下输入:

```
[root@node3 ~]# /tools/hive/bin/beeline
```

进入 Beeline 的客户端,然后输入:

```
beeline>! connect jdbc:hive2://node2:10000
```

输入相应的用户名和密码即可:

```
Enter username for jdbc:hive2://node2:10000: root
Enter password for jdbc:hive2://node2:10000: ******
```

②在启动时直接输入:

```
[root@node3 ~]# beeline -u jdbc:hive2:node2:10000 -n root -p
Enter password for jdbc:hive2://node2:10000/: ******
```

输入密码即可。

2. Hive 其他操作命令

Hive 中的数据保存在 HDFS 中，可以使用 Hive 命令直接执行 HDFS 的操作命令来查看 Hadoop 文件系统上的信息。当然在 Hive 中也可以执行 Linux 操作系统的相关命令。

(1)在 Hive CLI 命令窗口中查看 HDFS

```
jdbc:hive2://node2:10000> dfs -ls -R /;
jdbc:hive2://node2:10000> dfs -ls /tools/hive/warehouse;
```

(2)在 Hive CLI 命令窗口中查看 HDFS 数据

```
jdbc:hive2://node2:10000/> dfs -cat /tools/hive/warehouse/student.txt;
```

(3)在 Hive CLI 命令窗口中查看本地文件系统

```
[root@node3 ~]# ! ls /opt
```

(4)在 Hive 中查看输入的所有历史命令

①进入当前用户的根目录/root

②查看.hivehistory 文件

```
[root@node3 ~]# cat .hivehistory
```

(5)清屏的方法

```
Ctrl+L
```

(6)退出 Hive 窗口的方法

```
Ctrl+C
```

任务 3.4 存储数据

3.4.1 任务描述

存储 Hive 数据，是 Hive 操作数据的基础。选择一个合适的底层数据存储文件格式，即使在不改变当前 Hive SQL 的情况下，性能也能得到数量级的提升。这种优化方式对学过 MySQL 等关系型数据库的读者并不陌生，选择不同的数据存储引擎，代表着不同的数据组织方式，对于数据库的表现会有不同的影响。

Hive 建表后，表的元数据存储在关系型数据库中，表的数据内容以文件形式存储在 Hadoop 集群的 HDFS 中。

3.4.2 任务准备知识

1. Hive 数据存储

Hive 的数据存储其实是在 HDFS 文件系统中的。在 Hive 数据仓库中，表中的数据没有专门的数据存储格式，也没有为数据建立索引，用户可以自由地组织 Hive 表中的数据，使用文本文件存储表中的数据，也可使用 CSV 文件存储表中的数据。只需在创建表时，告诉 Hive

数据中的分隔符(列分隔符和行分隔符),Hive 即可解析数据。默认情况下,Hive 采用制表符作为列与列之间的分隔符。

Hive 的数据都存储在 HDFS 中。Hive 的结构包括表(Table)、外部表(External)、分区表(Partition)、桶表(Bucket),Hive 数据模型见表 3-7。

表 3-7 Hive 数据模型

<table>
<tr><th colspan="9">数据库(Database)</th></tr>
<tr><td rowspan="3">表</td><td>表</td><td colspan="3">表</td><td colspan="4">表</td></tr>
<tr><td rowspan="2">分区</td><td colspan="3">分区</td><td rowspan="2">桶</td><td rowspan="2">桶</td><td rowspan="2">桶</td><td rowspan="2">桶</td></tr>
<tr><td>桶</td><td>桶</td><td>桶</td></tr>
</table>

下面针对 Hive 数据模型中的数据类型进行介绍。

数据库相当于关系型数据库中的命名空间,其作用是将用户和数据库的应用隔离到不同的数据库或模式中。

Hive 的表在逻辑上由存储数据和描述表格数据形成的相关元数据组成。表存储的数据存放在分布式文件系统里,如 HDFS。

Hive 中表分为两种类型:一种叫作内部表,这种表的数据存储在 Hive 数据仓库中;一种叫作外部表,这种表的数据存储在 Hive 数据仓库外的分布式文件系统中,也可以存储在 Hive 数据仓库中。外部表指向已经在 HDFS 中存在的数据,可以创建分区表。它和表在元数据的组织上是相同的,而实际数据存储则有较大的差异。外部表创建表和加载数据同时完成,加载的数据并不会移动到数据仓库的目录中,只是与加载数据建立一个链接。当删除外部表时,仅删除该链接。

Hive 数据仓库也就是 HDFS 中的一个目录,这个目录是 Hive 数据存储的默认路径,可以在 Hive 的配置文件中配置,最终也会存放到元数据库中。

分区表中的分区是根据"分区列"的值对表的数据进行粗略划分的机制,在 Hive 存储上的体现就是在表的主目录下的子目录,该子目录的名字就是定义的分区列的名字。分区是为了加快数据查询速度设计的。例如,现在有个日志文件,日志中的每条记录都有时间戳。如果根据时间来分区,那么同一天的数据将被分到同一个分区中。这样查询每一天或某几天的数据就会变得高效,只需扫描对应分区的文件即可。

桶简单来说就是把"大表"分成了"小表"。把表或者分区组织成桶表的主要目的是获得更高的查询效率,尤其是抽样查询更加便捷。桶表是 Hive 数据模型的最小单元,数据加载到桶表时,会对字段的值进行哈希取值,然后除以桶个数得到余数进行分桶。例如,将 id 列切分为 8 个桶表,首先对 id 列的值计算 Hash 值,对应 Hash 值为 0 的 HDFS 目录为/user/hive/warehouse/test/date=20210801/part-0000,对应 Hash 值为 6 的 HDFS 目录为/user/hive/warehouse/test/date=20210801/part-00006。保证每个桶中都有数据,在物理上,每个桶表就是表或分区的一个文件。

2. Hive 表存储格式

Hive 的数据其实是在 HDFS 文件系统中的。Hive 提供了一种查询 HDFS 中文件的一种方式。和传统的关系型数据库相比,Hive 对所存储的数据在文件中的编码方式有很大的灵活性。Apache Hive 支持 Apache Hadoop 中使用的几种熟悉的文件格式,在创建表时需要指明该表的存储格式。Hive 支持表的存储格式主要有 TEXTFILE(文本格式)、RCFile(行列式文件)、SEQUENCEFILE(二进制序列化文件)、ORC(优化的行列式文件)。

3.4.3 任务实施

1. 行式存储和列式存储

传统的关系型数据库，如 Oracle、DB、MySQL、SQL Server 等采用行式存储法。行存储模式就是把一整行存在一起，包含所有的列，这是最常见的模式。查询满足条件的一整行数据时，行式存储只需要找到其中一个值，其余的值都在相邻位置。

行式存储会将表 3-8 所示的三行数据按照行的顺序存储在磁盘中，见表 3-9。

表 3-8 user 用户基本信息表

name	city	age
张三	上海	18
李四	北京	21
王五	广州	20

表 3-9 行式存储

张三	上海	18	李四	北京	21	王五	广州	20

行式存储的特点是写入数据非常快，因为只需要将新增的数据在后面追加，存储在磁盘上最终是连续的空间。对单行或者一组数据会非常高效，但在聚合时，尤其需要聚合字段比较少时，行式存储结构需要将多余的列加载到内存，因此面向行的数据库可能需要访问的磁盘数量通常更大。

相对于行式存储来说，新兴的 HBase、HP Vertica、EMC Greenplum 等分布式数据库均采用列式存储。在列式存储中，数据是按照列为基础逻辑单元进行存储的，一列中的数据在存储介质中以连续形式存在。对于表 3-8 所示的用户基本信息表，在列式存储结构见表 3-10。

表 3-10 列式存储

张三	李四	王五	上海	北京	广州	18	21	20

列式存储中，每个字段的数据聚集存储，在查询中只需要少数几个字段时，能大大减少读取的数据量。每个字段的数据类型是相同的，列式存储可以针对性地设计更好的压缩算法。

例如：

SELECT a FROM table A

和

SELECT a, b,c, d, e, f, g FROM table A

这样两个查询其实查询的开销差不多，都需要把所有的行读进来过一遍，拿出需要的列。而且这种情况下，属于同一行的数据都在同一个 HDFS 块上，重建一行数据的成本比较低。但是这样做有两个主要的弱点：

(1)当一行中有很多列而只需要其中很少的几列时，也不得不把一行中所有的列读进来，然后从中取出一些列，这样大大降低了查询执行的效率。

(2)基于多个列做压缩时，由于不同的列数据类型和取值范围不同，压缩比不会太高。

2. 文本文件格式

文本文件(TEXTFILE)格式是 Hive 在创建表时默认的存储格式，每一行都是一条记录，每行都以换行符(\n)结尾。数据不做压缩，磁盘开销大，数据解析开销大。可结合 Gzip、Bzip2 使用(系统自动检查，执行查询时自动解压)，但使用这种方式，Hive 不会对数据进行切分，从而无法对数据进行并行操作。文本文件主要使用场景在数据源层(ODS 层)，针对需要使用脚本加载数据到 Hive 数据仓库表中情况。

3. 顺序文件格式

顺序文件(SEQUENCEFILE)格式是 Hadoop API 提供的一种二进制文件支持，是 Hadoop 用来存储二进制形式的＜key,value＞键值对设计的一种文件存储结构。在存储结构上，顺序文件主要由一个头部(Header)跟多条记录(Record)组成。Header 主要包括存储压缩算法、用户定义元数据等信息。此外还包含一些同步标识，用于快速定位到记录的边界。每条记录以键值对的方式进行存储，用来表示字符数组可以一次解析为记录的长度、key 的长度、key 值和 value 值，并且 value 值的结构取决于该记录是否被压缩。顺序文件格式支持数据压缩，有以下 3 种类型的压缩：

(1)无压缩类型(None)

如果没有启用压缩(默认设置)，那么每个记录就由它的记录长度(字节数)、key 的长度、key 值和 value 值组成。

(2)记录压缩类型

记录压缩类型与无压缩类型基本相同，不同的是，值字节是用定义在头部的编码器来压缩的。

(3)块压缩类型

块压缩类型一次压缩多个记录，因此它比记录压缩类型更紧凑，所以一般优先选择该类型。

HDFS 文件系统适合存储大文件，可以通过 SEQUENCEFILE 将小文件合并起来，获得更高效的存储和计算。

项目小结

我们在本项目中首先学习了 Hive 的基本数据类型，包括整数、浮点数、字符串、布尔、日期等数据类型。Hive 的复杂数据类型，包括 Array、映射 Map、结构体 Struct 以及数据的类型转化。介绍了 Hive 的运算符，包括关系运算符、算术运算符、逻辑运算符、复杂运算符的应用。其次介绍了 Hive 命令，包括 Hive 常用的交互命令、Hive 的其他操作命令等。最后介绍了 Hive 的数据存储，包括行式存储和列式存储、文本文件格式、顺序文件格式等存储方法。

思政小课堂

从学历水平看，许多技艺高超的工匠们并非出身高校名校，他们有的是职高生，到底是什么力量促使他们成为一位“大国工匠”呢？不靠别的，靠的就是执着、敬业和精益求精的精神。正如高铁研磨师宁允展，其负责手工研磨的空间只有 0.05 毫米，技术难度非同一般，可他做到了。凭借的不是多高的学历，也不是多高的天赋，而是锲而不舍的精神和精益求精的“工匠精神”。

课后练习

一、选择题

1. 下列选项中，不属于 Hive 支持的集合数据类型的是（　　）。

A. Array　　B. Map　　C. Struct　　D. LIST

2. 数据 1001，Tom，[87]中的第 3 列，应用哪种数据类型存储？（　　）

A. Map　　B. Array　　C. Struct　　D. Int

3. 命令 dfs -ls /user/hive/warehouse 的作用是（　　）。

A. 在 Hive CLI 命令窗口查看 HDFS 内容数据

B. 在 Hive CLI 命令窗口查看 HDFS

C. 在 Hive CLI 命令窗口查看本地文件系统

D. 查看当前历史命令

4. Hive 建表时，数据列的字段类型选取 DECIMAL(m，n)，其与 FLOAT、DOUBLE 的区别，下面说法正确的是（　　）。

A. DECIMAL(m，n)是整数类型，FLOAT、DOUBLE 是小数类型

B. 没有 DECIMAL(m，n)数据类型

C. DECIMAL(m，n)是数值截取函数，FLOAT、DOUBLE 是数据类型

D. DECIMAL(m，n)和 FLOAT、DOUBLE 都是数据类型，没有区别

5. Hive 在创建表时，需要指明该表的存储格式，Hive 不支持的表存储格式是（　　）。

A. TEXTFILE　　B. SEQUENCEFILEC. Gzip2　　D. ORC

6. 在 Hive 命令窗口中，查看 HDFS 的命令是（　　）。

A. Ctrl+L　　B. dfs -ls/；　　C. ！ ls/datas　　D. cat.hivehistory

7. 下面哪个不是 Hive 的算术运算符？（　　）

A. /　　B. %　　C. −　　D. >

8. 在 Hive 的命令中，哪个命令描述是错误的？（　　）

A. 输入“quit；”，可以退出 Hive 命令模式

B. 输入“Ctrl+L；”可以清除屏幕内容

C. 输入“dfs -cat /test/test. txt；”，可以查看根目录下 test 目录下 test. txt 文件内容

D. “！ ls/”，可以查看 HDFS 根目录内容

二、简答题

1. 简述 Hive 的复杂数据类型及调用方法。

2. 简述 Hive 的数据类型是如何转换的。

3. 简述 Hive 数据存储结构。

4. Hive 的运算符分为哪几类？

5. 简述行式存储和列式存储的特性。

三、操作题

使用两种方式启动 Hive 命令，并在 Hive 命令窗口中查看 HDFS 及内容数据。

项目4

Hive数据定义

知识目标

1. 掌握数据库的创建、查询、显示信息、切换、修改和删除操作。
2. 掌握数据表的创建、查看、修改和删除操作。
3. 掌握分区表的创建、查询、添加、重命名、移动和删除操作。
4. 掌握分桶表的创建和查看信息操作。
5. 掌握视图的创建、查看、修改和删除操作。
6. 掌握索引的创建、查看、重建和删除操作。

技能目标

1. 能使用 HiveQL 语句对 Hive 中的数据库进行创建、查询、显示信息、切换、修改以及删除的操作。

2. 能使用 HiveQL 语句对 Hive 中的数据表进行创建、查看、修改和删除的操作。

3. 能使用 HiveQL 语句对 Hive 中的分区表进行创建、查询、添加、重命名、移动和删除的操作。

4. 能使用 HiveQL 语句对 Hive 中的分桶表进行创建和查看信息的操作。

5. 能使用 HiveQL 语句对 Hive 中的视图进行创建、查看、修改以及删除的操作。

6. 能使用 HiveQL 语句对 Hive 数据表中的索引进行创建、查看、重建和删除的操作。

素质目标

1. 通过 Hive 数据定义语法的学习过程培养探究精神和自学能力。
2. 培养创新精神、创业意识。
3. 培养良好的职业道德和社会责任感。

Hive 查询语言(Hive Query Language,简称 HiveQL)是与 SQL 相似的数据库查询、定义语言,是数据表结构定义、数据库对象定义、数据库查询的语言。接下来,本项目主要针对 HiveQL 的数据定义语法详细讲解。

任务 4.1 HiveQL 操作数据库

HiveQL操作数据库

4.1.1 任务描述

在日常工作中,我们会用到各种各样的文件,为了便于存放和管理这些文件,通常会根据文件的分类将文件放置在文件柜的指定抽屉中,那么同样为了便于存储和管理数据,在 Hive 数据仓库中会根据数据的分类将数据存储在数据库指定的数据表中,可以理解为数据库是数据存储与管理的基础。本次任务将详细讲解如何在 Hive 中操作数据库,主要包括对数据库的创建、查询、查看、切换、修改、删除等基本操作。

4.1.2 任务准备知识

1. 创建数据库

Hive 中创建数据库的语法格式如下:

```
CREATE (DATABASE|SCHEMA) [IF NOT EXISTS] database_name
[COMMENT database_comment]
[LOCATION hdfs_path]
[WITH DBPROPERTIES (property_name=property_value, ...)];
```

说明:

- CREATE (DATABASE|SCHEMA):表示创建数据库的语句。
- IF NOT EXISTS:可选,用于判断创建的数据库是否已经存在,若不存在则创建,反之不创建。
- database_name:表示创建的数据库名称。
- COMMENT database_comment:可选,表示数据库的相关描述。
- LOCATION hdfs_path:可选,用于指定数据库在 HDFS 上的存储位置。
- WITH DBPROPERTIES (property_name=property_value, ...):可选,用于设置数据库属性。

2. 查询数据库

Hive 中查询数据库的语法格式如下:

```
SHOW (DATABASES|SCHEMAS) [LIKE 'identifier_with_wildcards'];
```

说明:

- SHOW (DATABASES|SCHEMAS):表示查询数据库的语句。
- LIKE 'identifier_with_wildcards':可选,LIKE 子句用于模糊查询。

3. 查看数据库

Hive 中查看数据库信息的语法格式如下:

```
DESCRIBE|DESC (DATABASES|SCHEMAS) [EXTENDED] db_name;
```

说明：

- DESCRIBE|DESC (DATABASES|SCHEMAS)：表示查询数据库信息的语句。
- EXTENDED：可选，在查询数据库的信息中显示属性。
- db_name：用于指定查询的数据库名称。

4. 切换数据库

切换数据库的语法格式如下：

```
USE db_name;
```

说明：

- USE：表示切换数据库的语句。
- db_name：指定数据库名称。

5. 修改数据库

Hive 中可以修改数据库信息中的属性和所有者，修改数据库信息的语法格式如下：

```
/* 修改数据库属性 */
ALTER (DATABASE|SCHEMA) database_name SET DBPROPERTIES
(property_name=property_value, ...);
/* 修改数据库所有者 */
ALTER (DATABASE|SCHEMA) database_name SET OWNER
[USER|ROLE] user_or_role;
```

说明：

- ALTER (DATABASE|SCHEMA)：表示修改数据库信息的语句。
- database_name：指定数据库名称。
- SET DBPROPERTIES (property_name=property_value, ...)：指定修改数据库信息中的属性。
- SET OWNER [USER|ROLE] user_or_role：指定修改数据库信息中的所有者。

6. 删除数据库

Hive 中删除数据库的语法格式如下：

```
DROP (DATABASE|SCHEMA) [IF EXISTS] database_name [RESTRICT|CASCADE];
```

说明：

- DROP (DATABASE|SCHEMA)：表示删除数据库的语句。
- IF EXISTS：可选，用于判断数据库是否存在。
- database_name：用于指定数据库名称。
- [RESTRICT|CASCADE]：可选，表示数据库中存在表时是否可以删除数据库。

4.1.3 任务实施

1. 创建数据库

完成数据库 h_sample 的创建。在 Hive 客户端工具 Beeline 中创建数据库 h_sample，并指定数据库文件存放在 HDFS 的/hive_db/create_db/目录中，语句如下：

```
CREATE DATABASE IF NOT EXISTS h_sample
COMMENT "This is h_sample database"
LOCATION '/hive_db/create_db/'
WITH DBPROPERTIES ("date"="2022-01-01");
```

2. 查询已有的数据库

完成数据库的查询。查询 Hive 中所有数据库和名称的首字母是“h”的数据库。

首先，查询 Hive 中所有数据库，语句如下：

```
SHOW DATABASES;
```

执行结果如图 4-1 所示。

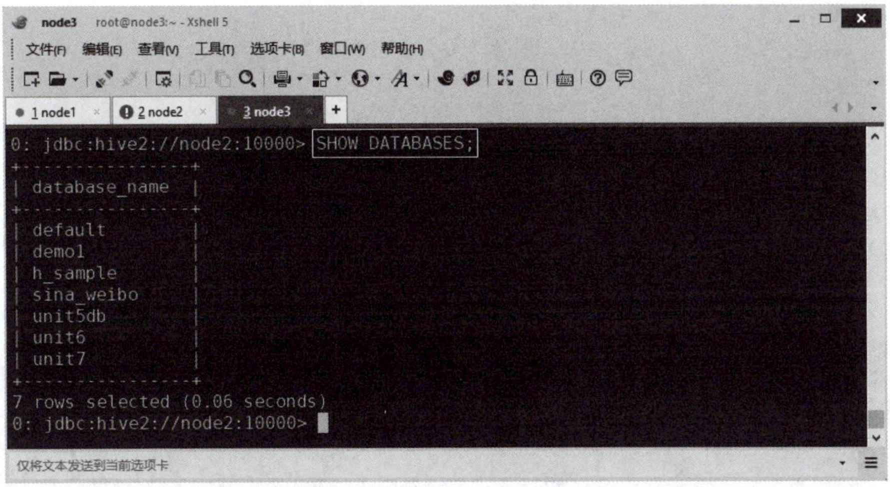

图 4-1 查询并显示所有数据库

然后，查询 Hive 中数据库名称首字母是“h”的数据库，语句如下：

```
SHOW DATABASES LIKE 'h*';
```

执行结果如图 4-2 所示。

图 4-2 查询首字母是“h”的数据库

3. 查看数据库信息

查询 Hive 数据库 h_sample 的信息，语句如下：

```
DESC DATABASE EXTENDED h_sample;
```

执行结果如图 4-3 所示。

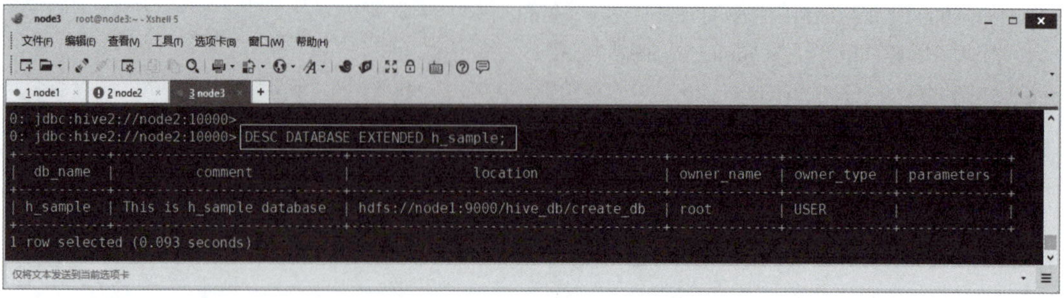

图 4-3　查询 h_sample 数据库信息

4. 切换数据库

将当前使用的数据库切换至数据库 h_sample，语句如下：

```
USE h_sample;
```

5. 修改数据库

修改数据库 h_sample 中的属性，语句如下：

```
ALTER DATABASE h_sample SET DBPROPERTIES ("date"="2022-05-18");
```

执行结果如图 4-4 所示。

图 4-4　修改数据库 h_sample 中的属性

6. 删除数据库

删除数据库 h_sample，语句如下：

```
DROP DATABASE IF EXISTS h_sample;
```

任务 4.2　HiveQL 操作数据表

HiveQL 操作数据表

4.2.1　任务描述

数据库的基本操作完成之后，需要在数据库中完成数据表的基本操作，例如，创建数据表、查看数据表、修改数据表和删除数据表。接下来，将详细讲解如何在 Hive 的数据库中完成数据表的相关操作。

4.2.2 任务准备知识

1. CREATE TABLE 句式分析

(1)CREATE TABLE 句式语法

Hive 中使用 CREATE TABLE 句式创建数据表。CREATE TABLE 句式的语法格式如下：

```
CREATE [TEMPORARY] [EXTERNAL] TABLE [IF NOT EXISTS] [db_name.]table_name
[(col_name data_type [COMMENT col_comment], ... [constraint_specification])]
[COMMENT table_comment]
[PARTITIONED BY (col_name data_type [COMMENT col_comment], ...)]
[CLUSTERED BY (col_name, col_name, ...) [SORTED BY (col_name [ASC|DESC], ...)]
INTO num_buckets BUCKETS]
[SKEWED BY (col_name, col_name, ...)]
ON ((col_value, col_value, ...), (col_value, col_value, ...), ...)
[STORED AS DIRECTORIES]
[
[ROW FORMAT row_format]
[STORED AS file_format]
| STORED BY 'storage.handler.class.name' [WITH SERDEPROPERTIES (...)]
]
[LOCATION hdfs_path
[TBLPROPERTIES (property_name=property_value, ...)]
[AS SELECT_statement];
```

(2)Serde 和表属性

Serde 表示序列化和反序列化，Hive 通过 Serde 处理 Hive 数据表中每一行数据的读取和写入。例如，查询 Hive 数据表数据时，HDFS 中存放的数据表数据会通过 Serializer 序列化为字节流便于数据传输；向 Hive 数据表插入数据时，会通过 Deserializer 将数据反序列化成 Hive 数据表的每一行值，方便将数据加载到数据表中，不需要对数据进行转换。

Hive 中的 Serde 分为自定义 Serde 和内置 Serde。

• 使用自定义 Serde 时需要在 CREATE TABLE 句式中指定 ROW FORMAT 子句的 row_format 值为 Serde，并根据 Serde 类型指定实现类。例如：

```
ROW FORMAT SERDE
'org.apache.hadoop.hive.serde2.RegexSerDe'
WITH SERDEPROPERTIES ("input.regex" = "regex")
STORED AS TEXTFILE;
```

使用正则表达式序列化/反序列化数据表的每一行数据，其中 regex 用于指定正则表达式。

```
ROW FORMAT SERDE
'org.apache.hive.hcatalog.data.JsonSerDe'
STORED AS TEXTFILE
```

使用 JSON 格式序列化/反序列化数据表的每一行数据。

```
CREATE TABLE my_table(a STRING,b STRING,...)
ROW FORMATSERDE
'org.apache.hadoop.hive.serde2.OpenCSVSerde'
WITH SERDEPROPERTIES(
"separatorChar" = "\t",
"quoteChar" = "'",
"escapeChar" = "\\")
STORED AS TEXTFILE;
```

使用 CSV 格式序列化/反序列化数据表的每一行数据，其中 separatorChar 用于指定 CSV 文件的分隔符；quoteChar 用于指定 CSV 文件的应用符；escapeChar 用于指定 CSV 文件的转义符。

• 内置 Serde 需要在 CREATE TABLE 句式中指定 ROW FORMAT 子句的 row_format 值为 DELIMITED，见表 4-1。

表 4-1　　内置 Serde 简介

内置 Serde	介绍
FIELDS TERMINATED BY char [ESCAPED BY char]	FIELDS TERMINATED 指定字段分隔符；ESCAPED 指定转义符，避免数据中存在与字段分隔符一样的字符，造成混淆
COLLECTION ITEMS TERMINATED BY char	指定集合中元素的分隔符，集合包含数据类型为 Map、Array 和 Struct
Map KYS TERMINATED BY char	指定 Map 中 Key 和 Value 的分隔符
LINES TERMINATED BY char	指定行分隔符
NULL DEFINED AS char	自定义空值格式，Hive 默认为'\N'

通过 CREATE TABLE 句式创建数据表时可以使用 TBLPROPERTIES 子句指定表属性，Hive 表属性分为自定义属性和预定义属性。

• 使用自定义属性时，用户可以自定义属性名称(property_name)和属性值(property_value)，用于为创建的数据表指定自定义标签。例如，指定创建表的作者、创建表的时间等。

• 使用预定义属性时，需要根据 Hive 规定的属性名称和属性值使用，用于为创建的数据表指定相关配置，见表 4-2。

表 4-2　　预定义属性

属性	值	描述
comment	table_comment	表描述
hbase.table.name	table_name	集成 HBase
immutable	true OR false	防止意外更新，若为 true，则无法通过 Insert 实现数据的更新和插入
transactional	true OR false	指定表是否支持 ACID(更新、插入、删除)
NO_AUTO_COMPACTION	true OR false	表事务属性，指定表是否支持自动紧缩
compactor.mapreduce.map.memory.mb	mapper_memory	表事务属性，指定紧缩 Map(内存/mb)作业的属性
compactorthreshold.hive.compactor.delta.pct.threshold	threshold_pct	表事务属性，如果增量文件的大小与基础文件的大小的比率大于 threshold_pct(区间 0～1)，则触发深度紧缩

（续表）

属性	值	描述
auto. purge	true OR false	若为 true，则删除或者覆盖的数据不经过回收站，直接被删除
EXTERNAL	true 或 false	内部表和外部表的转换

2. 数据表简介

数据表是 Hive 存储数据的基本单位，Hive 数据表主要分为内部表（又叫托管表）和外部表。以内部表和外部表为基础可以创建分区表或分桶表，即内/外部分区表或内/外部分桶表。

（1）内部表

数据由 Hive 自身管理，数据文件存储在 Hive 配置文件中参数 hive. metastore. warehouse. dir 指定的 HDFS 路径。当删除内部表时，内部表的元数据和数据文件会一同删除。

（2）外部表

数据由 HDFS 管理，数据文件存储在创建表时 LOCATION 子句指定的 HDFS 路径，若不指定则存储在 Hive 配置文件中参数 hive. metastore. warehouse. dir 指定的 HDFS 路径。当删除外部表时，外部表只会删除元数据，不会删除数据文件。

3. 查看数据表

显示当前数据库所有数据表，语法格式如下：

```
SHOW TABLES [LIKE 'identifier_with_wildcards'];
```

查看指定数据表的结构信息，语法格式如下：

```
DESCRIBE|DESC [formatted] table_name;
```

- SHOW TABLES：表示查看当前数据库的所有数据表。
- LIKE 'identifier_with_wildcards'：可选，LIKE 子句用于模糊查询。
- DESCRIBE|DESC：表示查询指定数据表的表结构基本信息。
- formatted：可选，表示查询指定数据表的表结构详细信息。

4. 修改数据表

修改数据表结构信息使用 ALTER TABLE 语句实现，该语句只是修改数据表的元数据信息，数据表中的数据不会随之发生变化。下面介绍几种修改数据表结构信息的方法。

（1）重命名数据表是指修改数据表的名称，语法格式如下：

```
ALTER TABLE table_name RENAME TO new_table_name;
```

（2）修改数据表属性的语法格式如下：

```
ALTER TABLE table_name SET TBLPROPERTIES(property_name = property_value, property_name = property_value, ... );
```

（3）修改数据表列是指修改数据表中列的名称、描述、数据类型或者列的位置，语法格式如下：

```
ALTER TABLE table_name CHANGE [COLUMN] col_old_name col_new_name column_type [COMMENT col_comment] [FIRST|AFTER column_name];
```

- ALTER TABLE：表示修改数据表结构信息的语句。
- CHANGE [COLUMN]：用于修改数据表列的操作。
- table_name：指定需要修改列的数据表名称。

- col_old_name:指定需要修改的列名。
- col_new_name:指定列名被修改后的新列名。
- column_type:指定列修改后的字段类型。

(4)添加数据表列会在数据表的尾部添加指定列,语法格式如下:

```
ALTER TABLE table_name ADD COLUMNS (col_name data_type [COMMENT col_comment], ...)
```

(5)替换数据表列是指替换当前数据表中的所有列,语法格式如下:

```
ALTER TABLE table_name REPLACE COLUMNS (col_name data_type [COMMENT col_comment], ...)
```

(6)Hive 中强制数据类型转换规则

在 Hive 中执行修改列的数据类型操作时只能按照强制数据类型转换规则进行修改,Hive 的强制数据类型转换规则见表 4-3。

表 4-3 强制数据类型转换规则

	BL	TINYINT	SI	INT	BIGINT	FLOAT	DOUBLE	DM	STRING	VC	TS	DATE	BA
BOOLEAN	true	false	false	false	false	false	false	false	false	false	false	false	false
TINYINT	false	true	true	true	true	true	true	true	true	true	false	false	false
SMALLINT	false	false	true	true	true	true	true	true	true	true	false	false	false
INT	false	false	false	true	true	true	true	true	true	true	false	false	false
BIGINT	false	false	false	false	true	true	true	true	true	true	false	false	false
FLOAT	false	false	false	false	false	true	true	true	true	true	false	false	false
DOUBLE	false	false	false	false	false	false	true	true	true	true	false	false	false
DECIMAL	false	false	false	false	false	false	false	true	true	true	false	false	false
STRING	false	false	false	false	false	false	true	true	true	true	false	false	false
VARCHAR	false	false	false	false	false	false	true	true	true	true	false	false	false
TIMESTAMP	false	false	false	false	false	false	false	false	true	true	true	false	false
DATE	false	false	false	false	false	false	false	false	true	true	false	true	false
BINARY	false	false	false	false	false	false	false	false	false	false	false	false	true

说明:STRING 类型数据可以转换为 DOUBLE、DECIMAL(DM)、STRING 和 VARCHAR(VC)这四种数据类型。BL 代表 BOOLEAN,SI 代表 SMALLINT,TS 代表 TIMESTAMP,BA 代表 BINARY。

5. 删除数据表

(1)删除数据表的语法格式如下:

```
DROP TABLE [IF EXISTS] table_name [PURGE];
```

(2)回收站

Hive 中的回收站是通过 HDFS 的 Trash 功能实现。Trash 功能可以将 HDFS 中删除的文件放入回收站目录,防止用户意外删除文件,出现无法找回的情况。

HDFS 默认情况下并没有开启 Trash 功能,需要在 Hadoop 的配置文件 core-site. xml 的 <configuration>标签中添加下面配置内容:

```
<property>
    <name>fs. trash. interval</name>
    <value>1440</value>
</property>
<property>
```

```
    <name>fs.trash.checkpoint.interval</name>
    <value>60</value>
</property>
```

4.2.3 任务实施

1. 创建数据表

(1)首先，使用在 Hive 数据库 h_sample 中创建内部表 managed_table。

```
CREATE TABLE IF NOT EXISTS
h_sample.managed_table(
staff_id INT COMMENT "This is staff id",
staff_name STRING COMMENT "This is staff name",
salary FLOAT COMMENT "This is staff salary",
hobby Array<STRING> COMMENT "This is staff hobby",
deductions Map<STRING,FLOAT> COMMENT "This is staff deduction",
address Struct<street:STRING,city:STRING> COMMENT "This is staff address")
ROW FORMAT DELIMITED
FIELDS TERMINATED BY ','
COLLECTION ITEMS TERMINATED BY '_'
Map KEYS TERMINATED BY ':'
LINES TERMINATED BY '\n'
STORED AS TEXTFILE
TBLPROPERTIES("comment"="This is a managed table");
```

(2)在 Hive 数据库 h_sample 中创建外部表 external_table。

```
CREATE EXTERNAL TABLE IF NOT EXISTS
h_sample.external_table(
staff_id INT COMMENT "This is staffid",
staff_name STRING COMMENT "This is staffname",
salary FLOAT COMMENT "This is staff salary",
hobby Array<STRING> COMMENT "This is staff hobby",
deductions Map<STRING,FLOAT> COMMENT "This is staff deduction",
address Struct<street:STRING,city:STRING> COMMENT "This is staff address")
ROW FORMAT DELIMITED
FIELDS TERMINATED BY ','
COLLECTION ITEMS TERMINATED BY '_'
Map KEYS TERMINATED BY ':'
LINES TERMINATED BY '\n'
STORED AS TEXTFILE
LOCATION '/user/hive_external/external_table/'
TBLPROPERTIES("comment"="This is a external table");
```

2. 查看数据表

在虚拟机 node3 中使用 Hive 客户端工具 Beeline，远程连接虚拟机 node2 的 HiveServer2

服务操作 Hive。接下来，讲解查看数据表的实际应用。

(1)切换到数据库 h_sample，语句如下：

```
USE h_sample;
```

(2)查看数据库 h_sample 的所有数据表。数据库 h_sample 中包含两个表，语句如下：

```
SHOW TABLES;
```

执行结果如图 4-5 所示。

图 4-5 查看 h_sample 数据库中所有数据表

(3)通过模糊查询查看数据库 h_sample 中数据表名称首字母为“m”的数据表，语句如下：

```
SHOW TABLES LIKE 'm*';
```

执行结果如图 4-6 所示。

图 4-6 数据库 h_sample 中数据表名称首字母为“m”的数据表

(4)查看数据库 h_sample 中内部表 managed_table 的表结构基本信息，语句如下：

```
DESC managed_table;
```

执行结果如图 4-7 所示。

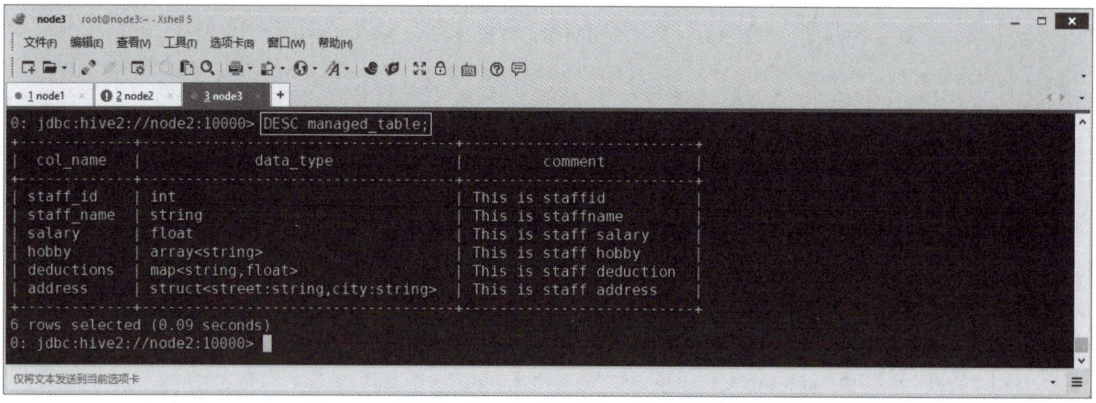

图 4-7 查看内部表 managed_table 的表结构基本信息

(5)查看数据库 h_sample 中外部表 external_table 的表结构详细信息，语句如下：

```
DESC FORMATTED external_table;
```

执行结果如图 4-8 所示。

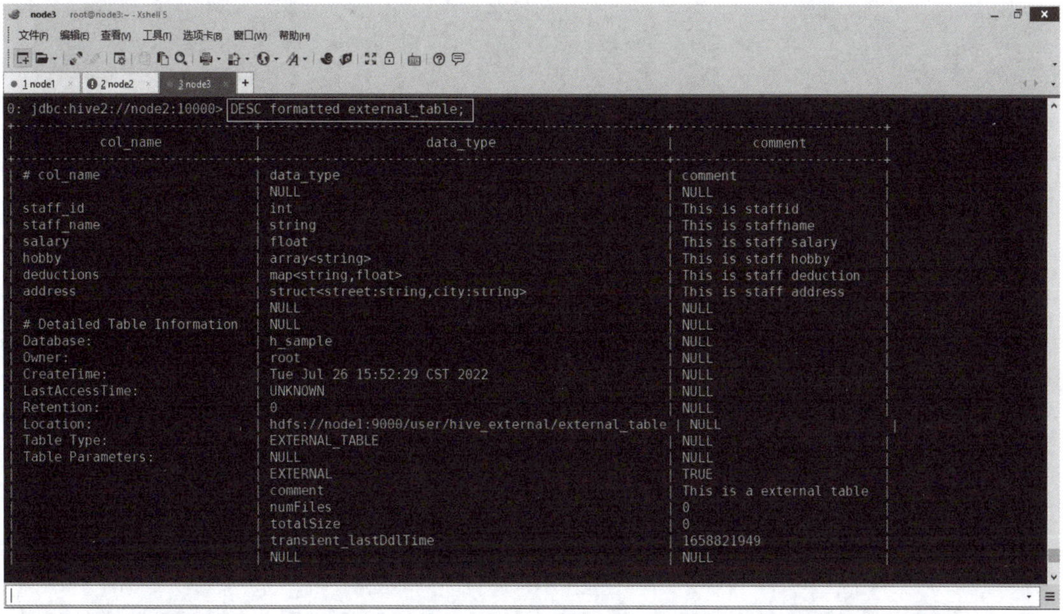

图 4-8 查看外部表 external_table 的表结构详细信息

3. 修改数据表

(1)将数据库 h_sample 的内部表 managed_table 重命名为 managed_table_new，语句如下：

```
ALTER TABLE managed_table RENAME TO managed_table_new;
```

执行结果如图 4-9 所示。

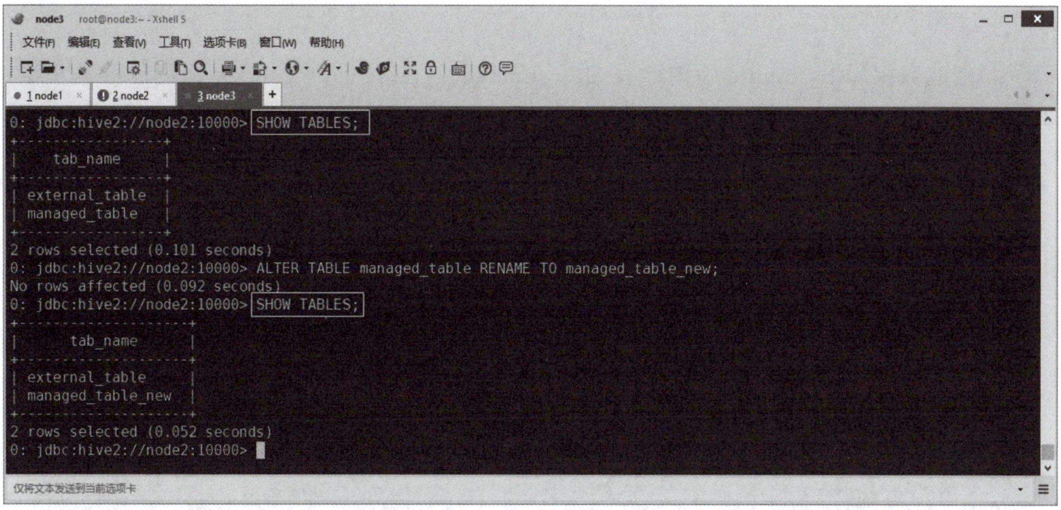

图 4-9 将内部表 managed_table 重命名为 managed_table_new

(2)在数据库 h_sample 中创建数据表 alter_managed_table，该表中所有列的数据类型一致，语句如下：

```
CREATE TABLE IF NOT EXISTS alter_managed_table( id STRING, sex STRING, name STRING);
```

执行结果如图 4-10 所示。

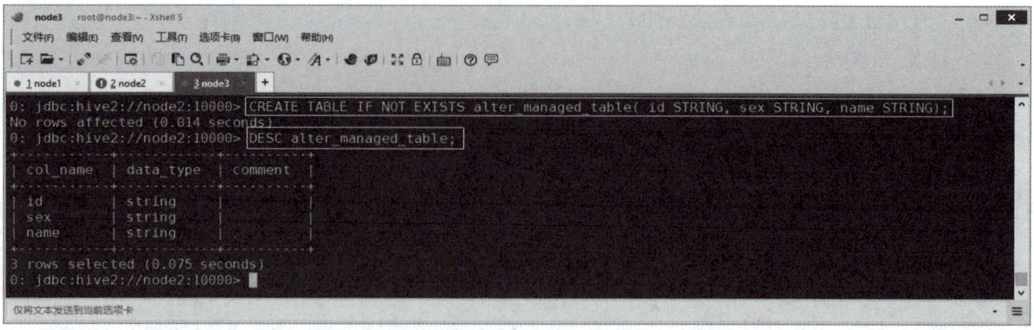

图 4-10　创建数据表 alter_managed_table

(3)修改数据库 h_sample 中数据表 alter_managed_table 的列 sex。首先重命名列 sex 为 gender;然后移动列 gender 的位置到列 name 的后边;最后修改列 gender 的描述为"This is gender"。语句如下:

```
ALTER TABLE alter_managed_table CHANGE sex gender
STRING COMMENT "This is gender" AFTER name;
```

执行结果如图 4-11 所示。

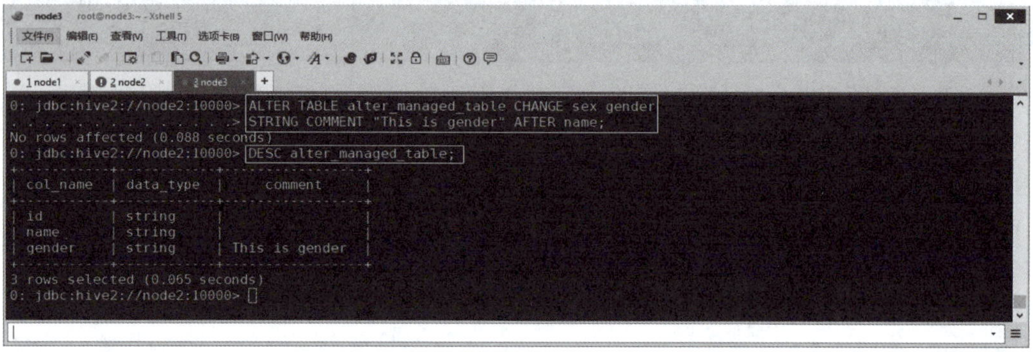

图 4-11　修改数据库 h_sample 中数据表 alter_managed_table 的列

(4)修改数据库 h_sample 中内部表 alter_managed_table 的列 gender,将列的数据类型由 STRING 修改为 VARCHAR(30),语句如下:

```
ALTER TABLE alter_managed_table CHANGE gender gender VARCHAR(30);
```

执行结果如图 4-12 所示。

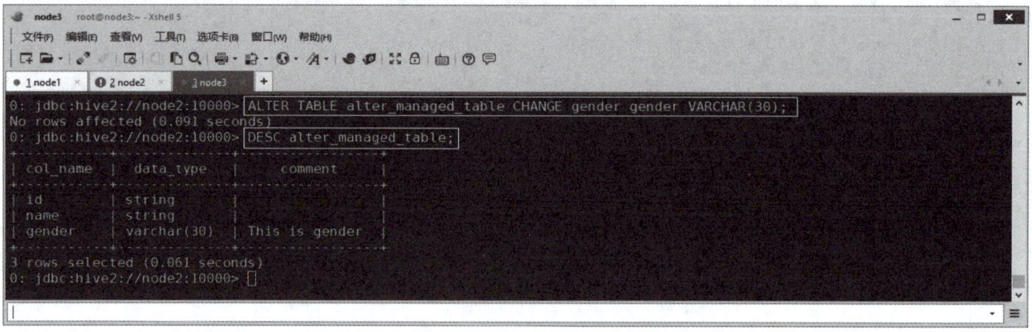

图 4-12　修改数据库 h_sample 中内部表 alter_managed_table 的列

(5)在数据表 alter_managed_table 中添加列,语句如下:

```
ALTER TABLE alter_managed_table ADD COLUMNS (age INT COMMENT "This is age",phone
STRING COMMENT "This is phone");
```

执行结果如图 4-13 所示。

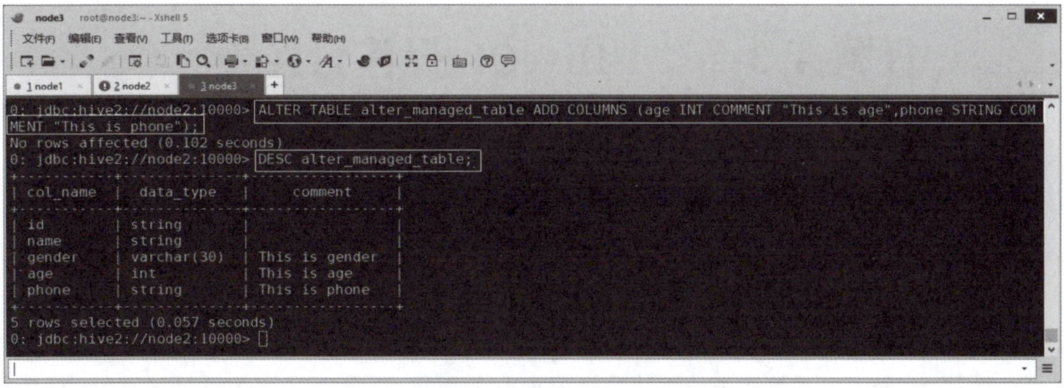

图 4-13 数据表 alter_managed_table 中添加列

(6)替换数据表 alter_managed_table 的列,语句如下:

```
ALTER TABLE alter_managed_table REPLACE COLUMNS (username STRING COMMENT "This is username",password STRING COMMENT "This is password");
```

执行结果如图 4-14 所示。

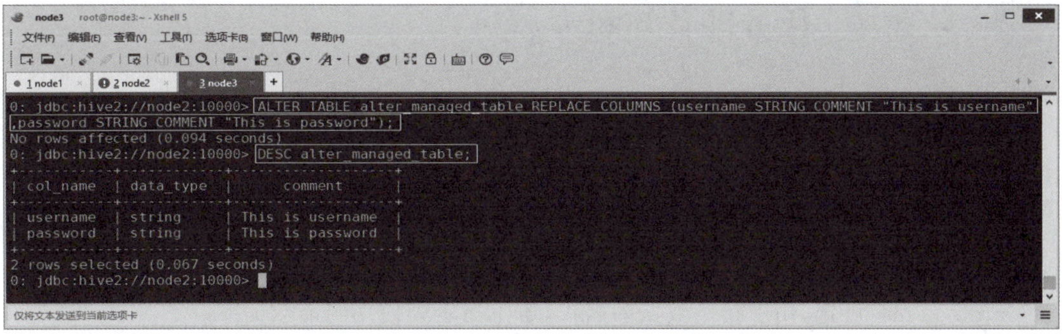

图 4-14 替换数据表 alter_managed_table 的列

4. 删除数据表

删除数据库 h_sample 的数据表 alter_managed_table,语句如下:

```
DROP TABLE IF EXISTS alter_managed_table PURGE;
```

执行结果如图 4-15 所示。

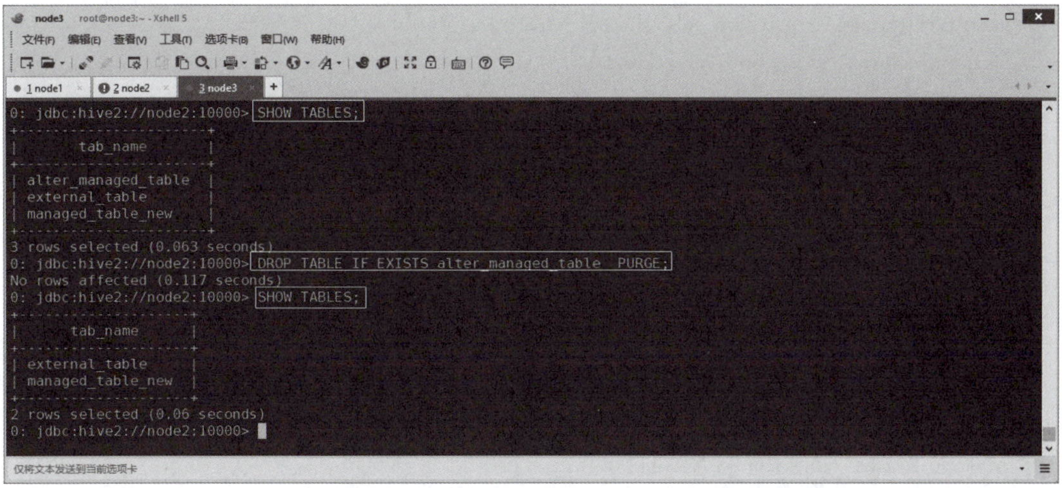

图 4-15 删除数据库 h_sample 的数据表 alter_managed_table

任务 4.3 HiveQL 操作分区表

4.3.1 任务描述

随着系统运行时间的增加，表的数据量会越来越大，而 Hive 查询数据通常使用全表扫描，这样会导致对大量不必要数据进行扫描，从而降低查询效率。为了解决这一问题，Hive 引进了分区技术，分区主要是将表的整体数据根据业务需求，划分成多个子目录来存储，每个子目录对应一个分区。通过扫描分区表中指定分区的数据，避免 Hive 全表扫描，从而提升 Hive 查询数据的效率。

4.3.2 任务准备知识

1. 查询分区表

分区表属于 Hive 数据表的一种，有关查询分区表分区信息的语法格式如下：

```
SHOW PARTITIONS [db_name.]table_name [PARTITION(partition_column = partition_col_value, partition_column = partition_col_value, ...)];
```

- SHOW PARTITIONS：表示查看分区表分区信息的语句。
- db_name：可选，用于指定数据库名称，若不指定则使用当前数据库。
- table_name：用于指定分区表名称。
- PARTITION(...)：可选，查询指定分区信息。

2. 添加分区表

添加分区是指在分区表中根据分区字段添加实际分区，语法格式如下：

```
ALTER TABLE table_name ADD [IF NOT EXISTS] PARTITION
(partition_column = partition_col_value,
partition_column = partition_col_value, ...)
[LOCATION 'location']...;
```

- ALTER TABLE：表示修改数据表结构信息的语句。
- ADD [IF NOT EXISTS] PARTITION：用于添加分区。
- partition_column：用于指定分区字段。
- partition_col_value：用于指定分区字段的值，即实际分区。
- LOCATION 'location'：可选，用于指定分区在 HDFS 上的存储位置。

3. 重命名分区表

重命名分区是指根据分区表的分区字段修改分区表的实际分区，重命名分区语法格式如下：

```
ALTER TABLE table_name PARTITION
(partition_column = partition_col_value, partition_column = partition_col_value, ...)
```

```
RENAME TO PARTITION (partition_column = partition_col_value,
partition_column = partition_col_value, ...);
```

4. 删除分区

删除分区是指根据分区表的分区字段删除分区表的实际分区，语法格式如下：

```
ALTER TABLE table_name DROP [IF EXISTS]
PARTITION (partition_column = partition_col_value,
partition_column = partition_col_value, ...) [PURGE];
```

5. 修改分区存储位置和文件格式

(1)修改分区表中分区在 HDFS 上的存储位置，语法格式如下：

```
ALTER TABLE PARTITION (partition_column = partition_col_value,
partition_column = partition_col_value, ...) SET LOCATION "new location";
```

(2)修改分区表中分区的文件存储格式，语法格式如下：

```
ALTER TABLE table_name PARTITION (partition_column = partition_col_value,
partition_column = partition_col_value, ...) SET FILEFORMAT file_format;
```

4.3.3 任务实施

1. 创建分区表

在数据库 hive_database 中创建分区表 partitioned_table，语句如下：

```
CREATE TABLE IF NOT EXISTS
hive_database.partitioned_table(
username STRING COMMENT "This is username",
age INT COMMENT "This is user age")
PARTITIONED BY (
province STRING COMMENT "User live in province",
city STRING COMMENT "User live in city")
ROW FORMAT DELIMITED
FIELDS TERMINATED BY ','
LINES TERMINATED BY '\n'
STORED AS TEXTFILE
TBLPROPERTIES("comment"="This is a partitioned table");
```

注意：

(1)分区表中的分区字段名称不能与分区表的列名重名。

(2)分区字段在创建分区表时指定，一旦分区表创建完成，后续则无法修改或者添加分区字段。

执行结果如图 4-16 所示。

2. 查询分区表

查询数据库 hive_database 中分区表 partitioned_table 的分区信息，语句如下：

```
SHOW PARTITIONS hive_database.partitioned_table;
```

执行结果如图 4-16 所示。

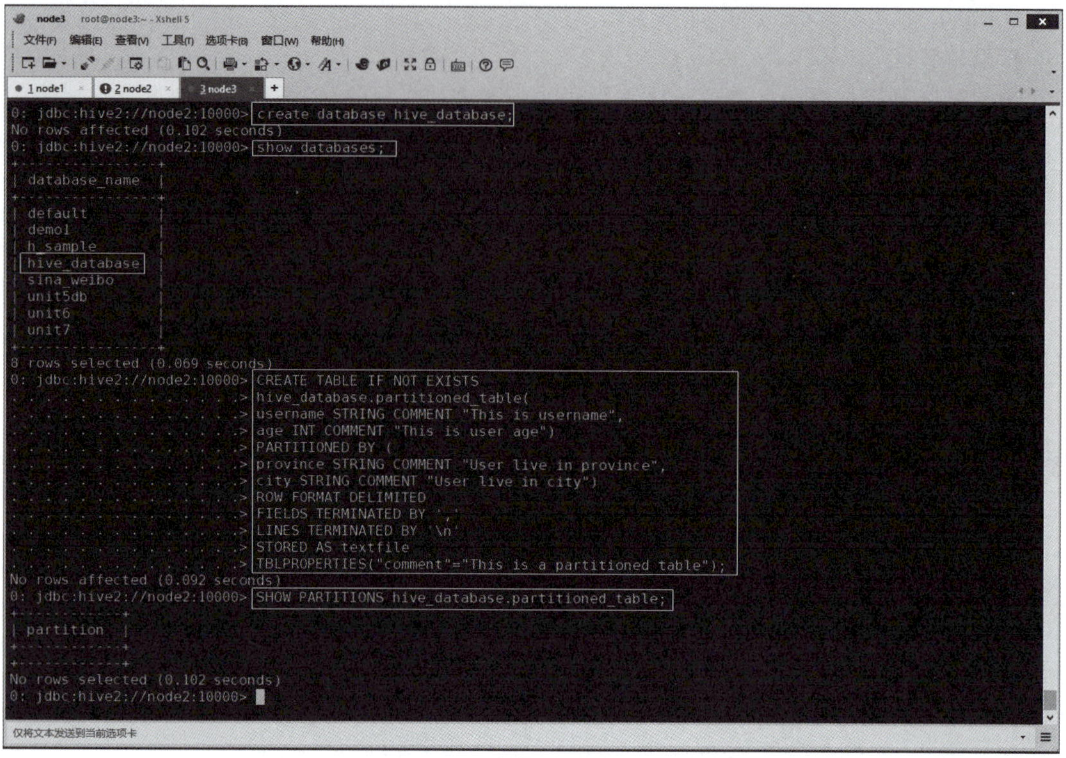

图 4-16 创建并查询分区表

3. 添加分区

向数据库 hive_database 的分区表 partitioned_table 添加分区，语句如下：

```
ALTER TABLE hive_database. partitioned_table
ADD PARTITION (province='HeBei', city='HanDan')
location '/user/hive_local/warehouse/hive_database. db/HeBei'
PARTITION (province='ShanDong', city='JiNan')
location '/user/hive_local/warehouse/hive_database. db/ShanDong';
```

执行结果如图 4-17 所示。

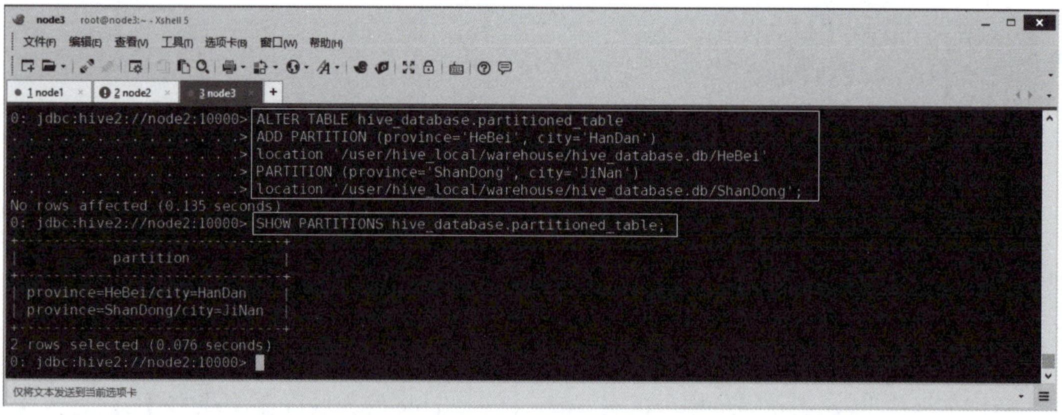

图 4-17 添加分区

4. 重命名分区

重命名数据库 hive_database 中分区表 partitioned_table 的分区，语句如下：

```
ALTER TABLE hive_database.partitioned_table PARTITION
(province='HeBei', city='HanDan')
RENAME TO PARTITION (province='HuBei', city='WuHan');
```

执行结果如图 4-18 所示。

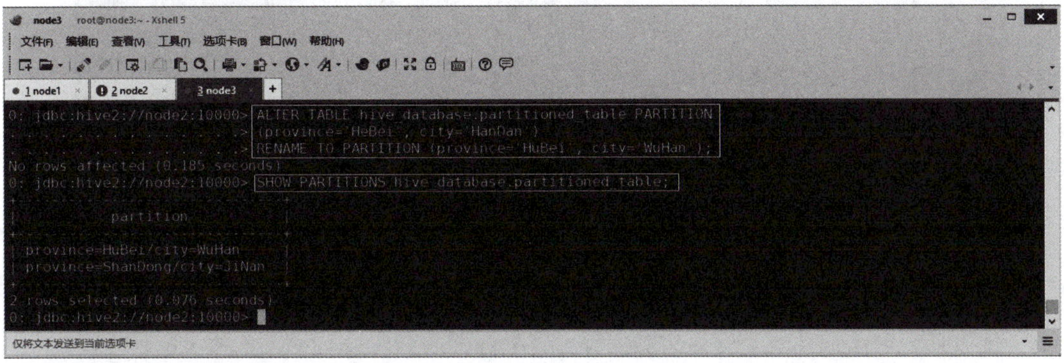

图 4-18 重命名分区

5. 移动分区

在虚拟机中使用客户端工具，远程连接虚拟机服务操作 Hive，移动分区的具体步骤如下：

(1)创建分区表

在数据库 hive_database 中，创建与分区表 partitioned_table 表结构一致的分区表 partitioned_table1，语句如下：

```
CREATE TABLE IF NOT EXISTS
hive_database.partitioned_table1(
username STRING COMMENT "This is username",
age INT COMMENT "This is user age"
)
PARTITIONED BY (
province STRING COMMENT "User live in province",
city STRING COMMENT "User live in city"
)
ROW FORMAT DELIMITED
FIELDS TERMINATED BY ','
LINES TERMINATED BY '\n'
STORED AS TEXTFILE
TBLPROPERTIES("comment"="This is a partitioned table");
```

(2)移动分区

将分区表 partitioned_table 的二级分区 province=HuBei/city=WuHan 移动到分区表 partitioned_table1，语句如下：

```
ALTER TABLE hive_database.partitioned_table1 EXCHANGE
PARTITION (province='HuBei', city='WuHan') WITH TABLE partitioned_table;
```

(3)查看分区

分别执行“SHOW PARTITIONS hive_database.partitioned_table;”和“SHOW PARTITIONS hive_database.partitioned_table1;”命令查看分区表 partitioned_table 和 partitioned_table1 的分区信息，执行结果如图 4-19 所示。

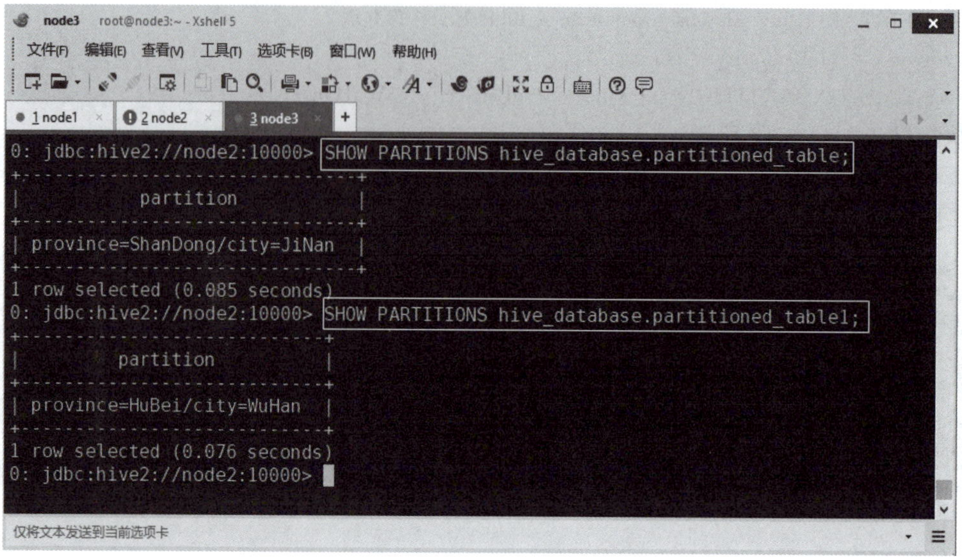

图 4-19　移动分区结果

6. 删除分区

删除数据库 hive_database 中分区表 partitioned_table1 的分区，语句如下：

```
ALTER TABLE hive_database. partitioned_table1 DROP IF EXISTS
PARTITION (province='HuBei', city='WuHan');
```

任务 4.4　HiveQL 操作分桶表

4.4.1　任务描述

Hive 的分区可以将整体数据划分成多个分区，从而优化查询。但是并非所有的数据都可以被合理地分区，会出现每个分区数据大小不一致的问题，有的分区数据量很大，有的分区数据量却很小，这就是我们常说的数据倾斜。为了解决分区可能带来的数据倾斜问题，Hive 提供了分桶技术。Hive 中的分桶是指定分桶表的某一列，让该列数据按照哈希取模的方式随机、均匀地分发到各个桶文件中。

4.4.2　任务准备知识

1. 创建分桶表

分桶表是基于内/外部表创建，其创建方式和创建数据表的方式类似。

2. 查看分桶表信息

查看分桶表信息的语法格式如下：

```
DESC FORMATTED table;
```

4.4.3 任务实施

1. 创建分桶表

在虚拟机 node3 中使用 Hive 客户端工具 Beeline，远程连接虚拟机 node2 的 HiveServer2 服务操作 Hive，在数据库 hive_database 中创建分桶表 clustered_table，语句如下：

```
CREATE TABLE IF NOT EXISTS
hive_database.clustered_table(
id STRING,
name STRING,
gender STRING,
age INT,
dept STRING
)
CLUSTERED BY (dept) SORTED BY (age DESC) INTO 3 BUCKETS
ROW FORMAT DELIMITED
FIELDS TERMINATED BY ','
LINES TERMINATED BY '\n'
STORED AS TEXTFILE
TBLPROPERTIES("comment"="This is a clustered table");
```

2. 查看分桶表信息

查看数据库 hive_database 中分桶表 clustered_table 的信息，语句如下：

```
DESC FORMATTED hive_database.clustered_table;
```

执行结果如图 4-20 所示。

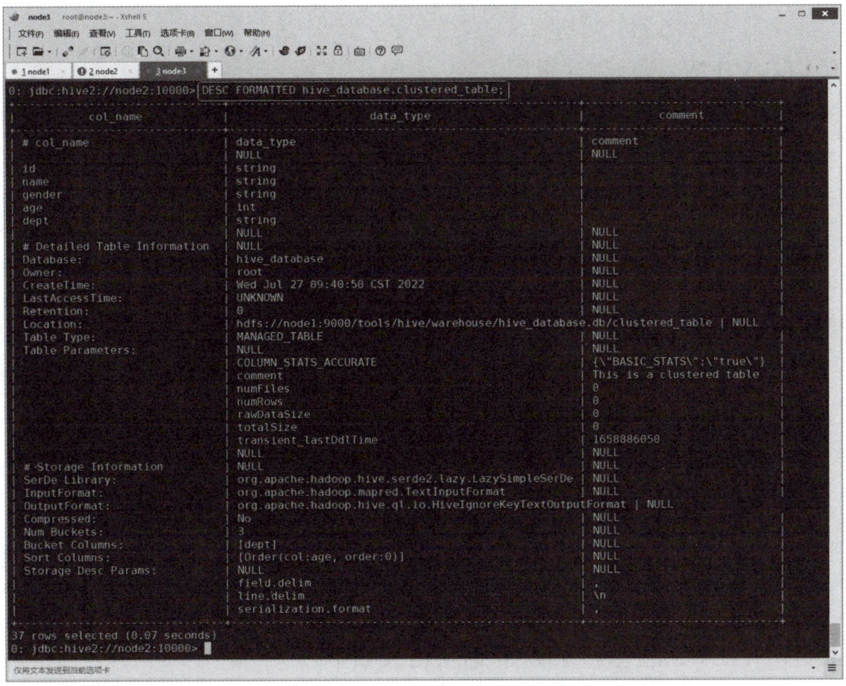

图 4-20 查询分桶表

任务 4.5 HiveQL 操作视图

4.5.1 任务描述

视图是从数据库的数据表中选取出来的数据组成的逻辑窗口，是一个虚拟机表。引入视图后，用户可以将注意力集中在关心的数据上，如果数据来源于多个基本表结构，并且搜索条件比较复杂时，需要编写的查询语句就会比较烦琐，此时可以使用视图将数据查询语句变得简单可行。

4.5.2 任务准备知识

1. 创建视图

创建视图的语法格式如下：

```
CREATE VIEW [IF NOT EXISTS] [db_name.]view_name
[(column_name [COMMENT column_comment], ...) ]
[COMMENT view_comment]
[TBLPROPERTIES (property_name = property_value, ...)]
AS SELECT ...;
```

说明：

- CREATE VIEW：表示创建视图。
- IF NOT EXISTS：可选，判断创建的视图是否存在。
- db_name：可选，用于指定创建视图的数据库。
- view_name：用于指定视图名称。
- column_name：可选，用于指定列名。
- COMMENT column_comment：可选，用于指定列描述。
- COMMENT view_comment：可选，用于指定视图描述。
- TBLPROPERTIES (property_name = property_value, ...)：可选，用于指定视图的属性。
- AS SELECT：用于指定查询语句。

2. 查询视图信息

查询视图信息的语法格式如下：

```
DESC [FORMATTED] view_table;
```

3. 查看视图

使用 SHOW VIEWS 语句查看视图，语法格式如下：

```
SHOW VIEWS [IN/FROM database_name] [LIKE 'pattern_with_wildcards'];
```

4. 修改视图

修改视图属性的语法格式如下：

```
ALTER VIEW [db_name.]view_name SET TBLPROPERTIES
(property_name = property_value,
property_name = property_value, ...);
```

视图结构(列名、数据和列数据类型)通过创建视图时指定的查询语句构建。修改视图结构是指修改视图的查询语句,语法格式如下：

```
ALTER VIEW [db_name.]view_name AS select_statement;
```

5. 删除视图

删除视图的语法格式如下：

```
DROP VIEW [IF EXISTS] [db_name.]view_name;
```

4.5.3 任务实施

1. 创建视图

在数据库 hive_database 中创建视图 view_table,语句如下：

```
CREATE VIEW IF NOT EXISTS hive_database.view_table
COMMENT "This is a view table"
AS SELECT staff_name FROM hive_database.managed_table_new;
```

说明:在 Hive 中执行"DESC view_table;"命令,查看数据库 hive_database 中视图 view_table 的表结构信息。

2. 查询视图信息

查询视图 view_table 的详细结构信息和基本结构信息,语句如下：

```
DESC FORMATTED view_table;
DESC view_table;
```

执行结果如图 4-21 所示。

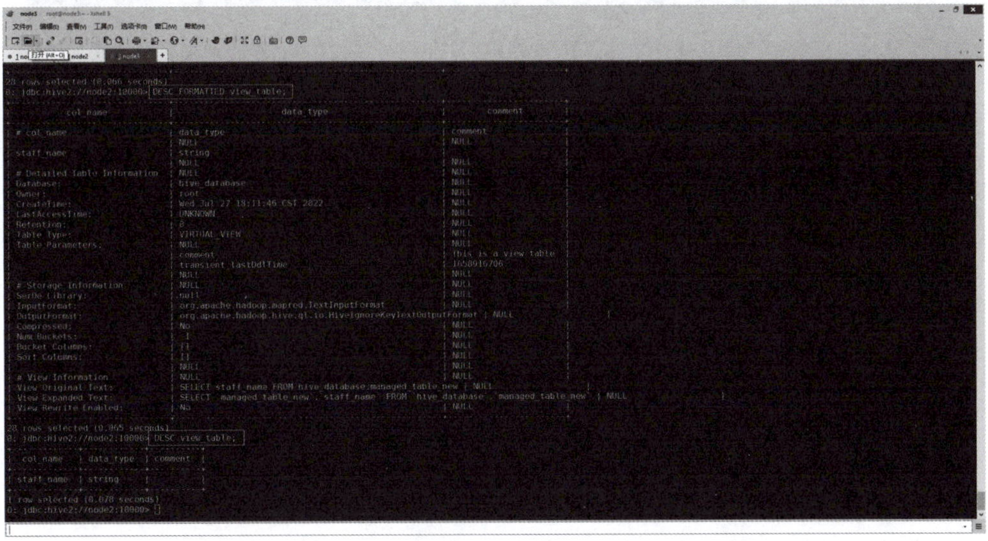

图 4-21 查询视图

3. 查看视图

查询数据库 hive_database 中包含的视图，语句如下：

```
SHOW VIEWS IN hive_database;
```

执行结果如图 4-22 所示。

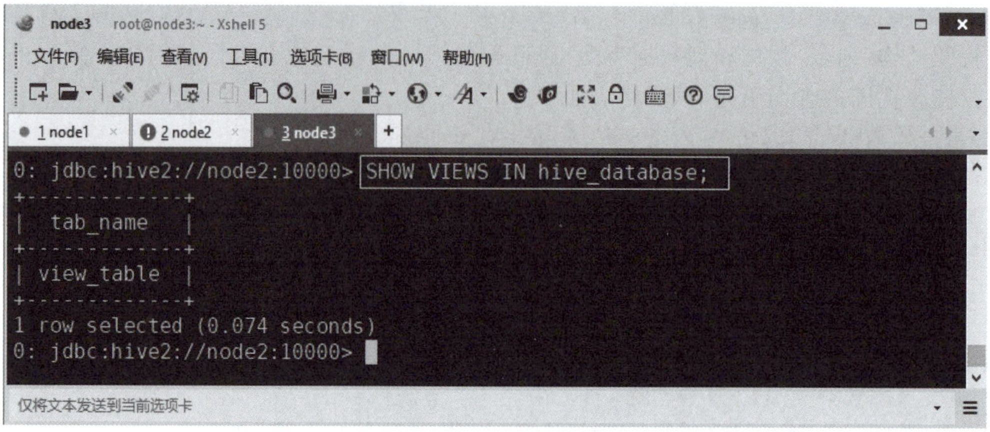

图 4-22　查询数据库 hive_database 中包含的视图

4. 修改视图

修改数据库 hive_database 中视图 view_table 结构，语句如下：

```
ALTER VIEW hive_database. view_table
AS SELECT salary,hobby FROM managed_table_new;
```

执行结果如图 4-23 所示。

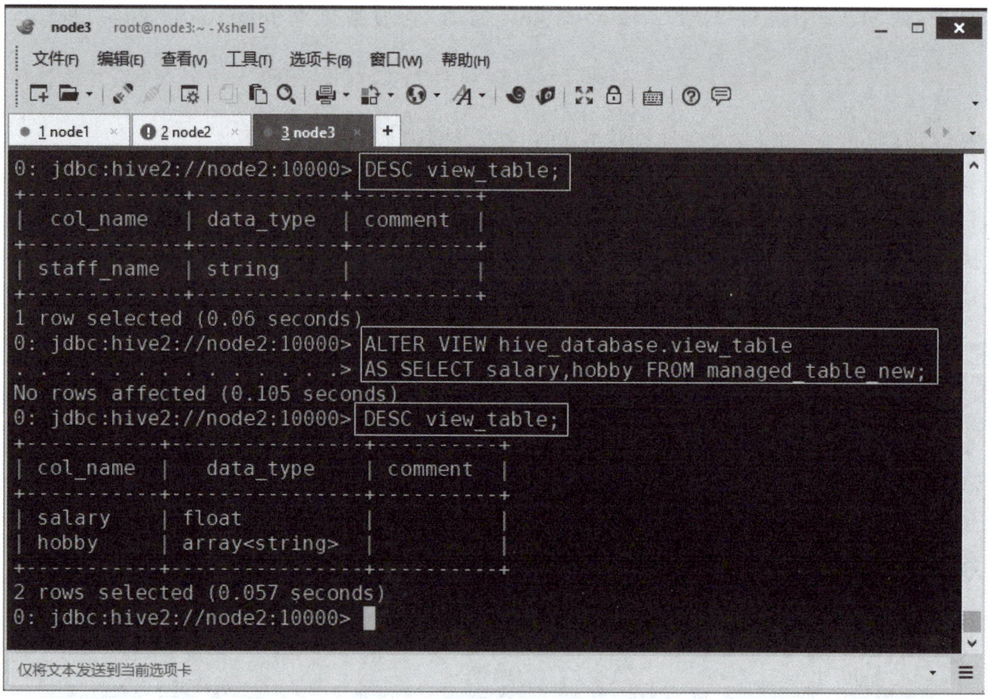

图 4-23　修改视图

5. 删除视图

删除数据库 hive_database 中的视图 view_table，语句如下：

```
DROP VIEW IF EXISTS hive_database. view_table;
```

任务 4.6 HiveQL 操作索引

4.6.1 任务描述

在应用系统中，尤其在联机事务处理系统中，对数据查询及处理的速度已成为衡量应用系统成败的标准。采用索引加快查询数据的速度是广大数据库用户所接受的一种优化方法。在良好的数据库设计基础上，有效地使用索引可以提高数据库性能。

4.6.2 任务准备知识

1. 索引的作用

索引创建在 Hive 表的指定列，创建索引的列称为索引列，通过索引列执行查询操作时，可以避免全表扫描及全分区扫描，从而提高查询速度。然而在提高查询速度的同时，Hive 会额外消耗资源去创建索引，以及需要更多的磁盘空间存储索引。可以总结为索引是一种以空间换取时间的方式。

2. 索引的原理

Hive 的索引其实是一张索引表，在表中存储了索引列的值、索引列的值在 HDFS 对应的数据文件路径及索引列的值在数据文件中的偏移量。在涉及索引列的查询时，首先会去索引表中查找索引列的值在 HDFS 对应的数据文件路径及索引列的值在数据文件中的偏移量，通过数据文件路径和偏移量去扫描全表的部分数据，从而避免全表扫描。

3. 创建索引

创建索引的语法格式如下：

```
CREATE INDEX index_name
ON TABLE base_table_name (col_name, ...)
AS index_type
[WITH DEFERRED REBUILD]
[IN TABLE index_table_name]
[
[ ROW FORMAT ...] STORED AS ...
| STORED BY ...
]
[LOCATION hdfs_path]
[TBLPROPERTIES (...)]
[COMMENT "index comment"];
```

说明：

- CREATE INDEX：表示创建索引。

- index_name：指定创建索引时实现的类。
- AS index_type：用于指定索引类型。
- STORED AS：可选，用于指定存储格式。
- STORED BY：可选，用于指定排序规则。
- TBLPROPERTIES：用于指定索引表属性。

4. 查看索引

查看索引是指查看 Hive 中创建索引数据表的索引信息，语法格式如下：

```
SHOW [FORMATTED] (INDEX|INDEXES) ON table_with_index [(FROM|IN) db_name];
```

说明：

- INDEX 和 INDEXES：含义相同，可以切换使用，表示用于查看索引信息。
- table_with_index：用于指定查看创建索引的数据表。

5. 重建索引

重建索引操作，将索引列的值、索引列的值在 HDFS 对应的数据文件路径和索引列的值在数据文件中的偏移量，这些数据加载到索引表中，此过程需要通过 MapReduce 实现。语法格式如下：

```
ALTER INDEX index_name ON table_name [PARTITION partition_spec] REBUILD;
```

说明：

- index_name：表示索引名称。
- table_name：表示索引所在的数据表。

6. 删除索引

删除索引的同时会删除索引对应的索引表，语法格式如下：

```
DROP INDEX [IF EXISTS] index_name ON table_name;
```

说明：

- index_name：表示索引名称。
- table_name：表示索引所在的数据表。

另外，Hive 表建立了索引，但是在查询时不会自动去使用索引功能，需要开启相关配置。开启配置后，涉及索引列的查询就会使用索引功能去优化查询，具体配置如下：

```
SET hive.input.format=org.apache.hadoop.hive.ql.io.HiveInputFormat;
SET hive.optimize.index.filter=true;
SET hive.optimize.index.filter.compact.minsize=0;
```

4.6.3 任务实施

1. 创建索引

为数据库 hive_database 的内部表 managed_table_new 创建索引，语句如下：

```
CREATE INDEX index_staff_name
ON TABLE hive_database.managed_table_new (staff_name)
AS 'org.apache.hadoop.hive.ql.index.compact.CompactIndexHandler'
WITH DEFERRED REBUILD
IN TABLE index_name_table
```

```
TBLPROPERTIES ("create"="hive_database")
COMMENT "index comment";
```

2. 查看索引表详细信息

查看当前数据库中的索引表，语句如下：

```
SHOW TABLES;
```

执行结果如图 4-24 所示。

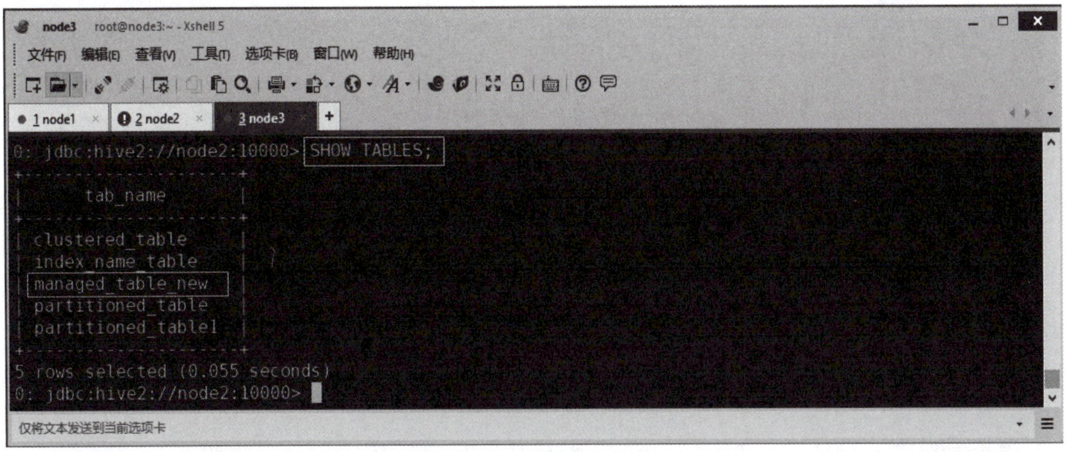

图 4-24 查看数据库中的索引

查看索引表的详细结构信息，语句如下：

```
DESC FORMATTED index_name_table;
```

执行结果如图 4-25 所示。

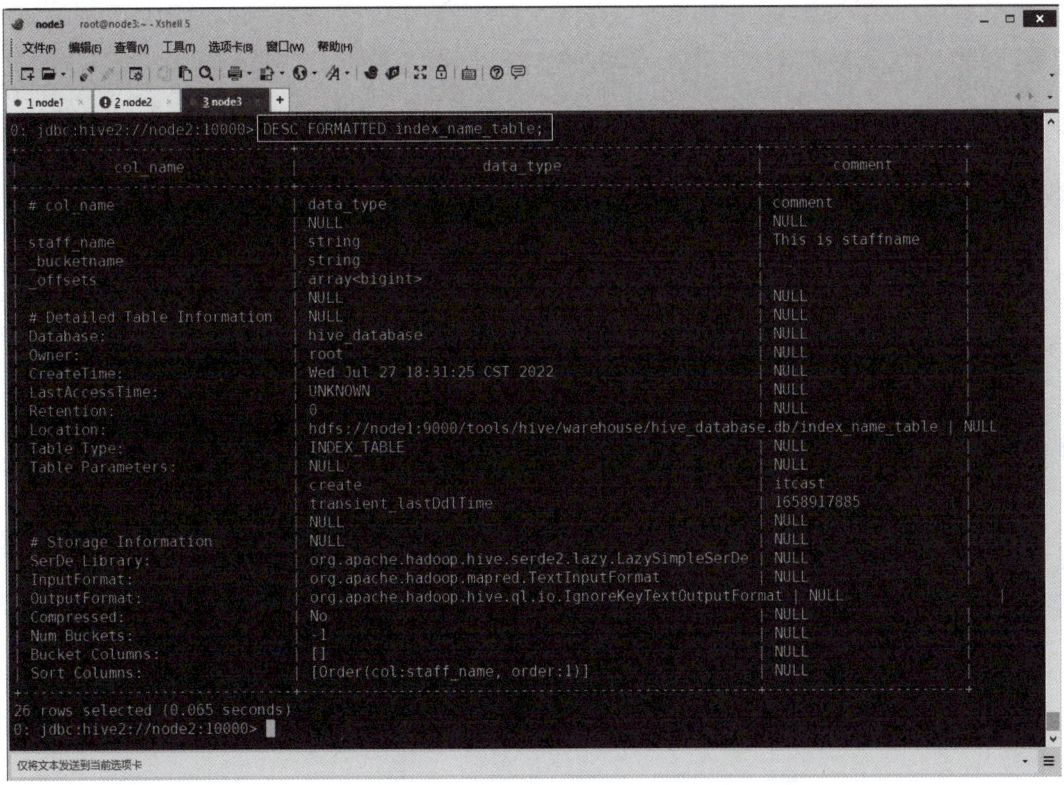

图 4-25 查看索引表的详细结构信息

3. 查看索引

查看数据库 hive_database 中内部表 managed_table_new 的索引信息，语句如下：

```
SHOW INDEXES ON managed_table_new FROM hive_database;
```

执行结果如图 4-26 所示。

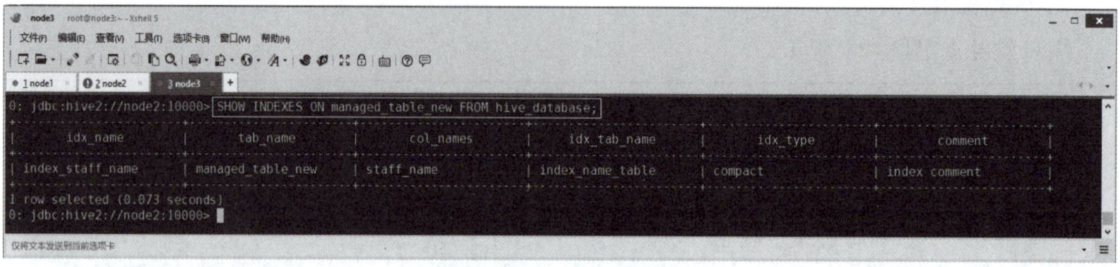

图 4-26　查看索引详细信息

4. 重建索引

重建数据库 hive_database 中内部表 managed_table_new 的索引 index_staff_name，语句如下：

```
ALTER INDEX index_staff_name ON hive_database.managed_table_new REBUILD;
```

5. 删除索引

删除内部表 managed_table_new 创建的索引 index_staff_name，语句如下：

```
DROP INDEX IF EXISTS index_staff_name ON managed_table_new;
```

执行结果如图 4-27 所示。

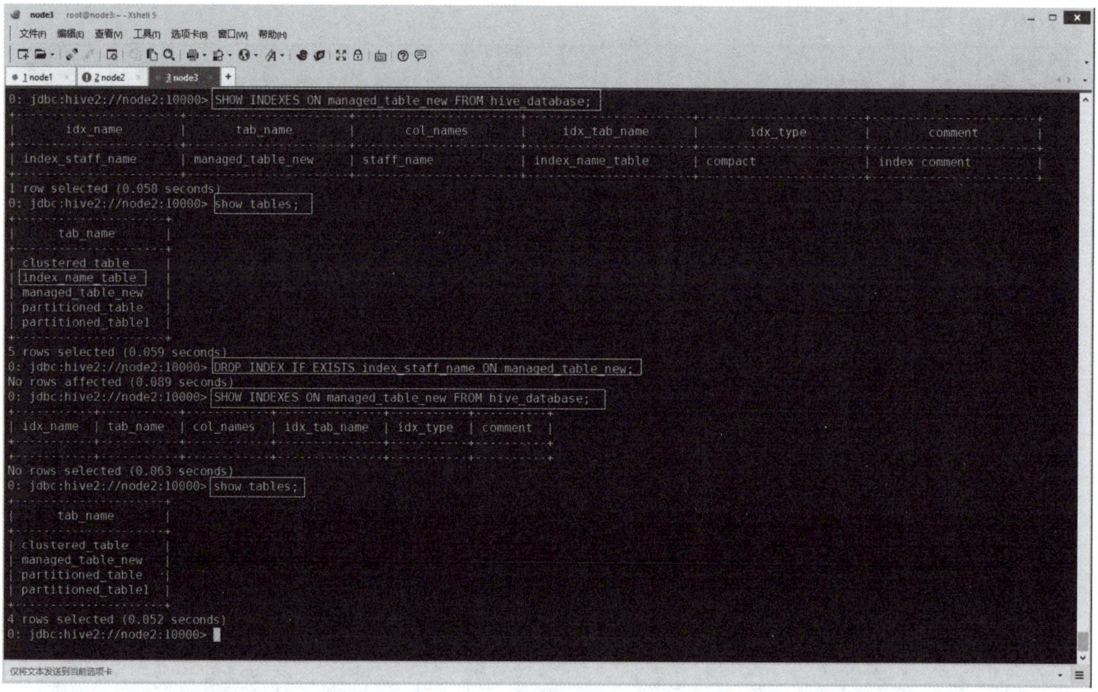

图 4-27　删除索引

项目小结

我们在本项目中介绍了 Hive 查询语言(Hive Query Language,简称 HiveQL)进行数据定义的方法,学习了 HiveQL 对 Hive 中的数据库进行创建、查询、显示信息、切换、修改以及删除的操作。HiveQL 语句对 Hive 中的数据表进行创建、查看、修改和删除的操作。HiveQL 语句对 Hive 中的分区表进行创建、查询、添加、重命名、移动和删除的操作。HiveQL 语句对 Hive 中的分桶表进行创建和查看信息的操作。HiveQL 语句对 Hive 中的分桶表进行创建和查看信息的操作。HiveQL 语句对 Hive 中的视图进行创建、查看、修改以及删除的操作;使用 HiveQL 语句对 Hive 数据表中的索引进行创建、查看、重建和删除的操作。

思政小课堂

在走向"大国工匠"的道路上,必然会经历许多挫折、坎坷和磨难,但是,没有任何一种力量能够阻挡工匠们那颗敬业奉献的心。因为这样,才能成为行业的佼佼者。当前,我国正从"生产大国"向"制造大国"转变。一个制造强国的诞生,必须出现千千万万个"大国工匠",因此我们每个人都要具有"工匠精神",只有这样,创新的中国梦才能实现。在液化天然气船上"缝"钢板的焊接大师张冬伟,其焊接的殷瓦板只有牛皮纸一样薄,手工焊缝长达 13 公里,如果有一个针眼大小的漏点,都有可能带来致命后果。面对如此艰辛的任务,他做到了万无一失。

课后练习

一、选择题

1. 下面关于 Hive 查看表 table1 的分区的描述正确的是(　　)。

A. SHOW PARTITIONS table1;　　B. DESC table1;

C. SHOW CREATE TABLE table1;　　D. drop table1;

2. 例如 Hive 建表语句中 STORED AS 的作用是指定表的格式,下列不属于 Hive 表的常见格式的是(　　)。

```
CREATE TABLE IF NOT EXISTS textfile_table
(
  ueserid STRING,
  movieid STRING,
  rating STRING,
  ts STRING
)
ROW FORMATED DELIMATED FIELDS TERMINATED BY '\t'
STORED AS TEXTFILE;
```

A. PigTable　　B. ORC　　C. PARQUET　　D. TEXTFILE

3. 下面关于查看 Hive 表信息描述正确的是(　　)。

A. DESC 查看表的描述是以建表语句的形式展示的

B. SHOW CREATE TABLE 查看表的描述是以表格的形式展示的

C. 使用 DESC 查看表 table1:DESC table1;

D. SHOW CREATE TABLE 可以查看表的数据

4. 下面关于 Hive 的索引描述正确的是(　　)。

A. Hive 使用了索引加速数据查询

B. Hive 查询时,命中索引会更快地返回查询结果

C. Hive 要访问数据中满足条件的特定值时,命中索引则会更快地返回查询结果

D. Hive 没有索引,在加载数据的过程中不会对数据进行任何处理,因此也没有对数据中的某些 Key 建立索引

二、简答题

1. 为什么 Hive 引入分区技术?

2. Hive 的分桶技术有什么作用?

3. 简述索引的原理,描述 Hive 中索引的作用与优势。

三、操作题

1. 完成数据库的相关操作,要求:

(1)完成数据库 hive_database 的创建,在 Hive 客户端工具中创建数据库 hive_database,并指定数据库文件存放在 HDFS 的/hive_db/create_db/目录中。

(2)完成数据库的查询,查询 Hive 中所有数据库和查询 Hive 中数据库名称的首字母是“i”的数据库。

(3)查询 Hive 中数据库 hive_database 的信息。

(4)将数据库切换至数据库 hive_database。

(5)修改数据库 hive_database 中的属性。

(6)删除数据库 hive_database。

2. 完成数据表的相关操作,要求:

(1)完成数据表的创建,在 Hive 中创建一个数据库 hive_database,并在该数据库中使用 CREATE TABLE 句式创建数据表 alter_managed_table。

(2)查看数据表,切换到数据库 hive_database,查看数据库 hive_database 的所有数据表。

(3)修改数据表,重命名数据表、修改数据表的属性、修改数据表列、添加数据表列和替换数据表列。

(4)删除数据表,删除数据库 hive_database 中的数据表 alter_managed_table。

3. 完成分区表的相关操作,要求:

(1)在数据库 hive_database 中创建分区表 partitioned_table。

(2)添加分区并查看分区信息,向数据库 hive_database 的分区表 partitioned_table 添加分区,并查看数据库 hive_database 中分区表 partitioned_table 的分区信息。

(3)重命名数据库 hive_database 中分区表 partitioned_table 的分区,然后将分区表 partitioned_table 的二级分区 province=HeBei/city=HanDan 重命名为 province=HuBei/city=WuHan。

(4)移动分区,在数据库 hive_database 中,创建与分区表 partitioned_table 表结构一致的

分区表 partitioned_table1，然后将分区表 partitioned_table 的二级分区 province＝HuBei/city＝WuHan 移动到分区表 partitioned_table1，最后查看分区表 partitioned_table 和 partitioned_table1 的分区信息。

(5)删除数据库 hive_database 中分区表 partitioned_table1 的分区的二级分区 province＝HuBei/city＝WuHan，然后查看数据库 hive_database 中分区表 partitioned_table1 的分区信息。

4. 完成分桶表的相关操作，要求：

(1)在数据库 hive_database 中创建分桶表 clustered_table，指定分桶表 clustered_table 按照列 dept 进行分桶，每个桶中的数据按照列 age 进行降序(DESC)排序，并指定桶的个数为 3。

(2)查看数据库 hive_database 中分桶表 clustered_table 的信息。

(3)完成临时表的创建，在数据库 hive_database 中创建临时表 temporary_table，并查看数据库 hive_database 中临时表 temporary_table 的表结构信息。

5. 完成视图的相关操作，要求：

(1)在数据库 hive_database 中创建视图 view_table。

(2)查看视图 view_table 的详细结构信息和基本结构信息，查看数据库 hive_database 中包含的视图。

(3)修改视图。

(4)删除数据库 hive_database 中的视图 view_table。

6. 完成索引的相关操作，要求：

(1)查看数据库 hive_database 中的索引表以及查看索引表 index_name_table 的详细结构信息。

(2)查看数据库 hive_database 中内部表 managed_table_new 的索引信息。

(3)重建数据库 hive_database 中内部表 managed_table_new 的索引 index_staff_name。

(4)删除索引，删除内部表 managed_table_new 创建的索引 index_staff_name，然后查看数据库 hive_database 中内部表 managed_table_new 的索引信息和查看当前数据库下的所有表。

项目 5

数据的导入与导出

知识目标

1. 了解直接向表中加载数据的方式导入数据。
2. 掌握通过 Load 加载数据的方式导入数据。
3. 掌握通过查询加载数据的方式导入数据。
4. 了解查询语句中创建表并加载数据的方式导入数据。
5. 掌握 Import 导入 Hive 表数据的方式导入数据。
6. 掌握 Insert 命令导出数据。
7. 掌握 Hadoop 命令导出数据。
8. 了解 Hive Shell 命令导出数据。
9. 掌握 Export 命令导出数据。

技能目标

1. 能通过 Load 加载数据的方式导入数据。
2. 能通过查询加载数据的方式导入数据。
3. 能通过 Import 导入 Hive 表数据的方式导入数据。
4. 能通过 Insert 命令导出数据。
5. 能通过 Hadoop 命令导出数据。
6. 能通过 Export 命令导出数据。

素质目标

1. 通过数据的导入导出学习过程培养探究精神和自我学习能力。
2. 培养创新精神、创业意识。
3. 培养良好的职业道德和社会责任感。

本项目将继续讨论 HiveQL，即 Hive 查询语言，同时也是 Hive 生态系统中所有数据处理的基础。作为数据仓库的 Hive，存储着海量用户数据，在日常 Hive 的使用过程中，难免会遇到将外部数据导入 Hive 中或将 Hive 中的数据导出的情况。因此，本项目旨在关注于向表中装载数据和从表中抽取数据到文件系统的数据操作语言部分。

任务 5.1 导入 Hive 数据

5.1.1 任务描述

本任务旨在解决如何装载数据到创建的表中，Hive 生态系统可以接受任何可用分隔符来结构化的数据。Hive 没有行级别的数据插入、数据更新和删除操作，那么向表中装载数据的唯一途径就是使用一种“大量”的数据装载操作，或通过其他方式仅仅将文件写入正确的目录下。这两种方式是本任务旨在着重说明的部分。

5.1.2 任务准备知识

在本项目中，为了避免与前面几个项目的数据库中的数据发生冲突，在本项目中重新创建一个数据库，名称为 unit5db。并且在本项目的讲解中，一直使用该数据库，此处请读者注意。由于本项目涉及本地路径和 HDFS 路径，为了便于说明，在本项目中所有操作均在 node2 上执行。

为了更好地说明本小节的内容，需要说明该数据库的创建过程。创建本任务所需要的数据库 unit5db，步骤如下：

步骤 1：创建数据库 unit5db。

创建本小节所需要的数据库，名称为 unit5db，具体操作命令如下：

```
CREATE DATABASE IF NOT EXISTS unit5db;
```

步骤 2：查看和使用数据库 unit5db。

查看数据库 unit5db 是否创建成功，具体操作命令如下：

```
SHOW DATABASES;
```

使用该数据库 unit5db，具体操作命令如下：

```
USE unit5db;
```

创建数据库 unit5db、使用数据库 unit5db 的操作过程，以上操作步骤的具体执行和操作结果如图 5-1 所示，由操作结果可以看出，创建和使用数据库 unit5db 成功。

```
0: jdbc:hive2://node2:10000> SHOW  DATABASES;
+----------------+
| database_name  |
+----------------+
| default        |
| demo1          |
| h_sample       |
| sina_weibo     |
| unit5db        |
+----------------+
5 rows selected (0.057 seconds)
```

图 5-1 显示数据库 unit5db

5.1.3 任务实施

Hive 生态系统中向表中装载数据的方式主要有直接向表中加载数据、通过 Load 加载数据、通过查询加载数据、查询语句中创建表并加载数据、Import 导入 Hive 表数据等五种。

1. Insert 命令导入数据

在使用 Hive 进行数据操作时，有时需要插入少量的测试数据，那么，可以使用 INSERT INTO 语句。

语法格式如下：

```
INSERT INTO TABLE tablename
[PARTITION (partcol1 [=val1], partcol2[=val2], ...) ]
VALUES values_row [,values_row,...]
```

其中，语法解释见表 5-1。

表 5-1 直接向表中加载数据语法解释

语句	解释
INSERT INTO	向 Hive 表中装载数据的关键字
tablename	目标表，装载数据时的表名
PARTITION	如果省略该关键字，则表示该目标表在装载数据时没有指定分区； 如果指定 PARTITION 关键字，表示导入数据时，指定导入的数据表在哪个分区
values_row	目标表的字段

例题 1 向学生信息表 students 中插入 2 条新记录，分别是('fred flintstone', 35, 1.28)和('barney rubble', 32, 2.32)。

步骤 1：创建学生信息表 students。

创建本例题所需要的学生信息表 students，具体操作命令如下：

```
CREATE TABLE students (
name VARCHAR(64), age INT, gpa DECIMAL(3, 2))
CLUSTERED BY (age) INTO 2 BUCKETS STORED AS ORC;
```

步骤 2：查看学生信息表 students。

查看学生信息表 students 是否创建成功，具体操作命令如下：

```
SHOW TABLES;
```

步骤 3：查看学生信息表 students 中的数据。

查看学生信息表 students 中的数据，具体操作命令如下：

```
SELECT * FROM students;
```

上述步骤的操作过程和操作结果如图 5-2 所示。由操作结果可以看出，目前学生信息表 students 创建成功，且表中无数据。

步骤 4：将数据插入学生信息表 students 中。

将数据插入学生信息表 students 中，具体操作命令如下：

```
INSERT INTO TABLE students
VALUES ('fred flintstone', 35, 1.28), ('barney rubble', 32, 2.32);
```

```
0: jdbc:hive2://node2:10000> USE unit5db;
No rows affected (0.054 seconds)
0: jdbc:hive2://node2:10000> CREATE  TABLE  students (
. . . . . . . . . . . . . . .> name  VARCHAR(64),
. . . . . . . . . . . . . . .> age  INT,
. . . . . . . . . . . . . . .> gpa  DECIMAL(3, 2)
. . . . . . . . . . . . . . .> ) CLUSTERED BY (age) INTO 2 BUCKETS STORED AS ORC;
No rows affected (0.112 seconds)
0: jdbc:hive2://node2:10000>
0: jdbc:hive2://node2:10000> SHOW  TABLES;
+-----------+
| tab_name  |
+-----------+
| students  |
+-----------+
1 row selected (0.057 seconds)
0: jdbc:hive2://node2:10000> SELECT  *  FROM  students;
+----------------+----------------+---------------+
| students.name  | students.age  | students.gpa  |
+----------------+----------------+---------------+
+----------------+----------------+---------------+
No rows selected (0.384 seconds)
0: jdbc:hive2://node2:10000>
```

图 5-2　查看学生信息表 students 中的数据

步骤 5：再次查看表中的数据。

再次查看学生信息表 students 中的数据，具体操作命令如下：

```
SELECT * FROM students;
```

上述步骤的操作过程和操作结果如图 5-3 所示。由操作结果可以看出，目前学生信息表 students 成功插入 2 条新数据。

```
0: jdbc:hive2://node2:10000> SELECT  *  FROM  students;
+--------------------+-----------------+----------------+
|  students.name     | students.age    | students.gpa   |
+--------------------+-----------------+----------------+
| barney rubble      | 32              | 2.32           |
| fred flintstone    | 35              | 1.28           |
+--------------------+-----------------+----------------+
2 rows selected (0.083 seconds)
```

图 5-3　再次查看学生信息表 students 中的数据

例题 2　向浏览信息表 pageviews 中插入 2 条新记录，分别是('jsmith', 'mail. com', 'sports. com')和('jdoe', 'mail. com', null)，并更新表中的 2 条记录('tjohnson', 'sports. com', 'finance. com', '2021-08-04')和('tlee', 'finance. com', null, '2021-08-04')。

步骤 1：创建浏览信息表 pageviews。

创建本例题所需要的浏览信息表 pageviews，具体操作命令如下：

```
CREATE TABLE pageviews
( userid VARCHAR(64), link STRING, came_from STRING)
PARTITIONED BY (stat_date STRING) CLUSTERED BY (userid)
INTO 256 BUCKETS STORED AS ORC;
```

步骤 2：查看浏览信息表 pageviews。

查看浏览信息表 pageviews 是否创建成功，具体操作命令如下：

```
hive> SHOW TABLES;
```

步骤 3：查看浏览信息表 pageviews 的数据。

查看创建的浏览信息表 pageviews 的数据，具体操作命令如下：

```
SELECT * FROM pageviews;
```

上述步骤的操作过程和操作结果如图 5-4 所示。由操作结果可以看出，目前浏览信息表 pageviews 创建成功，且表中无数据。

```
0: jdbc:hive2://node2:10000> SELECT  *  FROM  pageviews;
+---------------------+---------------------+--------------------------+--------------------------+
| pageviews.userid    | pageviews.link      | pageviews.came_from      | pageviews.stat_date      |
+---------------------+---------------------+--------------------------+--------------------------+
+---------------------+---------------------+--------------------------+--------------------------+
No rows selected (0.074 seconds)
```

图 5-4　查看浏览信息表 pageviews 中的数据

步骤 4:将数据插入浏览信息表 pageviews 中。

将数据插入浏览信息表 pageviews 中,具体操作命令如下:

```
INSERT INTO TABLE pageviews
PARTITION (stat_date='2021-08-04')
VALUES ('jsmith', 'mail.com', 'sports.com'), ('jdoe', 'mail.com', null);
```

步骤 5:查看表中的数据。

查看浏览信息表 pageviews 中的数据,具体操作命令如下:

```
SELECT * FROM pageviews;
```

上述步骤的操作过程和操作结果如图 5-5 所示。由操作结果可以看出,目前浏览信息表 pageviews 成功插入 2 条新数据,且 2 条数据全部插入分区'2021-08-04'中。

```
0: jdbc:hive2://node2:10000> SELECT  *  FROM  pageviews;
+--------------------+------------------+-------------------------+-------------------------+
| pageviews.userid   | pageviews.link   | pageviews.came_from     | pageviews.stat_date     |
+--------------------+------------------+-------------------------+-------------------------+
| jdoe               | mail.com         | NULL                    | 2021-08-04              |
| jsmith             | mail.com         | sports.com              | 2021-08-04              |
+--------------------+------------------+-------------------------+-------------------------+
2 rows selected (1.374 seconds)
```

图 5-5　再次查看浏览信息表 pageviews 中的数据

步骤 6:将更新的数据插入浏览信息表 pageviews 中。

将需要更新的 2 条新数据插入浏览信息表 pageviews 中,具体操作命令如下:

```
INSERT INTO TABLE pageviews
PARTITION (stat_date='2021-08-04')
VALUES ('tjohnson', 'sports.com', 'finance.com'), ('tlee', 'finance.com', null);
```

步骤 7:查看表中的数据。

再次查看浏览信息表 pageviews 中的数据,具体操作命令如下:

```
SELECT * FROM pageviews;
```

上述步骤的操作过程和操作结果如图 5-6 所示。由操作结果可以看出,目前浏览信息表 pageviews 成功更新插入的 2 条新数据,且 2 条数据全部插入分区'2021-08-04'中。

```
0: jdbc:hive2://node2:10000> SELECT  *  FROM  pageviews;
+--------------------+------------------+-------------------------+-------------------------+
| pageviews.userid   | pageviews.link   | pageviews.came_from     | pageviews.stat_date     |
+--------------------+------------------+-------------------------+-------------------------+
| jdoe               | mail.com         | NULL                    | 2021-08-04              |
| jsmith             | mail.com         | sports.com              | 2021-08-04              |
| tlee               | finance.com      | NULL                    | 2021-08-04              |
| tjohnson           | sports.com       | finance.com             | 2021-08-04              |
+--------------------+------------------+-------------------------+-------------------------+
4 rows selected (0.194 seconds)
```

图 5-6　再次查看浏览信息表 pageviews 中更新后的数据

直接向表中插入数据这种导入数据的方式,强烈不推荐使用,插入速度极其缓慢,一般在插入少量测试数据的情况下使用。

2. Load 命令导入数据

Hive 是一种底层封装了 Hadoop 的数据仓库处理工具,使用类 SQL 的 HiveSQL 语言实现数据查询。Hive 在加载数据过程中不会对数据进行任何修改,只是将数据移动到 HDFS 中 Hive 设定的目录下,因此,Hive 不支持对数据的改写和

Load命令导入数据

添加，所有的数据都是在加载时确定的。

Hive 在向表中装载数据时，除了直接向表中插入数据的方式之外，还可以通过 Load 加载数据。

(1)本地将数据文件加载到 Hive 表中

在使用 Hive 进行操作的过程中，有时需要将本地文件装载到 Hive 表中，那么可以使用 Load 语句加载数据。

语法格式如下：

```
LOAD DATA [LOCAL] INPATH 'filepath' [OVERWRITE]
INTO TABLE tablename
[PARTITION(partcol1=val1,partcol2=val2,...)];
```

其中，语法解释见表 5-2。

表 5-2 通过本地将数据文件加载到 Hive 表中的语法解释

语句	解释
LOAD DATA	向 Hive 表中加载数据的关键字
LOCAL	如果指定该关键字，Load 命令会去查找本地文件系统中的 filepath； 如果省略该关键字，则根据 INPATH 中设定的路径查找文件位置，即该路径 INPATH 应该是分布式文件系统 HDFS 中的路径
INPATH 'filepath'	加载数据时的文件路径，可以是相对路径，也可以是绝对路径； 相对路径：例如 project/data1。加载方式和路径的完整 URL，例如 file:///user/hive/project/data1； 绝对路径：例如/user/hive/project/data1。加载方式和路径的完整 URL，例如 hdfs://namenode:9000/user/hive/project/data1
OVERWRITE	如果指定该关键字，则目标表(或者分区)中的内容会先被全部删除，然后将 filepath 指向的文件/目录中的内容添加到表/分区中。如果目标表(分区)已经有一个文件，并且文件名和 filepath 中的文件名冲突，那么现有的文件会被新文件所替代； 如果省略该关键字，可以使用 INTO 关键字。表示支持用户将数据加载到一个早已建好的表中，并且将新数据追加到原来的数据后面
INTO TABLE tablename	目标表。表示加载数据时，表中数据加载到 Hive 的哪个表中
PARTITION	如果省略该关键字，则表示该目标表在装载数据时没有指定分区； 如果指定 PARTITION 关键字，表示导入数据时，指定导入的数据表在哪个分区

Hive 只是针对导入该表中的数据按照自己的方式进行处理，对于错误的数据不进行核对处理，对于超出的数据直接丢弃。

Load 操作只是单纯的复制/移动操作，将数据文件移动到 Hive 表中对应的位置。Hive 本身对导入的数据不具备查错的功能，只是按照表字段进行匹配，格式无法匹配的默认用 NULL 替代，Hive 属于读时模式。

例题 3 将本地文件 order-info-0322.txt 加载到 Hive 的 order_info_load 表中。

步骤 1：创建本地文件 order-info-0322.txt。

创建本地文件 order-info-0322.txt，在本地/usr 下创建一个文件夹 datas，用来存放本项目所有的本地文件，具体操作命令如下：

```
[root@node2 ~]# cd /usr
[root@node2 usr]# mkdir datas
[root@node2 usr]# ls
bin datas etc games include lib lib64 libexec local sbin share src tmp
```

```
[root@node2 usr]# cd datas
[root@node2 datas]# touch order-info-0322.txt
[root@node2 datas]# vi order-info-0322.txt
```

本地文件的具体路径为/usr/datas/order-info-0322.txt，如图 5-7 所示。

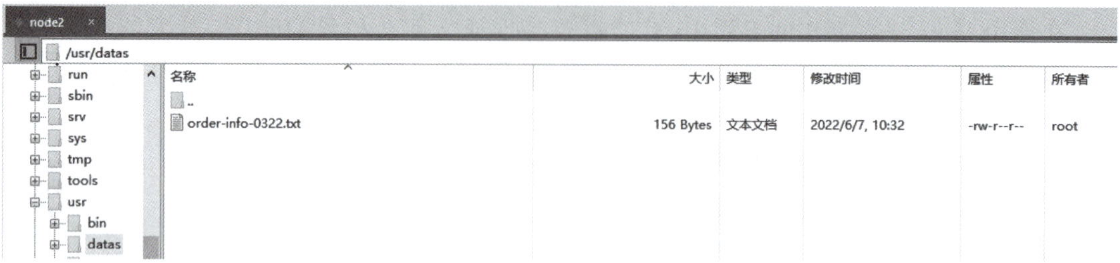

图 5-7　创建本地文件 order-info-0322.txt

其中，本地文件 order-info-0322.txt 中共有如下 3 条数据，具体内容如图 5-8 所示。

```
1,待支付,2021-03-22 12:20:11,2021-03-22 12:20:11
2,待支付,2021-03-22 14:20:11,2021-03-22 14:20:11
3,待支付,2021-03-22 16:20:11,2021-03-22 16:20:11
```

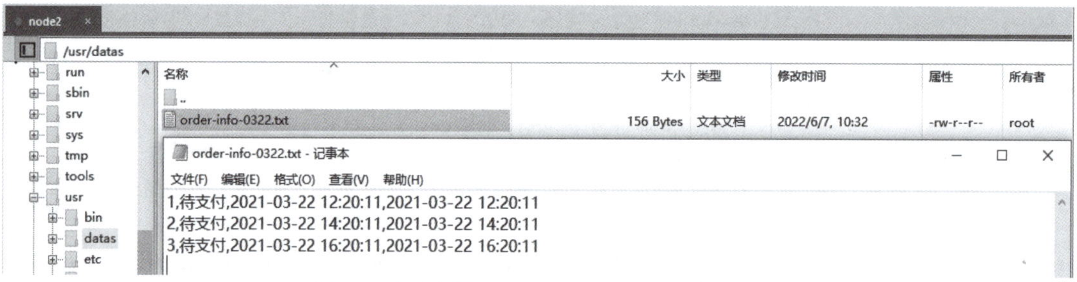

图 5-8　本地文件 order-info-0322.txt 的 3 条数据

步骤 2：查看数据库 unit5db 的位置。

查看数据库 unit5db 在 Hive 中的位置，具体操作命令如下：

```
DESCRIBE DATABASE unit5db;
```

其中，数据库 unit5db 在 Hive 中的位置，即在 HDFS 中的路径如图 5-9 所示，由结果可知为 hdfs://node1:9000/tools/hive/warehouse/unit5db.db。此处，读者可以根据自己的实际安装路径，自行查看使用的数据库在 HDFS 中的位置。

图 5-9　查看数据库 unit5db 在 Hive 中的位置

步骤 3：创建数据库中的表 order_info_load。

在数据库 unit5db 中，创建表 order_info_load，具体操作命令如下：

```
CREATE TABLE order_info_load
(order_id STRING COMMENT '订单 id',
```

```
order_status STRING COMMENT '订单状态',
create_time STRING COMMENT '创建时间',
update_time STRING COMMENT '最后更新时间')
PARTITIONED BY (stat_date STRING) ROW FORMAT DELIMITED
FIELDS TERMINATED BY ',';
```

步骤 4:查看数据库中的表。

在数据库 unit5db 中,查看表 order_info_load 是否创建成功,具体操作命令如下:

```
SHOW TABLES;
```

如图 5-10 所示,数据库中的表 order_info_load 创建成功,且该表中无数据,如图 5-11 所示。

```
0: jdbc:hive2://node2:10000> SHOW TABLES;
+------------------+
|     tab_name     |
+------------------+
| order_info_load  |
| pageviews        |
| students         |
+------------------+
3 rows selected (0.08 seconds)
```

图 5-10　查看数据库 unit5db 中的表 order_info_load 是否创建成功

```
0: jdbc:hive2://node2:10000> SELECT  *  FROM  order_info_load;
+--------------------------+-------------------------------+------------------------------+------------
---------------+--------------------------+
| order_info_load.order_id  | order_info_load.order_status  | order_info_load.create_time  | order_info_lo
ad.update_time  | order_info_load.stat_date  |
+--------------------------+-------------------------------+------------------------------+------------
---------------+--------------------------+
+--------------------------+-------------------------------+------------------------------+------------
---------------+--------------------------+
No rows selected (0.141 seconds)
```

图 5-11　查看表 order_info_load 是否有数据

步骤 5:将本地文件 order-info-0322. txt 上传到服务器 Hive 中。

在数据库 unit5db 中,加载服务器本地文件 order-info-0322. txt 的文本数据到 order_info_load 订单表的 20220607 分区中,具体操作命令如下:

```
LOAD DATA LOCAL INPATH '/usr/datas/order-info-0322.txt'
OVERWRITE INTO TABLE order_info_load
PARTITION(stat_date='20220607');
```

其中,具体的操作过程和执行结果如图 5-12 所示。由执行结果看出,上传本地文件到服务器 Hive 中成功。

```
0: jdbc:hive2://node2:10000> LOAD  DATA  LOCAL  inpath  '/usr/datas/order-info-0322.txt' OVERWRITE  INTO  TABLE
 order_info_load PARTITION (stat_date='20220607');
No rows affected (0.382 seconds)
```

图 5-12　将本地文件 order-info-0322. txt 上传到服务器 Hive 中

步骤 6:验证上传结果。

验证 Load 加载 HDFS 数据结果集,具体操作命令如下:

```
SELECT * FROM order_info_load WHERE stat_date='20220607';
```

具体的操作过程和执行结果如图 5-13 所示。由执行结果可以看出,上传本地文件 order-info-0322. txt 到服务器 Hive 中的表 order_info_load,实际操作是向表中复制数据。

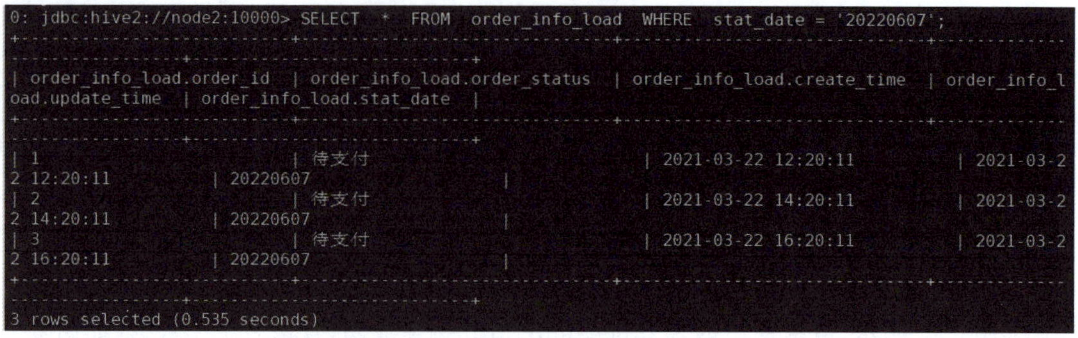

图 5-13 验证 Load 加载 HDFS 数据结果集

例题 4 将本地文件 order-info-0323. txt 加载到 Hive 的 order_info_load 表中。

步骤 1:创建本地文件 order-info-0323. txt。

在本地创建文件 order-info-0323. txt,在本地/usr 下创建一个文件夹 datas,用来存放本项目所有的本地文件,具体操作命令如下:

```
[root@node2 ~]# cd /usr
[root@node2 usr]# cd datas
[root@node2 datas]# vi order-info-0323. txt
```

本地文件的具体路径为/usr/datas/order-info-0323. txt,如图 5-14 所示。

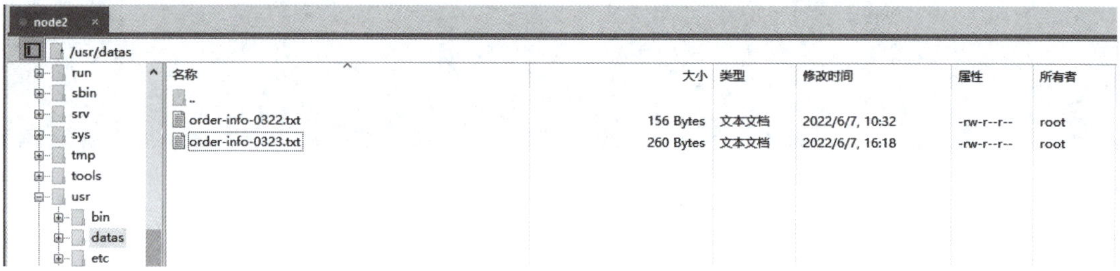

图 5-14 创建本地文件 order-info-0323. txt

其中,本地文件 order-info-0323. txt 中共有如下 5 条数据,其中的具体内容如图 5-15 所示。

```
1,待支付,2021-03-22 12:20:11,2021-03-22 12:20:11
2,已支付,2021-03-23 14:20:11,2021-03-23 14:21:11
3,已支付,2021-03-23 16:20:11,2021-03-23 16:21:11
3,待支付,2021-03-23 12:20:11,2021-03-23 12:20:11
3,待支付,2021-03-23 14:20:11,2021-03-23 14:20:11
```

图 5-15 本地文件 order-info-0323. txt 的 5 条数据

步骤 2:查看数据库 unit5db 的位置。

查看数据库 unit5db 在 Hive 中的位置,具体操作命令如下:

```
DESCRIBE DATABASE unit5db;
```

其中,数据库 unit5db 在 Hive 中的位置,即在 HDFS 中的路径已经在例题 3 中,查看得知本地位置,由结果可知为 hdfs://node1:9000/tools/hive/warehouse/unit5db.db。此处,读者可以根据自己的实际安装路径,自行查看使用的数据库在 HDFS 中的位置。

步骤 3:查看数据库中的表。

在数据库 unit5db 中,查看表 order_info_load 是否存在,具体操作命令如下:

```
SHOW TABLES;
```

如图 5-16 所示,数据库中的表 order_info_load 创建成功。其中,如图 5-17 所示,该表中本身存在部分数据。

```
0: jdbc:hive2://node2:10000>  SHOW TABLES;
+-------------------+
|     tab_name      |
+-------------------+
| order_info_load   |
| pageviews         |
| students          |
+-------------------+
3 rows selected (0.09 seconds)
```

图 5-16　查看表 order_info_load 是否已经存在

```
0: jdbc:hive2://node2:10000> SELECT  *  FROM  order_info_load;
+----------------------------+----------------------------------+---------------------------------+---------------------------------+
-+----------------------------+
| order_info_load.order_id   | order_info_load.order_status    | order_info_load.create_time    | order_info_load.update_time
 | order_info_load.stat_date  |
+----------------------------+----------------------------------+---------------------------------+---------------------------------+
-+----------------------------+
| 1                          | 待支付                           | 2021-03-22 12:20:11             | 2021-03-22 12:20:11
     | 20220607                   |
| 2                          | 待支付                           | 2021-03-22 14:20:11             | 2021-03-22 14:20:11
     | 20220607                   |
| 3                          | 待支付                           | 2021-03-22 16:20:11             | 2021-03-22 16:20:11
     | 20220607                   |
+----------------------------+----------------------------------+---------------------------------+---------------------------------+
-+----------------------------+
3 rows selected (0.96 seconds)
```

图 5-17　查看表 order_info_load 是否存在数据

步骤 4:将本地文件 order-info-0323.txt 上传到服务器 Hive 中。

在数据库 unit5db 中,加载服务器本地文件 order-info-0323.txt 的文本数据到 order_info_load 订单表的 20220608 分区中,具体操作命令如下:

```
LOAD DATA LOCAL INPATH '/usr/datas/order-info-0323.txt' OVERWRITE INTO TABLE order_info_load PARTITION(stat_date='20220608');
```

其中,具体的操作过程和执行结果如图 5-18 所示。由执行结果可以看出,上传本地文件到服务器 Hive 中成功。

```
0: jdbc:hive2://node2:10000> LOAD  DATA  LOCAL  inpath  '/usr/datas/order-info-0323.txt' OVERWRITE  INTO  TABLE  order_in
fo_load PARTITION (stat_date='20220608');
No rows affected (0.66 seconds)
```

图 5-18　将本地文件 order-info-0323.txt 上传到服务器 Hive 中

步骤 5:验证上传结果。

验证 Load 加载 HDFS 数据结果集,具体操作命令如下:

```
SELECT * FROM order_info_load WHERE stat_date='20220608';
```

具体的操作过程和执行结果如图 5-19 所示,由执行结果可以看出,上传本地文件 order-info-0323.txt 到服务器 Hive 中的表 order_info_load,实际操作是向表中复制数据。

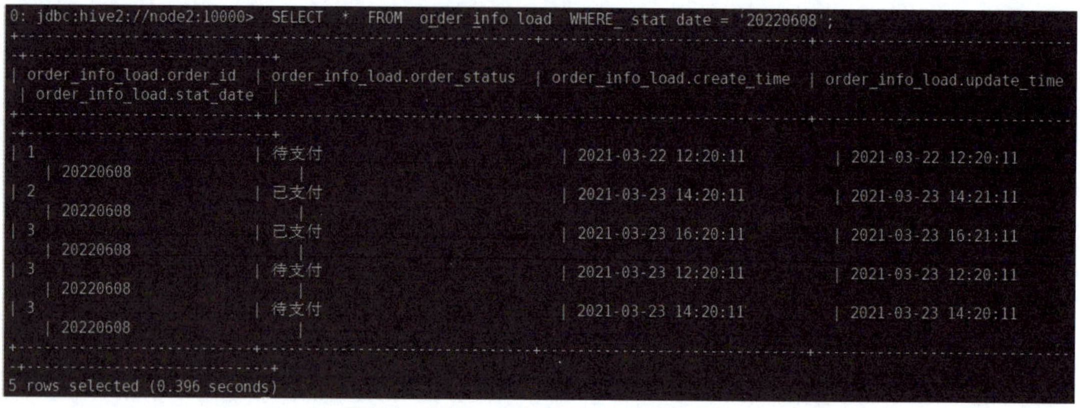

```
0: jdbc:hive2://node2:10000> SELECT * FROM order_info_load WHERE stat_date = '20220608';
| order_info_load.order_id | order_info_load.order_status | order_info_load.create_time | order_info_load.update_time | order_info_load.stat_date |
| 1 | 待支付 | 2021-03-22 12:20:11 | 2021-03-22 12:20:11 | 20220608 |
| 2 | 已支付 | 2021-03-23 14:20:11 | 2021-03-23 14:21:11 | 20220608 |
| 3 | 已支付 | 2021-03-23 16:20:11 | 2021-03-23 16:21:11 | 20220608 |
| 3 | 待支付 | 2021-03-23 12:20:11 | 2021-03-23 12:20:11 | 20220608 |
| 3 | 待支付 | 2021-03-23 14:20:11 | 2021-03-23 14:20:11 | 20220608 |
5 rows selected (0.396 seconds)
```

图 5-19 验证 Load 加载 HDFS 数据结果集

需要注意的是：与我们熟悉的关系型数据库不一样，Hive 目前还不支持在 INSERT 语句中直接给出一组记录的文字形式，即 Hive 并不支持“INSERT INTO... VALUES”形式的语句。

Hive 在将本地数据加载到 Hive 表中时不做任何转换，在 Hive 3.0 版本前，加载操作只是单纯的复制操作，将数据文件移动到 Hive 对应表的位置；在 Hive 3.0 版本之后，则是在内部将加载重写为 INSERT AS SELECT。

(2)通过 HDFS 将数据文件加载到 Hive 表中

从本地文件系统中将数据导入 Hive 表的过程，其实是先将数据临时复制到 HDFS 的一个目录下(典型的情况是复制到上传用户的 HDFS tmp 目录下，如/tmp)，然后将数据从这个临时目录下移动(注意，这里说的是移动，不是复制!)到对应的 Hive 表的数据目录里面。

既然如此，那么 Hive 肯定支持将数据直接从 HDFS 上的一个目录移动到相应 Hive 表的数据目录下。

例题 5 将 HDFS 上的文件 order-info-0323.txt 加载到 Hive 的 order_info_load 表中。

Load命令导入HDFS文档

步骤 1：上传本地文件 order-info-0323.txt 到 HDFS 中。

在本地已经创建文件 order-info-0323.txt，在本地/usr 下创建了一个文件夹 datas，用来存放本项目所有的本地文件，那么本地文件的具体路径为/usr/datas/order-info-0323.txt。其中，本地文件 order-info-0323.txt 中共有 5 条数据，分别为：

```
1,待支付,2021-03-22 12:20:11,2021-03-22 12:20:11
2,已支付,2021-03-23 14:20:11,2021-03-23 14:21:11
3,已支付,2021-03-23 16:20:11,2021-03-23 16:21:11
3,待支付,2021-03-23 12:20:11,2021-03-23 12:20:11
3,待支付,2021-03-23 14:20:11,2021-03-23 14:20:11
```

步骤 2：查看数据库 unit5db 的位置。

查看数据库 unit5db 在 Hive 中的位置，具体操作命令如下：

```
DESCRIBE DATABASE unit5db;
```

其中，数据库 unit5db 在 Hive 中的位置，即在 HDFS 中的路径已经在例题 3 中，查看得知本地位置为 hdfs://node1:9000/tools/hive/warehouse/unit5db.db。此处，读者可以根据自己的实际安装路径，自行查看使用的数据库在 HDFS 中的位置。

步骤 3：查看 HDFS 文件系统的目录结构。

查看 HDFS 文件系统的目录结构，以方便确定待上传数据在 HDFS 中的存放路径。具体操作命令如下：

```
[root@node2 ~]# hadoop fs -ls /
```

其中，HDFS 文件系统的目录结构如图 5-20 所示。共有 8 个文件目录，其中一个文件目录为/tmp，此目录为本项目待上传数据文件的 HDFS 的存储目录。

```
[root@node2 ~]# hadoop  fs  -ls /
Found 8 items
drwxr-xr-x   - root supergroup          0 2022-05-17 20:44 /demo1.db
drwx-wx-wx   - root supergroup          0 2022-05-14 21:05 /hive
drwxr-xr-x   - root supergroup          0 2022-05-21 21:40 /hive_db
drwxr-xr-x   - root supergroup          0 2022-05-19 14:38 /sina_weibo
drwx-wx-wx   - root supergroup          0 2022-05-19 14:40 /tmp
drwx-wx-wx   - root supergroup          0 2022-05-12 22:52 /tmp_local
drwx-wx-wx   - root supergroup          0 2022-05-14 21:10 /tools
drwxr-xr-x   - root supergroup          0 2022-05-21 21:57 /user
```

图 5-20 HDFS 文件系统的目录结构

步骤 4：上传本地文件并查看 HDFS 文件系统的目录结构。

上传本地文件 order-info-0323.txt 到 HDFS 中的/tmp 目录中，并再次查看 HDFS 文件系统中的/tmp 目录结构，以确定本地文件 order-info-0323.txt 成功上传到 HDFS 文件系统中的/tmp 目录。具体操作命令如下：

```
[root@node2 ~]# hdfs dfs -put /usr/datas/order-info-0323.txt /tmp/
```

然后，再次查看 HDFS 文件系统中的/tmp 目录结构，以确定本地文件 order-info-0323.txt 成功上传到 HDFS 文件系统中的/tmp 目录。具体操作命令如下：

```
[root@node2 ~]# hadoop fs -ls /tmp/
```

其中，HDFS 文件系统的目录结构如图 5-21 所示。共有 3 个文件目录，其中一个文件目录为/tmp/order-info-0323.txt，本地文件 order-info-0323.txt 上传到 HDFS 指定的目录/tmp 成功。

```
[root@node2 ~]# hdfs dfs -put /usr/datas/order-info-0323.txt /tmp/
[root@node2 ~]# hadoop  fs  -ls /tmp/
Found 3 items
drwx------   - root supergroup          0 2022-05-19 14:40 /tmp/hadoop-yarn
drwx-wx-wx   - root supergroup          0 2022-05-12 20:34 /tmp/hive
-rw-r--r--   3 root supergroup        260 2022-06-10 11:07 /tmp/order-info-0323.txt
```

图 5-21 再次查看 HDFS 文件系统/tmp 的目录

步骤 5：上传 HDFS 的文件到 Hive 服务器中。

将 HDFS 文件系统的目录/tmp/order-info-0323.txt 下的 order-info-0323.txt 文件加载到 order_info_load 订单表的 20220610 分区中。具体操作命令如下：

```
LOAD DATA INPATH 'hdfs://node1:9000/tmp/order-info-0323.txt' OVERWRITE INTO TABLE order_info_load
PARTITION(stat_date='20220610');
```

在该命令中，INPATH 中使用的是文件在 HDFS 文件系统中的目录结构，最终效果如图 5-22 所示。

```
0: jdbc:hive2://node2:10000> LOAD  DATA  inpath  'hdfs://node1:9000/tmp/order-info-0323.txt'  OVERWRITE  INTO  TABLE
order_info_load  PARTITION (stat_date='20220610');
No rows affected (0.832 seconds)
```

图 5-22 上传 HDFS 文件系统的文件到 Hive 中

然后，再次查看 order_info_load 订单表的 20220610 分区中的数据，如图 5-23 所示。由结果可知，整个分区中共有 5 个最新的数据，上传文件成功。具体操作命令如下：

```
SELECT * FROM order_info_load WHERE stat_date='20220610';
```

```
0: jdbc:hive2://node2:10000> SELECT * FROM order_info_load WHERE stat_date = '20220610';
+-----------------------------+---------------------------------+--------------------------------+---------------------------------+-----------------------------+
| order_info_load.order_id  | order_info_load.order_status  | order_info_load.create_time  | order_info_load.update_time  | order_info_load.stat_date  |
+-----------------------------+---------------------------------+--------------------------------+---------------------------------+-----------------------------+
| 1    | 待支付    | 2021-03-22 12:20:11    | 2021-03-22 12:20:11    | 20220610    |
| 2    | 已支付    | 2021-03-23 14:20:11    | 2021-03-23 14:21:11    | 20220610    |
| 3    | 已支付    | 2021-03-23 16:20:11    | 2021-03-23 16:21:11    | 20220610    |
| 3    | 待支付    | 2021-03-23 12:20:11    | 2021-03-23 12:20:11    | 20220610    |
| 3    | 待支付    | 2021-03-23 14:20:11    | 2021-03-23 14:20:11    | 20220610    |
+-----------------------------+---------------------------------+--------------------------------+---------------------------------+-----------------------------+
5 rows selected (1.048 seconds)
```

图 5-23 再次查看 order_info_load 订单表的 20220610 分区中的数据

最后，再次查看 HDFS 文件系统中的目录结构/tmp/，结果如图 5-23 所示。由结果可知，整个/tmp 中共有 2 条目录，/tmp/order-info-0323.txt 目录消失，说明在通过 HDFS 文件系统上传文件到 Hive 服务器的过程中实际执行的是剪切操作。

```
[root@node2 ~]# hadoop fs -ls /tmp
Found 2 items
drwx------   - root supergroup          0 2022-05-19 14:40 /tmp/hadoop-yarn
drwx-wx-wx   - root supergroup          0 2022-05-12 20:34 /tmp/hive
```

图 5-24 再次查看 HDFS 文件系统的目录结构/tmp/

在实际生产环境中，日志数据、用户行为数据等日志文本类数据，可以上传到 HDFS 上，然后通过 Load 命名加载到数据仓库 ODS 层表中；一些填报类的数据或者非业务类数据，可以以 CSV 形式导入数据仓库中。

例题 6 将 HDFS 上的文件 Person001.csv 加载到 Hive 的 person 表中。

步骤 1：上传本地文件 Person001.csv 到 HDFS 中。

在本地已经创建文件 Person001.csv，在本地/usr 下已经创建了一个文件夹 datas，用来存放本项目所有的本地文件，那么本地文件的具体路径为/usr/datas/Person001.csv，如图 5-25 所示。其中，本地文件 Person001.csv 中共有 80 条数据，此处，仅显示前面 5 条记录，分别为：

```
2  SMITH AARON
3  SMITH ABDUL
4  SMITH ABE
5  SMITH ABEL
6  SMITH ABRAHAM
```

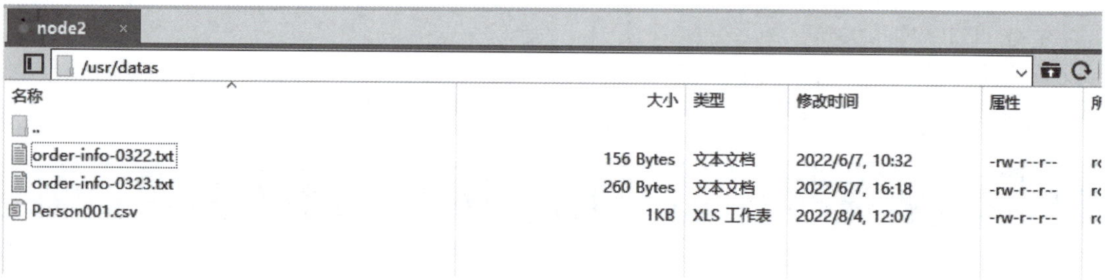

图 5-25 本地文件 Person001.csv 的具体路径/usr/datas/Person001.csv

其中，数据库 unit5db 在 Hive 中的位置，即在 HDFS 中的路径已经在例题 3 中，查看得知本地位置为 hdfs://node1:9000/tools/hive/warehouse/unit5db.db。此处，读者可以根据自己的实际安装路径，自行查看使用的数据库在 HDFS 中的位置。

步骤 2：查看 HDFS 文件系统的目录结构。

查看 HDFS 文件系统的目录结构，以方便确定待上传数据在 HDFS 中的存放路径。其中，HDFS 文件系统的目录结构如图 5-20 所示。共有 8 个文件目录，其中一个文件目录为 /tmp，此目录为本项目待上传数据文件的 HDFS 的存储目录。

步骤 3：上传本地文件并查看 HDFS 文件系统的目录结构。

上传本地文件 Person001.csv 到 HDFS 中的/tmp 目录中，并再次查看 HDFS 文件系统中的/tmp 目录结构，以确定本地文件 Person001.csv 成功上传到 HDFS 文件系统中的/tmp 目录。

具体操作命令如下：

```
[root@node2 ~]# hdfs dfs -put /usr/datas/Person001.csv /tmp/
```

然后，再次查看 HDFS 文件系统中的/tmp 目录结构，以确定本地文件 Person001.csv 成功上传到 HDFS 文件系统中的/tmp 目录。

具体操作命令如下：

```
[root@node2 ~]# hadoop fs -ls /tmp/
```

其中，HDFS 文件系统的目录结构如图 5-26 所示。共有 3 个文件目录，其中一个文件目录为 /tmp/Person001.csv，本地文件 Person001.csv 上传到 HDFS 指定的目录/tmp 成功。

```
[root@node2 ~]# hdfs  dfs  -put  /usr/datas/Person001.csv  /tmp/
[root@node2 ~]# hadoop  fs  -ls /tmp/
Found 3 items
-rw-r--r--   3 root supergroup       1345 2022-08-04 14:16 /tmp/Person001.csv
drwx------   - root supergroup          0 2022-05-19 14:40 /tmp/hadoop-yarn
drwx-wx-wx   - root supergroup          0 2022-05-12 20:34 /tmp/hive
```

图 5-26 再次查看 HDFS 文件系统/tmp 的目录

步骤 4：创建数据库中的 person 表。

在数据库 unit5db 中，创建 person 表，具体操作命令如下：

```
CREATE TABLE person (
persid INT,lastname STRING,firstname STRING)
ROW FORMAT DELIMITED FIELDS TERMINATED BY ',';
```

然后，在数据库 unit5db 中，查看 person 表是否创建成功。

如图 5-27 所示，数据库中的 person 表创建成功。其中，如图 5-28 所示，该表中无数据。

```
hive (unit5db)> SHOW TABLES;
OK
tab_name
order_info_load
pageviews
person
students
Time taken: 0.046 seconds, Fetched: 4 row(s)
```

图 5-27 查看数据库 unit5db 中的 person 表是否创建成功

```
hive (unit5db)>
              >
              > SELECT  *  FROM  person;
OK
person.persid   person.lastname person.firstname
Time taken: 1.027 seconds
```

图 5-28 查看 person 表是否有数据

步骤 5：上传 HDFS 的文件到 Hive 服务器中。

将 HDFS 文件系统的目录/tmp/Person001. csv 下的 Person001. csv 文件加载到 person 表中。具体操作命令如下：

```
LOAD DATA INPATH 'hdfs://node1:9000/tmp/Person001.csv'
OVERWRITE INTO TABLE person;
```

在该命令中，INPATH 中使用的是文件在 HDFS 文件系统中的目录结构。

然后，再次查看 person 表中的数据，如图 5-29 所示。由结果可知，整个分区中共有 80 条最新的数据(这里仅显示前 11 条记录)，上传文件成功。具体操作命令如下：

```
SELECT * FROM person;
```

```
hive (unit5db)>
              >
              >
              >
              > SELECT  *  FROM  person;
OK
person.persid   person.lastname person.firstname
2       SMITH   AARON
3       SMITH   ABDUL
4       SMITH   ABE
5       SMITH   ABEL
6       SMITH   ABRAHAM
7       SMITH   ABRAM
8       SMITH   ADALBERTO
9       SMITH   ADAM
10      SMITH   ADAN
11      JOHNSON AARON
12      JOHNSON ABDUL
```

图 5-29　再次查看 person 表中的数据

最后，再次查看 HDFS 文件系统中的目录结构/tmp/，结果如图 5-30 所示。由结果可知，整个/tmp 中共有 2 条目录，/tmp/Person001. csv 目录消失，说明在通过 HDFS 文件系统上传. csv 文件到 Hive 服务器的过程中实际执行的仍然是剪切操作。

```
[root@node2 ~]# hadoop  fs  -ls /tmp/
Found 2 items
drwx------   - root supergroup          0 2022-05-19 14:40 /tmp/hadoop-yarn
drwx-wx-wx   - root supergroup          0 2022-05-12 20:34 /tmp/hive
```

图 5-30　再次查看 HDFS 文件系统的目录结构/tmp/

Hive 在向表中装载数据时，并不会验证用户装载的数据和表的模式是否匹配。然而，Hive 会验证文件格式是否和表结构定义的一致。例如，如果表在创建时定义的存储格式是 SEQUENCEFILE，那么，装载进去的文件也应该是 SEQUENCEFILE 格式的。

通过 Load 命名加载数据的两种方式，即通过本地将数据文件加载到 Hive 表中以及通过 HDFS 将数据文件加载到 Hive 表中，在实际生产环境中，应用十分频繁，请读者务必掌握。

3. 通过查询导入数据

Hive 也可以使用 INSERT 子句将查询结果插入表中。在利用这种方式进行加载数据时，可以一次性加载数据到一张表中；同时，也可以一次性加载数据到多个表中。

标准语法格式如下：

```
INSERT OVERWRITE TABLE tablename1
[PARTITION (partcol1=val1, partcol2=val2,...)
[IF NOT EXISTS]] select_statement1 FROM FROM_statement;
```

其中，语法解释见表 5-3。

表 5-3　　通过查询加载数据的标准格式的语法解释

语句	解释
INSERT	向 Hive 表中加载数据的关键字
OVERWRITE	如果指定该关键字，则目标表(或者分区)中的内容会先被全部删除，然后将 filepath 指向的文件/目录中的内容添加到表/分区中。如果目标表(分区)已经有一个文件，并且文件名和 filepath 中的文件名冲突，那么现有的文件会被新文件所替代； 如果省略该关键字，可以使用 INTO 关键字。表示支持用户将数据加载到一个已建好的表中并且将新数据追加到原来的数据后面
TABLE tablename	目标表。表示加载数据时，表中数据加载到 Hive 的哪个表中，在插入数据之前，目标表必须已经存在
PARTITION	如果省略该关键字，则表示该目标表在装载数据时没有指定分区； 如果指定 PARTITION 关键字，表示导入数据时，指定导入的数据表在哪个分区；同时，使用"partcol1＝val1，partcol2＝val2，...”来确定具体的分区值
IF NOT EXISTS	如果指定该关键字，表示加载数据时，如果指定的源表不存在，则创建源表； 如果省略该关键字，表示加载数据时，如果指定的源表不存在，则不创建源表，提示错误
select_statement1	字段列表，表示需要向目标表中加载的字段列表
from_statement	源表，表示加载数据时，向目标表提供数据的源表

多个表插入的语法格式如下：

```
FROM from_statement
INSERT OVERWRITE TABLE tablename1 [PARTITION (partcol1=val1, partcol2=val2, ...) [IF NOT EXISTS]] select_statement1
[INSERT OVERWRITE TABLE tablename2 [PARTITION ...
[IF NOT EXISTS]] select_statement2]
[INSERT INTO TABLE tablename2[PARTITION ...]
[IF NOT EXISTS]] select_statement2], ...;
```

其中，语法解释见表 5-4。

表 5-4　　通过查询加载数据的多个表插入格式的语法解释

语句	解释
FROM	向 Hive 表中加载数据的关键字
from_statement	源表，表示加载数据时，向目标表提供数据的源表
INSERT	向 Hive 表中加载数据的关键字
OVERWRITE	如果指定该关键字，则目标表(或者分区)中的内容会先被全部删除，然后将 filepath 指向的文件/目录中的内容添加到表/分区中。如果目标表(分区)已经有一个文件，并且文件名和 filepath 中的文件名冲突，那么现有的文件会被新文件所替代； 如果省略该关键字，可以使用 INTO 关键字。表示支持用户将数据加载到一个已建好的表中并且将新数据追加到原来的数据后面
TABLE tablename1、2	目标表。表示加载数据时，表中数据加载到 Hive 的哪个表中，在插入数据之前，目标表必须已经存在
PARTITION	如果省略该关键字，则表示该目标表在装载数据时没有指定分区； 如果指定 PARTITION 关键字，表示导入数据时，指定导入的数据表在哪个分区，同时，使用"partcol1＝val1，partcol2＝val2，...”来确定具体的分区值

（续表）

语句	解释
IF NOT EXISTS	如果指定该关键字，表示加载数据时，如果指定的源表不存在，则创建源表； 如果省略该关键字，表示加载数据时，如果指定的源表不存在，则不创建源表，提示错误
select_statement1、2	字段列表，表示需要向目标表中加载的字段列表

例题 7 使用 OVERWRITE 方式将 person 表查询相关数据后加载到 Hive 的 personhub 表中。

步骤 1：创建数据库中的 personhub 表。

在数据库 unit5db 中，创建 personhub 表，具体操作命令如下：

```
CREATE TABLE personhub(persid INT);
```

然后，在数据库 unit5db 中，查看 personhub 表是否创建成功。

如图 5-31 所示，数据库中的 personhub 表创建成功。其中，如图 5-32 所示，该表中无数据。

```
hive (unit5db)> SHOW TABLES;
OK
tab_name
order_info_load
pageviews
person
personhub
students
Time taken: 0.042 seconds, Fetched: 5 row(s)
```

图 5-31 查看数据库 unit5db 中的 personhub 表是否创建成功

```
hive (unit5db)>
              >
              > SELECT persid FROM personhub ;
OK
persid
Time taken: 0.859 seconds
```

图 5-32 查看 personhub 表是否有数据

步骤 2：利用 overwrite 方式将 person 表的数据加载到 personhub 表中。

在数据库 unit5db 中，利用 overwrite 方式将 person 表的数据加载到 personhub 表中，覆盖 personhub 表中的原有数据，具体操作命令如下：

```
INSERT OVERWRITE TABLE personhub
SELECT DISTINCT persid FROM Person;
```

步骤 3：验证 personhub 表中的数据。

再次查看 personhub 表中的数据，如图 5-33 和图 5-34 所示。由结果可知，整个表中共有 80 条最新的数据，加载文件成功。具体操作命令如下：

```
SELECT * FROM personhub;
```

```
hive (unit5db)>
              >
              >
              >
              > SELECT  *  FROM  personhub;
OK
personhub.persid
2
3
4
5
6
7
8
9
10
11
12
```

图 5-33 查看 personhub 表是否有数据一

图 5-34 查看 personhub 表是否有数据二

例题 8 使用 INTO 方式将 person 表查询相关数据后加载到 Hive 的 personhub 表中。

步骤 1:查看数据库中的 personhub 表的数据。

其中,由图 5-33 和图 5-34 可知,该表中共有 80 条数据。

步骤 2:利用 INTO 方式将 person 表的数据加载到 personhub 表中。

在数据库 unit5db 中,利用 INTO 方式将 person 表的数据加载到 personhub 表中,追加新数据到 personhub 表中的原有数据后面,具体操作命令如下:

```
INSERT INTO TABLE personhub
SELECT DISTINCT persid FROM Person;
```

步骤 3:验证 personhub 表中的数据。

再次查看 personhub 表中的数据,如图 5-35 和图 5-36 所示。由结果可知,整个表中共有 160 条最新的数据,加载文件成功。具体操作命令如下:

```
SELECT * FROM personhub;
```

图 5-35 查看 personhub 表是否有数据一

图 5-36 查看 personhub 表是否有数据二

例题 9 将 wyp 表中的数据依据查询要求查询后分别加载到 test 和 test3 表中。

步骤 1:创建数据库中的 wyp 表。

在数据库 unit5db 中,创建 wyp 表,具体操作命令如下:

```
CREATE TABLE wyp(id INT, name STRING,age INT, tel STRING)
ROW FORMAT DELIMITED
FIELDS TERMINATED BY '\t'
STORED AS TEXTFILE;
```

然后,在数据库 unit5db 中,查看 wyp 表是否创建成功。创建成功后,利用前面所学知识向 wyp 表中加载 wyp. txt 和 add. txt 文件中的数据。最后,查看 wyp 表,共有 7 条数据,如图 5-37 所示。

```
hive (unit5db)> SELECT  *  FROM  wyp;
OK
wyp.id  wyp.name        wyp.age wyp.tel
5       wyp1    23      23232323232323
6       wyp2    34      32454567678825
7       wyp3    36      23243243545656
8       wyp4    26      24324354667572
1       wyp     25      13188888888
2       test    30      13388888888
3       zs      34      899314121
Time taken: 0.07 seconds, Fetched: 7 row(s)
```

图 5-37　查看 wyp 表中的数据

步骤 2:创建数据库中的 test 表。

在数据库 unit5db 中,创建 test 表,具体操作命令如下:

```
CREATE TABLE test(id INT, name STRING,tel STRING)
partitioned BY(age INT)
ROW FORMAT DELIMITED
FIELDS TERMINATED BY '\t'
STORED AS TEXTFILE;
```

然后,在数据库 unit5db 中,查看 test 表是否创建成功。创建成功后,查看 test 表中的数据,如图 5-38 所示,表中无数据。

```
hive (unit5db)> SELECT  *  FROM  test;
OK
test.id test.name       test.tel        test.age
Time taken: 0.116 seconds
```

图 5-38　查看 test 表中的数据

步骤 3:创建数据库中的 test3 表。

在数据库 unit5db 中,创建 test3 表,具体操作命令如下:

```
CREATE TABLE test3(id INT,name STRING);
```

然后,在数据库 unit5db 中,查看 test3 表是否创建成功。创建成功后,查看 test3 表中的数据,如图 5-39 所示,表中无数据。

```
hive (unit5db)> SELECT  *  FROM  test3;
OK
test3.id        test3.name
Time taken: 0.079 seconds
```

图 5-39　查看 test3 表中的数据

步骤 4：按照查询要求分别加载 wyp 表中的数据到 test 和 test3 表中。

在数据库 unit5db 中，按照查询要求分别加载 wyp 表中的数据到 test 和 test3 表中，具体操作命令如下：

```
SET hive.exec.dynamic.partition.mode=nonstrict;
```

在此处，test 表里面用 age 作为分区字段，为了方便将 wyp 表中的查询结果插入 test 表中，需要设置 hive.exec.dynamic.partition.mode 的值为 nonstrict，具体操作命令如下：

```
FROM wyp
INSERT INTO table test PARTITION(age) SELECT id, name, tel, age
INSERT INTO table test3 SELECT id, name WHERE age>25;
```

步骤 5：分别验证 test 和 test3 表中的数据。

再次查看 test 和 test3 表中的数据，如图 5-40 和图 5-41 所示。由结果可知，test 和 test3 表分别加载数据成功。具体操作命令如下：

```
SELECT * FROM test;
```

```
hive (unit5db)>  SELECT  *  FROM  test;
OK
test.id test.name       test.tel        test.age
5       wyp1    23232323232323  23
1       wyp     13188888888     25
8       wyp4    24324354667572  26
2       test    13388888888     30
6       wyp2    32454567678825  34
3       zs      899314121       34
7       wyp3    23243243545656  36
Time taken: 0.103 seconds, Fetched: 7 row(s)
```

图 5-40 再次查看 test 表中的数据

```
SELECT * FROM test3;
```

```
hive (unit5db)> SELECT  *  FROM  test3;
OK
test3.id        test3.name
6       wyp2
7       wyp3
8       wyp4
2       test
3       zs
Time taken: 0.067 seconds, Fetched: 5 row(s)
```

图 5-41 再次查看 test3 表中的数据

在同一个查询中使用多个 INSERT 子句，这样只需要扫描一遍源表即可生成多个不相交的输出。

4. AS SELECT 命令导入数据

除了上述三种加载数据的方式之外，还可以使用 CREATE TABLE AS SELECT(CTAS)命令，该查询语句创建表并加载数据，将查询的结果保存到一张表中，然后创建表，最后导入数据，这种形式一般称为 AS SELECT 语句。目的在于利用其结果集和查询输出模式来创建一个内部表。这种方式使读者可以在一个语句中完成创建表并将查询结果加载到这个表的操作。

语法格式如下：

```
CREATE TABLE [IF NOT EXISTS] tablename
AS SELECT select_statement1 FROM from_statement;
```

其中，语法解释见表 5-5。

表 5-5　　查询语句中创建表并加载数据的语法解释

语句	解释
CREATE TABLE	向 Hive 表中加载数据的关键字
IF NOT EXISTS	如果指定该关键字，表示加载数据时，如果指定的源表不存在，则创建源表； 如果省略该关键字，表示加载数据时，如果指定的源表不存在，则不创建源表，提示错误
tablename	目标表。表示加载数据时，表中数据加载到 Hive 的哪个表中，在插入数据之前，目标表必须已经存在
select_statement1	字段列表，表示需要向目标表中加载的字段列表
from_statement	源表，表示加载数据时，向目标表提供数据的源表

例题 10　将 wyp 表中的数据依据查询要求查询后加载到 test4 表中。

步骤 1：查看数据库中的 wyp 表的数据。

其中，由图 5-37 可知，该表中共有 7 条数据。

步骤 2：创建数据库中的表 test4。

在数据库 unit5db 中，创建数据库中的表 test4，并在创建的同时，将表 wyp 中的数据加载到表 test4 中，具体操作命令如下：

```
CREATE TABLE test4 AS SELECT id,name, tel FROM wyp;
```

步骤 3：验证 test4 表中的数据。

查看 test4 表中的数据，如图 5-42 所示。由结果可知，整个表中共有 7 条最新的数据，加载数据成功。具体操作命令如下：

```
SELECT * FROM test4;
```

```
hive (unit5db)> SELECT  *  FROM  test4;
OK
test4.id        test4.name      test4.tel
5       wyp1    23232323232323
6       wyp2    32454567678825
7       wyp3    23243243545656
8       wyp4    24324354667572
1       wyp     13188888888
2       test    13388888888
3       zs      899314121
Time taken: 0.07 seconds, Fetched: 7 row(s)
```

图 5-42　查看 test4b 表中的数据

例题 11　将 HDFS 上的 order_info_load 表中的数据加载到 Hive 的 order_info_as_select_load 表中。

步骤 1：查看数据库中的 order_info_load 表的数据。

其中的数据，如图 5-43 所示，该表中共有 13 条数据。具体操作命令如下：

```
SELECT * FROM order_info_load;
```

```
hive (unit5db)> SELECT  *  FROM  order_info_load;
OK
order_info_load.order_id        order_info_load.order_status    order_info_load.create_time     order_inf
o_load.update_time      order_info_load.stat_date
1       待支付  2021-03-22 12:20:11     2021-03-22 12:20:11     20220607
2       待支付  2021-03-22 14:20:11     2021-03-22 14:20:11     20220607
3       待支付  2021-03-22 16:20:11     2021-03-22 16:20:11     20220607
1       待支付  2021-03-22 12:20:11     2021-03-22 12:20:11     20220608
2       已支付  2021-03-23 14:20:11     2021-03-23 14:21:11     20220608
3       已支付  2021-03-23 16:20:11     2021-03-23 16:21:11     20220608
3       待支付  2021-03-23 12:20:11     2021-03-23 12:20:11     20220608
3       待支付  2021-03-23 14:20:11     2021-03-23 14:20:11     20220608
1       待支付  2021-03-22 12:20:11     2021-03-22 12:20:11     20220610
2       已支付  2021-03-23 14:20:11     2021-03-23 14:21:11     20220610
3       已支付  2021-03-23 16:20:11     2021-03-23 16:21:11     20220610
3       待支付  2021-03-23 12:20:11     2021-03-23 12:20:11     20220610
3       待支付  2021-03-23 14:20:11     2021-03-23 14:20:11     20220610
Time taken: 0.089 seconds, Fetched: 13 row(s)
```

图 5-43　查看 order_info_load 表中的数据

步骤 2：创建数据库中的表 order_info_as_select_load。

在数据库 unit5db 中，创建数据库中的表 order_info_as_select_load，并在创建的同时，将表 order_info_load 中的数据加载到表 order_info_as_select_load 中，具体操作命令如下：

```
CREATE TABLE order_info_as_select_load AS SELECT * FROM order_info_load;
```

步骤 3：验证 order_info_as_select_load 表中的数据。

查看 order_info_as_select_load 表中的数据，如图 5-44 所示。由结果可知，整个表中共有 13 条最新的数据，加载数据成功。具体操作命令如下：

```
SELECT * FROM order_info_as_select_load;
```

```
hive (unit5db)> SELECT  *  FROM  order_info_as_select_load;
OK
order_info_as_select_load.order_id      order_info_as_select_load.order_status  order_info_as_select_load
.create_time    order_info_as_select_load.update_time   order_info_as_select_load.stat_date
1       待支付  2021-03-22 12:20:11     2021-03-22 12:20:11     20220607
2       待支付  2021-03-22 14:20:11     2021-03-22 14:20:11     20220607
3       待支付  2021-03-22 16:20:11     2021-03-22 16:20:11     20220607
1       待支付  2021-03-22 12:20:11     2021-03-22 12:20:11     20220608
2       已支付  2021-03-23 14:20:11     2021-03-23 14:21:11     20220608
3       已支付  2021-03-23 16:20:11     2021-03-23 16:21:11     20220608
3       待支付  2021-03-23 12:20:11     2021-03-23 12:20:11     20220608
3       待支付  2021-03-23 14:20:11     2021-03-23 14:20:11     20220608
1       待支付  2021-03-22 12:20:11     2021-03-22 12:20:11     20220610
2       已支付  2021-03-23 14:20:11     2021-03-23 14:21:11     20220610
3       已支付  2021-03-23 16:20:11     2021-03-23 16:21:11     20220610
3       待支付  2021-03-23 12:20:11     2021-03-23 12:20:11     20220610
3       待支付  2021-03-23 14:20:11     2021-03-23 14:20:11     20220610
Time taken: 0.061 seconds, Fetched: 13 row(s)
```

图 5-44　查看 order_info_as_select_load 表中的数据

使用这种加载数据的方式，其常见情况是从一个大的宽度表中选取部分需要的数据集。

CTAS 操作具有原子性，因此如果 SELECT 查询由于某种原因而失败，新表则无法创建成功。

在 CTAS 命令中，Hive 对目标表的格式做了一些限制。新的目标表不能是外部表、分区表或分桶表。

这种方式不能用于外部表，其主要原因在于在使用 ALTER TABLE 语句可以为外部表"引用"到一个分区，这种方式本身没有进行数据"加载"，而是在元数据中指定一个指向数据的路径。

5. Import 命令导入数据

这种加载数据的方式一般先用 Export 将数据导出后，再将数据使用 Import 导入。Export 和 Import 主要用于两个 Hadoop 平台集群之间 Hive 表的迁移。

语法格式如下：

```
IMPORT TABLE tablename FROM 'filepath'
```

其中，语法解释见表 5-6。

表 5-6　Import 导入 Hive 表数据的语法解释

语句	解释
IMPORT TABLE	向 Hive 表中装载数据的关键字
tablename	目标表，装载数据时的表名
FROM	向 Hive 表中装载数据的关键字
'filepath'	源表或者包含数据的文件所在文件系统中的位置； 加载数据时的文件路径，可以是相对路径，也可以是绝对路径； 相对路径：例如 project/data1。加载方式和路径的完整 URL，例如 file:///user/hive/project/data1； 绝对路径：例如/user/hive/project/data1。加载方式和路径的完整 URL，例如 hdfs://namenode:9000/user/hive/project/data1

例题 12 将 HDFS 上的已有文件加载到 Hive 的 order_info_import_load 表中。

步骤 1:查看 HDFS 文件系统中/tmp 的目录结构。

导出数据之前,查看 HDFS 文件系统中/tmp 的目录结构,如图 5-45 所示,其中没有/tmp/order_info_load_out4 目录。具体操作命令如下:

```
[root@node2~]# hadoop fs -ls /tmp/
```

```
[root@node2 datas]# hadoop  fs  -ls  /tmp/
Found 5 items
drwx------   - root supergroup          0 2022-05-19 14:40 /tmp/hadoop-yarn
drwx-wx-wx   - root supergroup          0 2022-05-12 20:34 /tmp/hive
-rw-r--r--   3 root supergroup        260 2022-08-05 14:23 /tmp/order-info-0323.txt
drwx-wx-wx   - root supergroup          0 2022-08-05 10:20 /tmp/person-hdfs
drwx-wx-wx   - root supergroup          0 2022-08-05 10:57 /tmp/person.txt
```

图 5-45　查看 HDFS 文件系统中/tmp 目录的结构

步骤 2:将文件导出到 HDFS 相应目录中。

首先,将文件导出到相应的目录中,本题目中所使用目录为 HDFS 上的文件系统/tmp/order_info_load_out4 目录。具体操作命令如下:

```
EXPORT TABLE order_info_load to '/tmp/order_info_load_out4';
```

此处,在导入之前,首先将需要导入的资源准备充分,此处为准备资源的部分。只是此次的资源,是通过导出得来的,而不是本来就准备好的,这样做是为了读者可以更好地理解 Hive 生态系统中导入和导出的实际应用。

步骤 3:再次查看 HDFS 文件系统中/tmp 的目录结构。

导出命名之后,再次查看 HDFS 文件系统中/tmp 的目录结构,如图 5-46 所示。具体操作命令如下:

```
[root@node2~]# hadoop fs -ls /tmp/
```

由结果可知,其中/tmp/order_info_load_out4 已经存在。说明,该目录是在导出操作执行时自动生成的。

```
[root@node2 datas]# hadoop  fs  -ls  /tmp/
Found 6 items
drwx------   - root supergroup          0 2022-05-19 14:40 /tmp/hadoop-yarn
drwx-wx-wx   - root supergroup          0 2022-05-12 20:34 /tmp/hive
-rw-r--r--   3 root supergroup        260 2022-08-05 14:23 /tmp/order-info-0323.txt
drwx-wx-wx   - root supergroup          0 2022-08-05 15:03 /tmp/order_info_load_out4
drwx-wx-wx   - root supergroup          0 2022-08-05 10:20 /tmp/person-hdfs
drwx-wx-wx   - root supergroup          0 2022-08-05 10:57 /tmp/person.txt
```

图 5-46　再次查看 HDFS 文件系统中/tmp 目录的结构

步骤 4:创建表 order_info_import_load。

在数据库 unit5db 中,创建所需表 order_info_import_load,该表为目标表。具体操作命令如下:

```
CREATE TABLE order_info_import_load LIKE order_info_load;
```

执行结果如图 5-47 所示,其中 order_info_import_load 表中无数据。

```
hive (unit5db)> SELECT  *  FROM order_info_import_load;
OK
order_info_import_load.order_id order_info_import_load.order_status     order_info_import_load.create_tim
e       order_info_import_load.update_time      order_info_import_load.stat_date
Time taken: 1.283 seconds
```

图 5-47　查看表 order_info_import_load 中的数据

步骤 5:验证是否导入成功。

其中,将导出操作所得数据/tmp/order_info_load_out4 导入表 order_info_import_load 中,具体操作命令如下:

```
IMPORT TABLE order_info_import_load FROM '/tmp/order_info_load_out4';
```

再次查看表 order_info_import_load 中的数据，如图 5-48 所示。共有 13 条数据，导入操作成功。

```
hive (unit5db)> SELECT  *  FROM order_info_import_load;
OK
order_info_import_load.order_id order_info_import_load.order_status     order_info_import_load.create_tim
e       order_info_import_load.update_time      order_info_import_load.stat_date
1       待支付  2021-03-22 12:20:11     2021-03-22 12:20:11     20220607
2       待支付  2021-03-22 14:20:11     2021-03-22 14:20:11     20220607
3       待支付  2021-03-22 16:20:11     2021-03-22 16:20:11     20220607
1       待支付  2021-03-22 12:20:11     2021-03-22 12:20:11     20220608
2       已支付  2021-03-23 14:20:11     2021-03-23 14:21:11     20220608
3       已支付  2021-03-23 16:20:11     2021-03-23 16:21:11     20220608
3       待支付  2021-03-23 12:20:11     2021-03-23 12:20:11     20220608
3       待支付  2021-03-23 14:20:11     2021-03-23 14:20:11     20220608
1       待支付  2021-03-22 12:20:11     2021-03-22 12:20:11     20220610
2       已支付  2021-03-23 14:20:11     2021-03-23 14:21:11     20220610
3       已支付  2021-03-23 16:20:11     2021-03-23 16:21:11     20220610
3       待支付  2021-03-23 12:20:11     2021-03-23 12:20:11     20220610
3       待支付  2021-03-23 14:20:11     2021-03-23 14:20:11     20220610
Time taken: 0.108 seconds, Fetched: 13 row(s)
```

图 5-48　查看表 order_info_import_load 中的数据

任务 5.2　导出 Hive 数据

5.2.1　任务描述

在 Hive 的日常使用中，经常需要将 Hive 表中的数据导出来。虽然 Hive 提供了多种导出方式，但是面对不同的数据量和不同的需求，如果随意使用某种导出方式，可能会导致导出时间过长，或导出的结果不满足需求，甚至造成集群资源浪费。

因此本小节主要对 Hive 支持的几种导出方式的使用进行说明，并给出每种导出方式的使用场景，便于指导读者能够选取最佳的导出方式。

5.2.2　任务准备知识

从 Hive 数据仓库中导出数据到本地，因为 Hive 的存储依赖于 HDFS 分布式文件系统，所以从 Hive 中导出数据其实就是从 HDFS 中导出数据。由于此处语法格式中的关键字和相关代表词的含义在本项目第一小节数据的导入部分已经做了详细的说明，故不再赘述，请读者注意。

5.2.3　任务实施

Hive 数据导出方式和导入方式一样，针对不同场景有很多方式，主要有 Insert 导出、Hadoop 命令导出、Hive Shell 命令导出、Export 命令导出等四种方式。

1. Insert 命令导出数据

这种加载数据的方式一般是将查询到的数据加载到 Hadoop 分布式文件系统中。

语法格式如下：

```
INSERT OVERWRITE [LOCAL] DIRECTORY 'filepath'
SELECT select_statement1 FROM from_statement;
```

其中，语法解释见表 5-7。

表 5-7　将查询到的数据写入文件系统的语法解释

语句	解释
INSERT	从 Hive 表中导出数据的关键字
OVERWRITE	如果指定该关键字，则目标表(或者分区)中的内容会先被全部删除，然后将 filepath 指向的文件/目录中的内容添加到表/分区中。如果目标表(分区)已经有一个文件，并且文件名和 filepath 中的文件名冲突，那么现有的文件会被新文件所替代
LOCAL	如果指定该关键字，Load 命令会去查找本地文件系统中的 filepath； 如果省略该关键字，则根据 INPATH 中设定的路径查找文件位置，即这个路径 INPATH 应该是分布式文件系统 HDFS 中的路径
DIRECTORY 'filepath'	加载数据时的文件路径，可以是相对路径，也可以是绝对路径； 相对路径：例如 project/data1。加载方式和路径的完整 URL，例如 file:///user/hive/project/data1； 绝对路径：例如/user/hive/project/data1。加载方式和路径的完整 URL，例如 hdfs://namenode:9000/user/hive/project/data1。'filepath'是 Hadoop 分布式文件系统中已有的目录名称 使用 hadoop fs - mkdir directoryname 命令来创建一个目录
SELECT select_statement1 FROM from_statement	这可以是任何针对 Hive 生态系统的 SELECT 命令

例题 13　将 person 表中的数据导出到本地文件系统/usr/datas/out1 目录中。

步骤 1：查看本地文件系统的目录结构。

查看本地文件系统的目录结构，以方便确定待导出数据的存放路径。具体操作命令如下：

```
[root@node2 ~]# cd /usr/datas/
[root@node2 datas]# ll
```

其中，本地文件系统的目录结构如图 5-49 所示。共有 20 个文件和目录，但是其中并没有文件目录 out1，此目录为本题目待导出数据文件的存储目录。

```
[root@node2 ~]# cd /usr/datas/
[root@node2 datas]# ll
total 20
-rw-r--r--. 1 root root  100 Aug  4 20:31 add.txt
-rw-r--r--. 1 root root  156 Jun  7 10:32 order-info-0322.txt
-rw-r--r--. 1 root root  260 Jun  7 16:18 order-info-0323.txt
-rw-r--r--. 1 root root 1345 Aug  4 12:07 Person001.csv
-rw-r--r--. 1 root root   61 Aug  4 20:28 wyp.txt
```

图 5-49　查看 HDFS 文件系统的目录

步骤 2：查看 person 表中的数据。

查看 person 表中的数据，如图 5-50 和图 5-51 所示，person 表中共有 80 条记录，此处仅显示部分记录。具体操作命令如下：

```
SELECT * FROM person;
```

```
hive (unit5db)> SELECT  *  FROM  person;
OK
person.persid   person.lastname person.firstname
2       SMITH   AARON
3       SMITH   ABDUL
4       SMITH   ABE
5       SMITH   ABEL
6       SMITH   ABRAHAM
7       SMITH   ABRAM
8       SMITH   ADALBERTO
9       SMITH   ADAM
10      SMITH   ADAN
11      JOHNSON AARON
12      JOHNSON ABDUL
13      JOHNSON ABE
```

图 5-50 person 表中的数据一

```
1 node1    2 node2    3 node3
66      WILSON  ABDUL
67      WILSON  ABE
68      WILSON  ABEL
69      WILSON  ABRAHAM
70      WILSON  ABRAM
71      WILSON  ADALBERTO
72      WILSON  ADAM
73      WILSON  ADAN
74      MOORE   AARON
75      MOORE   ABDUL
76      MOORE   ABE
77      MOORE   ABEL
78      MOORE   ABRAHAM
79      MOORE   ABRAM
80      MOORE   ADALBERTO
81      MOORE   ADAM
Time taken: 1.092 seconds, Fetched: 80 row(s)
```

图 5-51 person 表中的数据二

步骤 3：查询 person 表中的数据，并写入文件系统。

然后，按照查询要求查询 person 表中的数据，并且写入 HDFS 文件系统/tmp/person-hdfs 中。具体操作命令如下：

```
INSERT OVERWRITE LOCAL DIRECTORY '/usr/datas/out1'
SELECT persid, firstname, lastname FROM person;
```

步骤 4：验证/usr/datas/目录中的数据。

再次查看本地文件系统中的/usr/datas/的目录，结果如图 5-52 所示。由结果可知/usr/datas/out1 已经存在，即待导出数据文件的存储目录/out1 是自动生成的。

```
[root@node2 out1]# cd /usr/datas
[root@node2 datas]# ll
total 20
-rw-r--r--. 1 root root  100 Aug  4 20:31 add.txt
-rw-r--r--. 1 root root  156 Jun  7 10:32 order-info-0322.txt
-rw-r--r--. 1 root root  260 Jun  7 16:18 order-info-0323.txt
drwxr-xr-x. 2 root root   43 Aug  5 12:38 out1
-rw-r--r--. 1 root root 1345 Aug  4 12:07 Person001.csv
-rw-r--r--. 1 root root   61 Aug  4 20:28 wyp.txt
```

图 5-52 再次查看/usr/datas/的目录

验证数据是否导出到存储目录，具体操作命令如下：

```
[root@node2 datas]# cd /usr/datas/out1
[root@node2 out1]# ll
[root@node2 out1]# cat 000000_0
```

执行结果如图 5-53 和图 5-54 所示，整个/out1 目录中共有 80 条目录，数据导出成功。

```
[root@node2 datas]# cd /usr/datas/out1
[root@node2 out1]# ll
total 4
-rw-r--r--. 1 root root 1265 Aug  5 12:38 000000_0
[root@node2 out1]# cat 000000_0
2AARONSMITH
3ABDULSMITH
4ABESMITH
5ABELSMITH
6ABRAHAMSMITH
7ABRAMSMITH
8ADALBERTOSMITH
9ADAMSMITH
10ADANSMITH
11AARONJOHNSON
12ABDULJOHNSON
13ABEJOHNSON
14ABELJOHNSON
15ABRAHAMJOHNSON
16ABRAMJOHNSON
17ADALBERTOJOHNSON
18ADAMJOHNSON
```

图 5-53　查看/usr/datas/out1 中的数据一

```
67ABEWILSON
68ABELWILSON
69ABRAHAMWILSON
70ABRAMWILSON
71ADALBERTOWILSON
72ADAMWILSON
73ADANWILSON
74AARONMOORE
75ABDULMOORE
76ABEMOORE
77ABELMOORE
78ABRAHAMMOORE
79ABRAMMOORE
80ADALBERTOMOORE
81ADAMMOORE
[root@node2 out1]#
```

图 5-54　查看/usr/datas/out1 中的数据二

例题 14　将 person 表中的数据按照格式化标准导出到本地文件系统/usr/datas/out2 目录中。

步骤 1:查看本地文件系统的目录结构。

查看本地文件系统的目录结构,以方便确定待导出数据的存放路径。具体操作命令如下:

```
[root@node2 ~]# cd /usr/datas/
[root@node2 datas]# ll
```

其中,本地文件系统的目录结构,如图 5-55 所示。共有 20 个文件和目录,但是其中并没有文件目录 out2,此目录为本题目待导出数据文件的存储目录。

```
[root@node2 datas]# cd  /usr/datas/
[root@node2 datas]# ll
total 20
-rw-r--r--. 1 root root  100 Aug  4 20:31 add.txt
-rw-r--r--. 1 root root  156 Jun  7 10:32 order-info-0322.txt
-rw-r--r--. 1 root root  260 Jun  7 16:18 order-info-0323.txt
drwxr-xr-x. 2 root root   43 Aug  5 12:38 out1
-rw-r--r--. 1 root root 1345 Aug  4 12:07 Person001.csv
-rw-r--r--. 1 root root   61 Aug  4 20:28 wyp.txt
```

图 5-55　查看 HDFS 文件系统的目录

步骤 2：查看 person 表中的数据。

查看 person 表中的数据，由图 5-50 和图 5-51 可知，person 表中共有 80 条记录。具体操作命令如下：

```
SELECT * FROM person;
```

步骤 3：查询 person 表中的数据，并写入文件系统。

按照查询要求查询 person 表中的数据，并且写入 HDFS 文件系统/tmp/person-hdfs 中。具体操作命令如下：

```
INSERT OVERWRITE LOCAL DIRECTORY '/usr/datas/out2'
ROW FORMAT DELIMITED FIELDS TERMINATED BY ','
SELECT persid, firstname, lastname FROM person;
```

步骤 4：验证/usr/datas/目录中的数据。

再次查看本地文件系统中的/usr/datas/的目录，结果如图 5-56 所示，由结果可知/usr/datas/out2 已经存在，即待导出数据文件的存储目录/out2 是自动生成的。具体操作命令如下：

```
[root@node2 ~]# cd /usr/datas/
[root@node2 datas]# ll
```

图 5-56 再次查看/usr/datas/的目录

验证数据是否导出到存储目录，具体操作命令如下：

```
[root@node2 datas]# cd /usr/datas/out2
[root@node2 out2]# ll
[root@node2 out2]# cat 000000_0
```

执行结果如图 5-57 和图 5-58 所示，整个/out2 中共有 80 条目录，数据导出成功。

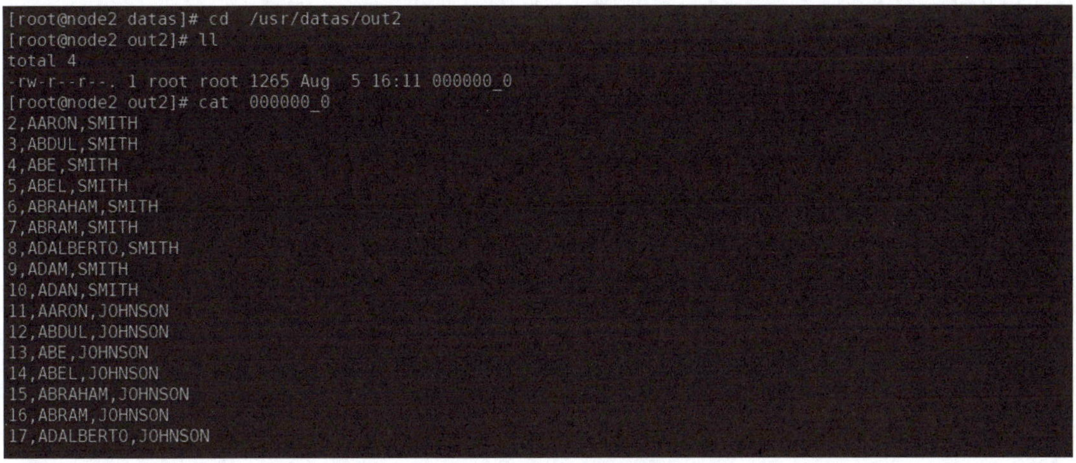

图 5-57 查看/usr/datas/out2 中的数据一

```
66,ABDUL,WILSON
67,ABE,WILSON
68,ABEL,WILSON
69,ABRAHAM,WILSON
70,ABRAM,WILSON
71,ADALBERTO,WILSON
72,ADAM,WILSON
73,ADAN,WILSON
74,AARON,MOORE
75,ABDUL,MOORE
76,ABE,MOORE
77,ABEL,MOORE
78,ABRAHAM,MOORE
79,ABRAM,MOORE
80,ADALBERTO,MOORE
81,ADAM,MOORE
[root@node2 out2]#
```

图 5-58　查看/usr/datas/out2 中的数据二

例题 15　将 person 表中的数据导出到 HDFS 的文件系统/tmp/out3 目录中。

步骤 1：查看 HDFS 的文件系统/tmp 的目录结构。

查看 HDFS 的文件系统/tmp 的目录结构，以方便确定待导出数据的存放路径。具体操作命令如下：

```
[root@node2 ~]# hadoop fs -ls /tmp/
```

其中，HDFS 的文件系统/tmp 的目录结构，如图 5-59 所示。共有 6 个目录，但是其中并没有文件目录 out3，此目录为本题目待导出数据文件的存储目录。

```
[root@node2 out2]# hadoop  fs  -ls  /tmp/
Found 6 items
drwx------   - root supergroup          0 2022-05-19 14:40 /tmp/hadoop-yarn
drwx-wx-wx   - root supergroup          0 2022-05-12 20:34 /tmp/hive
-rw-r--r--   3 root supergroup        260 2022-08-05 14:23 /tmp/order-info-0323.txt
drwx-wx-wx   - root supergroup          0 2022-08-05 15:03 /tmp/order_info_load_out4
drwx-wx-wx   - root supergroup          0 2022-08-05 10:20 /tmp/person-hdfs
drwx-wx-wx   - root supergroup          0 2022-08-05 10:57 /tmp/person.txt
```

图 5-59　查看 HDFS 文件系统/tmp 的目录

步骤 2：查看 person 表中的数据。

查看 person 表中的数据，由图 5-50 和图 5-51 可知，person 表中共有 80 条记录。具体操作命令如下：

```
SELECT * FROM person;
```

步骤 3：查询 person 表中的数据，并写入文件系统。

按照查询要求查询 person 表中的数据，并且写入 HDFS 文件系统/tmp/person-hdfs 中。具体操作命令如下：

```
INSERT OVERWRITE DIRECTORY '/tmp/out3'
ROW FORMAT DELIMITED FIELDS TERMINATED BY ','
SELECT persid, firstname, lastname FROM person;
```

步骤 4：验证/tmp/目录中的数据。

再次查看本地文件系统中的/tmp/的目录，结果如图 5-60 所示，具体操作命令如下：

```
[root@node2 ~]# hadoop fs -ls /tmp/
```

```
[root@node2 out2]# hadoop  fs  -ls  /tmp/
Found 7 items
drwx------   - root supergroup          0 2022-05-19 14:40 /tmp/hadoop-yarn
drwx-wx-wx   - root supergroup          0 2022-05-12 20:34 /tmp/hive
-rw-r--r--   3 root supergroup        260 2022-08-05 14:23 /tmp/order-info-0323.txt
drwx-wx-wx   - root supergroup          0 2022-08-05 15:03 /tmp/order_info_load_out4
drwx-wx-wx   - root supergroup          0 2022-08-05 16:27 /tmp/out3
drwx-wx-wx   - root supergroup          0 2022-08-05 10:20 /tmp/person-hdfs
drwx-wx-wx   - root supergroup          0 2022-08-05 10:57 /tmp/person.txt
```

图 5-60　再次查看/tmp/的目录

由结果可知/tmp/out3 已经存在，即待导出数据文件的存储目录/out3 是自动生成的，且/tmp/ out3 存在文件，如图 5-61 所示。具体操作命令如下：

```
[root@node2 ~]# hadoop fs -ls /tmp/out3
```

```
[root@node2 out2]# hadoop  fs  -ls  /tmp/out3
Found 1 items
-rwx-wx-wx   3 root supergroup       1265 2022-08-05 16:27 /tmp/out3/000000_0
```

图 5-61　查看/tmp/out3 的目录

验证数据是否导出到存储目录，具体操作命令如下：

```
[root@node2 ~]# cd /usr/datas/
```

进入本地文件系统/usr/datas/

```
[root@node2 datas]# Hadoop fs -get /tmp/out3/
```

下载/tmp/out3/中的内容到本地文件系统/usr/datas/中

```
[root@node2 datas]# ls
[root@node2 datas]# cd out3
[root@node2 out3]# ls
[root@node2 out3]# cat 000000_0
```

执行结果如图 5-62 和图 5-63 所示，整个/out3 中共有 80 条目录，数据导出成功。

```
[root@node2 datas]# hadoop fs -get /tmp/out3/
[root@node2 datas]# ls
add.txt  order-info-0322.txt  order-info-0323.txt  out1  out2  out3  Person001.csv  wyp.txt
[root@node2 datas]# cd out3
[root@node2 out3]# ls
000000_0
[root@node2 out3]# cat 000000_0
2,AARON,SMITH
3,ABDUL,SMITH
4,ABE,SMITH
5,ABEL,SMITH
6,ABRAHAM,SMITH
7,ABRAM,SMITH
8,ADALBERTO,SMITH
9,ADAM,SMITH
10,ADAN,SMITH
```

图 5-62　查看/usr/datas/out3 中的数据一

```
● 1 node1 ×    2 node2 ×    ● 3 node3 ×   +
64,ADAN,MILLER
65,AARON,WILSON
66,ABDUL,WILSON
67,ABE,WILSON
68,ABEL,WILSON
69,ABRAHAM,WILSON
70,ABRAM,WILSON
71,ADALBERTO,WILSON
72,ADAM,WILSON
73,ADAN,WILSON
74,AARON,MOORE
75,ABDUL,MOORE
76,ABE,MOORE
77,ABEL,MOORE
78,ABRAHAM,MOORE
79,ABRAM,MOORE
80,ADALBERTO,MOORE
81,ADAM,MOORE
[root@node2 out3]#
```

图 5-63　查看/usr/datas/out3 中的数据二

使用场景：

(1)由于这种方式导出数据时会启动 MapReduce 任务来完成导出，所以这种方式不适合导出数据量极少的情况，因为数据量很少时也会启 MapReduce 任务消耗集群资源，且导出速度比没有启用 MapReduce 导出的方式速度要慢。

(2)适用于对导出数据格式有要求的场景，如指定数据文件类型、字段分割符。

(3)这种方式导出的路径只能指定到文件夹，不支持导出到指定的文件中，且在文件夹下可能产生多个文件，并非仅一个文件，所以此方式适用于将数据导出到本地或 HDFS 目录下，且对存储数据的文件名和文件数量无要求。

2. Hadoop 命令导出数据

Hadoop 命令在使用时，一般用于将 HDFS 文件系统中的数据导出到本地文件系统中。

语法格式如下：

```
[root@node2 ~]# hadoop fs -get [文件目录] [本地目录]
```

其中，语法解释见表 5-8。

表 5-8　Hadoop 命令导出的语法解释

语句	解释
hadoop fs	从 Hive 表中导出数据的关键字
-get	Hadoop 命令，指的是下载功能
文件目录	一般指的待下载数据所在 HDFS 文件系统中的文件路径
本地目录	一般指的待下载数据下载后所在本地文件系统中的路径

例题 16　将 HDFS/tmp/out3 目录中的数据导出到本地/usr/datas/hadoop 目录中。

步骤 1：查看 HDFS 的文件系统/tmp 的目录结构。

查看 HDFS 的文件系统/tmp 的目录结构，以便于确定例题 15 中得出的/out3 目录仍然存在。具体操作命令如下：

```
[root@node2 ~]# hadoop fs -ls /tmp/
```

其中，HDFS 的文件系统/tmp 的目录结构，如图 5-64 所示。共有 6 个目录，其中存在文件目录 out3，此目录为本题目待下载的数据的存储目录。

```
[root@node2 ~]# hadoop  fs  -ls  /tmp/
Found 7 items
drwx------   - root supergroup          0 2022-05-19 14:40 /tmp/hadoop-yarn
drwx-wx-wx   - root supergroup          0 2022-05-12 20:34 /tmp/hive
-rw-r--r--   3 root supergroup        260 2022-08-05 14:23 /tmp/order-info-0323.txt
drwx-wx-wx   - root supergroup          0 2022-08-05 15:03 /tmp/order_info_load_out4
drwx-wx-wx   - root supergroup          0 2022-08-05 16:27 /tmp/out3
drwx-wx-wx   - root supergroup          0 2022-08-05 10:20 /tmp/person-hdfs
drwx-wx-wx   - root supergroup          0 2022-08-05 10:57 /tmp/person.txt
```

图 5-64　查看 HDFS 文件系统/tmp 的目录

查看 HDFS 的文件系统/tmp/out3 的目录结构，以便于确定例题 15 中得出的数据仍然存在。具体操作命令如下：

```
[root@node2 ~]# hadoop fs -ls /tmp/ out3
```

其中，HDFS 的文件系统/tmp/out3 的目录结构如图 5-65 所示。共有 1 个目录，所需数据仍然存在。

```
[root@node2 ~]# hadoop  fs  -ls  /tmp/out3
Found 1 items
-rwx-wx-wx   3 root supergroup       1265 2022-08-05 16:27 /tmp/out3/000000_0
```

图 5-65　查看 HDFS 文件系统/tmp/out3 的目录

步骤 2：下载/tmp/out3 目录中的数据到本地。

再次查看本地文件系统中/usr/datas 的目录结构，结果如图 5-66 所示，具体操作命令如下：

```
[root@node2 ～]# cd /usr/datas
[root@node2 datas]# ll
```

```
[root@node2 ~]# cd /usr/datas
[root@node2 datas]# ll
total 20
-rw-r--r--. 1 root root  100 Aug  4 20:31 add.txt
-rw-r--r--. 1 root root  156 Jun  7 10:32 order-info-0322.txt
-rw-r--r--. 1 root root  260 Jun  7 16:18 order-info-0323.txt
drwxr-xr-x. 2 root root   43 Aug  5 12:38 out1
drwxr-xr-x. 2 root root   43 Aug  5 16:11 out2
drwxr-xr-x. 3 root root   34 Aug  5 18:20 out3
-rw-r--r--. 1 root root 1345 Aug  4 12:07 Person001.csv
-rw-r--r--. 1 root root   61 Aug  4 20:28 wyp.txt
```

图 5-66 查看/usr/datas 的目录

其中，目录/hadoop 不存在，则创建目录/hadoop，使其本地路径为/usr/datas/Hadoop，如图 5-67 所示，具体操作命令如下：

```
[root@node2 datas]# mkdir hadoop
[root@node2 datas]# ll
```

```
[root@node2 datas]# mkdir hadoop
[root@node2 datas]# ll
total 20
-rw-r--r--. 1 root root  100 Aug  4 20:31 add.txt
drwxr-xr-x. 2 root root    6 Aug  5 18:44 hadoop
-rw-r--r--. 1 root root  156 Jun  7 10:32 order-info-0322.txt
-rw-r--r--. 1 root root  260 Jun  7 16:18 order-info-0323.txt
drwxr-xr-x. 2 root root   43 Aug  5 12:38 out1
drwxr-xr-x. 2 root root   43 Aug  5 16:11 out2
drwxr-xr-x. 3 root root   34 Aug  5 18:20 out3
-rw-r--r--. 1 root root 1345 Aug  4 12:07 Person001.csv
-rw-r--r--. 1 root root   61 Aug  4 20:28 wyp.txt
```

图 5-67 再次查看/usr/datas 的目录

然后，利用 Hadoop 命令下载 HDFS 文件系统/tmp/out3 中的数据到本地文件系统/usr/datas/hadoop 中，具体操作命令如下：

```
[root@node2 datas]# hadoop fs -get /tmp/out3 /usr/datas/hadoop
```

步骤 3：验证本地文件系统/usr/datas/hadoop 的数据。

查看本地文件系统中的/usr/datas/hadoop 的目录，结果如图 5-68 所示，由结果可知，/out3 目录中的数据被下载到本地，具体操作命令如下：

```
[root@node2 datas]# cd hadoop
[root@node2 hadoop]# ll
```

```
[root@node2 datas]# cd hadoop
[root@node2 hadoop]# ll
total 0
drwxr-xr-x. 2 root root 22 Aug  5 18:50 out3
```

图 5-68 查看/usr/datas/hadoop 的目录

查看/usr/datas/hadoop 目录中的数据，共有 80 条数据，如图 5-69 和图 5-70 所示，具体操作命令如下：

```
[root@node2 hadoop]# cd out3
[root@node2 out3]# ll
[root@node2 out3]# cat 000000_0
```

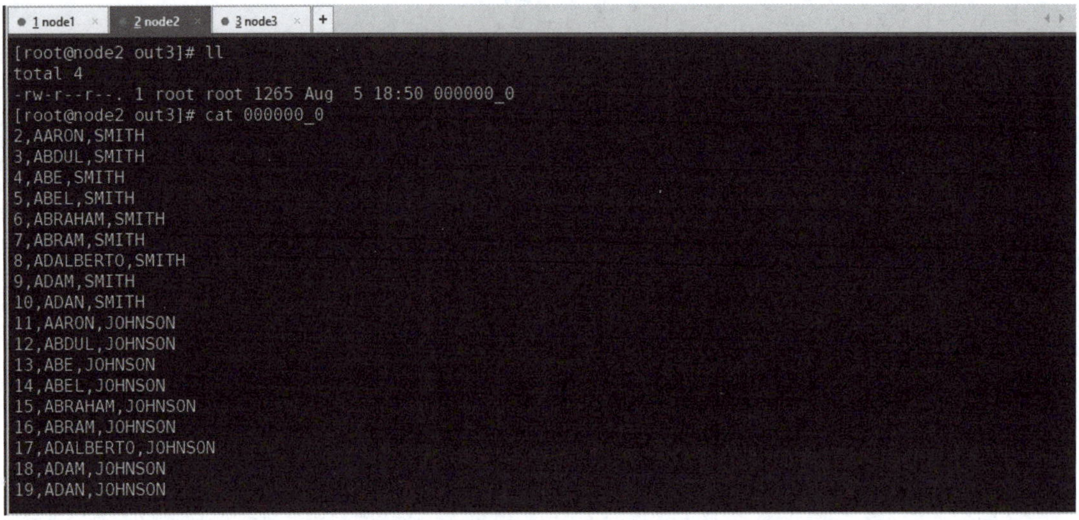

图 5-69　查看/usr/datas/hadoop 的数据一

图 5-70　查看/usr/datas/hadoop 的数据二

使用场景：

此方式应用广泛，在此不再赘述。

3. Hive Shell 命令导出数据

还有一种方式是直接使用 Hive 命令，加入参数-e/-f 来导出到本地文件。

语法格式如下：

```
HIVE -e "sql 语句" > filepath
HIVE -f sql文件> filepath
```

其中，语法解释见表 5-9。

表 5-9　Hive Shell 命令导出的语法解释

语句	解释
HIVE	从 Hive 表中导出数据的关键字
-e -f	从 Hive 表中导出数据的方式
sql 语句 sql 文件	从 Hive 表中导出数据时，查询表中数据的方式
filepath	一般指待下载数据下载后所在本地文件系统中的路径

例题 17 将 order_info_load 表中的数据导出到本地文件目录/usr/datas/hiveshell 中。

步骤 1:查看 order_info_load 表的数据。

查看 order_info_load 表中的数据。具体操作命令如下:

```
SELECT * FROM order_info_load;
```

其中,order_info_load 表中共有 13 条数据,如图 5-71 所示。

```
hive (unit5db)> SELECT  *  FROM order_info_load;
OK
order_info_load.order_id        order_info_load.order_status    order_info_load.create_time     order_inf
o_load.update_time      order_info_load.stat_date
1       待支付  2021-03-22 12:20:11     2021-03-22 12:20:11     20220607
2       待支付  2021-03-22 14:20:11     2021-03-22 14:20:11     20220607
3       待支付  2021-03-22 16:20:11     2021-03-22 16:20:11     20220607
1       待支付  2021-03-22 12:20:11     2021-03-22 12:20:11     20220608
2       已支付  2021-03-23 14:20:11     2021-03-23 14:21:11     20220608
3       已支付  2021-03-23 16:20:11     2021-03-23 16:21:11     20220608
3       待支付  2021-03-23 12:20:11     2021-03-23 12:20:11     20220608
3       待支付  2021-03-23 14:20:11     2021-03-23 14:20:11     20220608
1       待支付  2021-03-22 12:20:11     2021-03-22 12:20:11     20220610
2       已支付  2021-03-23 14:20:11     2021-03-23 14:21:11     20220610
3       已支付  2021-03-23 16:20:11     2021-03-23 16:21:11     20220610
3       待支付  2021-03-23 12:20:11     2021-03-23 12:20:11     20220610
3       待支付  2021-03-23 14:20:11     2021-03-23 14:20:11     20220610
Time taken: 1.09 seconds, Fetched: 13 row(s)
```

图 5-71 查看 order_info_load 表中的数据

步骤 2:创建本地路径/usr/datas/hiveshell。

查看本地文件系统中的目录结构/usr/datas 的目录,具体操作命令如下:

```
[root@node2 ~]# cd /usr/datas
[root@node2 datas]# ll
```

其中,目录/hiveshell 不存在,则创建目录/hiveshell,使其本地路径为/usr/datas/hiveshell,如图 5-72 所示,具体操作命令如下:

```
[root@node2 datas]# mkdir hiveshell
[root@node2 datas]# ll
```

```
[root@node2 datas]# mkdir hiveshell
[root@node2 datas]# ll
total 20
-rw-r--r--. 1 root root  100 Aug  4 20:31 add.txt
drwxr-xr-x. 3 root root   18 Aug  5 18:50 hadoop
drwxr-xr-x. 2 root root    6 Aug  5 19:23 hiveshell
-rw-r--r--. 1 root root  156 Jun  7 10:32 order-info-0322.txt
-rw-r--r--. 1 root root  260 Jun  7 16:18 order-info-0323.txt
-rw-r--r--. 1 root root    0 Aug  5 19:08 order_info_load_out.txt
drwxr-xr-x. 2 root root   43 Aug  5 12:38 out1
drwxr-xr-x. 2 root root   43 Aug  5 16:11 out2
drwxr-xr-x. 3 root root   34 Aug  5 18:20 out3
-rw-r--r--. 1 root root 1345 Aug  4 12:07 Person001.csv
-rw-r--r--. 1 root root   61 Aug  4 20:28 wyp.txt
```

图 5-72 查看/usr/datas 的目录

步骤 3:验证本地路径/usr/datas/hiveshell 中的数据。

利用 Hive Shell 中的"-e"命令,导出查询数据到本地/usr/datas/hiveshell 目录中,具体操作命令如下:

```
[root@node2 datas]# hive -e 'SELECT * FROM unit5db.order_info_load;'
/usr/datas/hiveshell/order_info_load_out.txt
```

然后,进入本地目录/usr/datas/hiveshell,查看/order_info_load_out.txt 是否存在,且查看/order_info_load_out.txt 文件中的数据,如图 5-73 所示,具体操作命令如下:

```
[root@node2 datas]# cd hiveshell
[root@node2 hiveshell]# ll
[root@node2 hiveshell]# cat order_info_load_out.txt
```

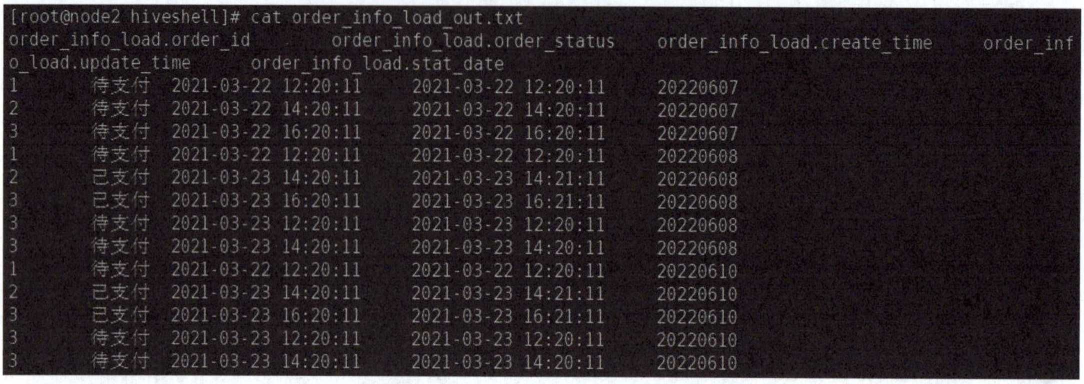

```
[root@node2 hiveshell]# cat order_info_load_out.txt
order_info_load.order_id        order_info_load.order_status     order_info_load.create_time     order_inf
o_load.update_time        order_info_load.stat_date
1      待支付  2021-03-22 12:20:11     2021-03-22 12:20:11     20220607
2      待支付  2021-03-22 14:20:11     2021-03-22 14:20:11     20220607
3      待支付  2021-03-22 16:20:11     2021-03-22 16:20:11     20220607
1      待支付  2021-03-22 12:20:11     2021-03-22 12:20:11     20220608
2      已支付  2021-03-23 14:20:11     2021-03-23 14:21:11     20220608
3      已支付  2021-03-23 16:20:11     2021-03-23 16:21:11     20220608
3      待支付  2021-03-23 12:20:11     2021-03-23 12:20:11     20220608
3      待支付  2021-03-23 14:20:11     2021-03-23 14:20:11     20220608
1      待支付  2021-03-22 12:20:11     2021-03-22 12:20:11     20220610
2      已支付  2021-03-23 14:20:11     2021-03-23 14:21:11     20220610
3      已支付  2021-03-23 16:20:11     2021-03-23 16:21:11     20220610
3      待支付  2021-03-23 12:20:11     2021-03-23 12:20:11     20220610
3      待支付  2021-03-23 14:20:11     2021-03-23 14:20:11     20220610
```

图 5-73　查看/usr/datas/hiveshell 中的数据

适用场景：

(1)这种方式导出数据时不会启动 MapReduce 任务，适用于数据量较少的情况。

(2)此方式支持指定导出的文件名，导出的结果只能存放到本地，且只生成一个文件，所以适用于将 Hive 数据导出到本地的某个文件中的场景。

(3)不支持指定导出文件的分割符。

4. Export 语句导出数据

如前所述，这种导出数据的方式一般先用 Export 将数据导出后，再将数据使用 Import 导入。Export 和 Import 主要用于两个 Hadoop 平台集群之间 Hive 表的迁移。

语法格式如下：

```
EXPORT TABLE tablename TO 'filepath';
```

其中，语法解释见表 5-10。

表 5-10　Export 导出 Hive 表中数据的语法解释

语句	解释
EXPORT TABLE	从 Hive 表中导出数据的关键字
tablename	目标表，装载数据时的表名
TO	从 Hive 表中导出数据的关键字
'filepath'	源表或者包含数据的文件所在文件系统中的位置； 加载数据时的文件路径，可以是相对路径，也可以是绝对路径； 相对路径：例如 project/data1。加载方式和路径的完整 URL，例如 file:///user/hive/project/data1； 绝对路径：例如/user/hive/project/data1。加载方式和路径的完整 URL，例如 hdfs://namenode:9000/user/hive/project/data1

例题 18　将表 order_info_load 中的数据导出到 HDFS 文件系统中的/tmp/order_info_load_out5 中。

步骤 1：查看 HDFS 文件系统中/tmp 的目录结构。

查看 HDFS 文件系统中/tmp 的目录结构，如图 5-74 所示，其中没有/tmp/order_info_load_out5 目录。具体操作命令如下：

```
[root@node2~]# hadoop fs -ls /tmp/
```

```
[root@node2 hiveshell]# hadoop  fs  -ls  /tmp/
Found 7 items
drwx------   - root supergroup          0 2022-05-19 14:40 /tmp/hadoop-yarn
drwx-wx-wx   - root supergroup          0 2022-05-12 20:34 /tmp/hive
-rw-r--r--   3 root supergroup        260 2022-08-05 14:23 /tmp/order-info-0323.txt
drwx-wx-wx   - root supergroup          0 2022-08-05 15:03 /tmp/order_info_load_out4
drwx-wx-wx   - root supergroup          0 2022-08-05 16:27 /tmp/out3
drwx-wx-wx   - root supergroup          0 2022-08-05 10:20 /tmp/person-hdfs
drwx-wx-wx   - root supergroup          0 2022-08-05 10:57 /tmp/person.txt
```

图 5-74　查看 HDFS 文件系统中/tmp 目录的结构

步骤 2:将文件导出到 HDFS 相应目录中。

首先,将文件导出到相应的目录中,本题目中所使用目录为 HDFS 上的文件系统/tmp/order_info_load_out5 目录。具体操作命令如下:

```
EXPORT TABLE order_info_load to '/tmp/order_info_load_out5';
```

步骤 3:再次查看 HDFS 文件系统中/tmp 的目录结构。

执行导出命令之后,再次查看 HDFS 文件系统中/tmp 的目录结构,如图 5-75 所示。具体操作命令如下:

```
[root@node2~]# hadoop fs -ls /tmp/
```

由结果可知,其中/tmp/order_info_load_out5 已经存在。说明该目录是在导出操作执行时自动生成的。

```
[root@node2 hiveshell]# hadoop  fs  -ls  /tmp/
Found 8 items
drwx------   - root supergroup          0 2022-05-19 14:40 /tmp/hadoop-yarn
drwx-wx-wx   - root supergroup          0 2022-05-12 20:34 /tmp/hive
-rw-r--r--   3 root supergroup        260 2022-08-05 14:23 /tmp/order-info-0323.txt
drwx-wx-wx   - root supergroup          0 2022-08-05 15:03 /tmp/order_info_load_out4
drwx-wx-wx   - root supergroup          0 2022-08-05 20:02 /tmp/order_info_load_out5
drwx-wx-wx   - root supergroup          0 2022-08-05 16:27 /tmp/out3
drwx-wx-wx   - root supergroup          0 2022-08-05 10:20 /tmp/person-hdfs
drwx-wx-wx   - root supergroup          0 2022-08-05 10:57 /tmp/person.txt
```

图 5-75　再次查看 HDFS 文件系统中/tmp 目录的结构

步骤 4:验证 HDFS 文件系统中/tmp/order_info_load_out5 的目录内容。

验证 HDFS 文件系统中/tmp/order_info_load_out5 的目录内容,此处可以使用 HDFS 命令进行验证,如图 5-76 所示,目录中存在内容。具体操作命令如下:

```
[root@node2~]# hadoop fs -ls /tmp/order_info_load_out5
```

```
[root@node2 hiveshell]# hadoop  fs  -ls  /tmp/order_info_load_out5
Found 4 items
-rwx-wx-wx   3 root supergroup       5654 2022-08-05 20:02 /tmp/order_info_load_out5/_metadata
drwx-wx-wx   - root supergroup          0 2022-08-05 20:02 /tmp/order_info_load_out5/stat_date=20220607
drwx-wx-wx   - root supergroup          0 2022-08-05 20:02 /tmp/order_info_load_out5/stat_date=20220608
drwx-wx-wx   - root supergroup          0 2022-08-05 20:02 /tmp/order_info_load_out5/stat_date=20220610
```

图 5-76　查看 HDFS 文件系统中/tmp/order_info_load_out5 目录的结构

如果该题目中读者需要验证/tmp/order_info_load_out5 中的具体数据,请参照例题 11 的方法,将 HDFS 文件系统中/tmp/order_info_load_out5 的数据下载到本地文件系统,然后利用 Linux 的相关命令打开文件,进行进一步验证即可。因为本题目旨在说明 Export 的导出功能,故而验证过程没有采用该方法,请感兴趣的读者自行验证。

适用场景:

这种方式只能导出数据到 HDFS 上,但是导出的速度比较快,因此适用于 Hive 数据的批量迁移。

项目小结

我们在本项目中首先学习了 Hive 生态系统中加载数据到表中的六种方式。其中，重点介绍了通过 Load 加载数据、通过查询加载数据、查询语句中创建表并加载数据等三种方式；然后，本项目还详细介绍了 Hive 生态系统中导出数据的四种方式。其中，Insert 导出、Hadoop 命令导出、Export 命令导出等三种方式进行了重点说明。在本项目中，不仅理解和掌握 Hive 生态系统中加载数据到表中的几种方式，同时理解和掌握 Hive 生态系统中导出数据的几种方式，是日常生活中应用 Hive 解决实际问题的重要基础。

思政小课堂

“中国制造”若要走出亚洲，走向世界，靠的就是技术型人才的努力和付出。在追求卓越品质的今天，我们希望各行各业涌现出更多的“大国工匠”，这些“大国工匠”不仅能干一行爱一行，而且能干一行精一行。相信，在不久的将来，我国绝大多数劳动者，都能在“大国工匠”的引领下，共同实现伟大的中国梦。

课后练习

1. Hive 中向表加载数据有哪几种方式？
2. Hive 生态系统中导出数据有哪几种方式？
3. 将本项目中所有涉及 Hive 的操作命令，在本地进行实操练习。

项目 6 Hive 数据查询

知识目标

1. 掌握全表查询和特定列查询。
2. 掌握 Hive 数据库条件查询语句。
3. 掌握 Hive 数据库分组操作。
4. 掌握 Hive 数据库 Join 语句的使用。
5. 掌握 Hive 数据库全局排序。
6. 掌握 Hive 数据库针对大样本数据集的抽样查询。

技能目标

1. 能完成基本的全局表查询和特定列查询。
2. 能使用 WHERE 语句，根据给定的条件进行查询。
3. 能使用 GROUP BY 语句，对数据表进行分组查询。
4. 能使用 Join 语句，将不同数据表的数据进行合并的操作。
5. 能按照别名排序、多个列排序、每个 Reduce 内部排序(SORT BY)进行全局排序。
6. 能灵活运用 SELECT 句式实现随机抽样查询、分桶表抽样查询和数据块抽样查询操作。

素质目标

1. 通过 Hive 数据查询的学习过程培养探究精神和自我学习能力。
2. 培养创新精神、创业意识。
3. 培养良好的职业道德和社会责任感。

数据查询语言(Data Query Language,DQL)是用于从数据库中查询数据的计算机语言。在 Hive 中可以通过 HiveQL 语言查询数据，结果会存储在结果集中。本项目将详细讲解 Hive 数据查询语言的相关操作。

任务 6.1 Hive 基本查询

6.1.1 任务描述

本书采用 Linux 作为 Hive 的运行环境。通过本任务将学会 Hive 基本查询、列的别名和 Limit 语句。

6.1.2 任务准备知识

1. SELECT 句式

SELECT 子句的语法格式如下：

```
SELECT [ALL|DISTINCT]<目标表达式>[,<目标表达式>][,...]
FROM<表或视图名> [,<表或视图名>][,...][LIMIT n1[,n2]];
```

说明：

(1)ALL：指定表示结果集的所有行，包括重复行，ALL 是默认选项。

(2)DISTINCT：指定在结果集显示唯一行，用于消除重复行，空值被认为相等。ALL 与 DISTINCT 不能同时使用。

(3)LIMIT n1：表示返回最前面的 n1 行数据，n1 表示返回的行数。

(4)LIMIT n1，n2：表示从 n1 行开始，返回 n2 行数据。初始行从 0 开始。n1、n2 必须是非负的整型常量。

(5)目标表达式为结果集要查询的特定表中的列，可以是星号(*)、表达式、列表、变量等。其中，星号(*)用于返回表或视图的所有列，列表用“表名.列名”来表示，如 student.S_id。若只有一个表或多个表中没有相同的列时，表名可以省略。

2. 使用 FROM 子句进行查询

使用 SELECT 语句进行查询时，FROM 子句用来指定从中查询的数据表或视图。

FROM 子句的语法格式如下：

```
FROM<表或视图名> [,<表或视图名>][,...];
```

使用 FROM 子句可以给出查询的数据源，可以是一个表或视图，也可以是多个表或视图。FROM 子句必须紧跟在 WHERE 子句后面。

6.1.3 任务实施

1. 全表和特定列查询

步骤 1：创建 dept 表，表中为各个学院的信息，见表 6-1。

表 6-1 dept 表中数据

deptid	dname	buildingsid
101	信息学院	1011
102	商贸学院	1012
103	城建学院	1013
104	轨道学院	1014
105	健康学院	1015

步骤 2:在命令窗口编写语句查询 dept 表的所有数据,称为全表查询,如图 6-1 所示。

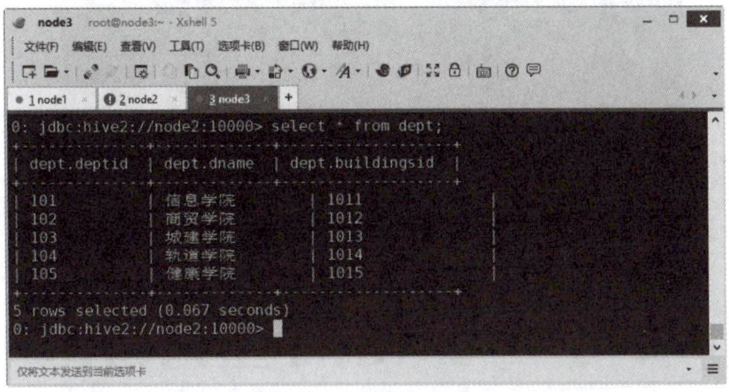

图 6-1 全表查询

步骤 3:在命令窗口编写语句查询表中一个或多个字段,称为特定列查询,如图 6-2 所示。

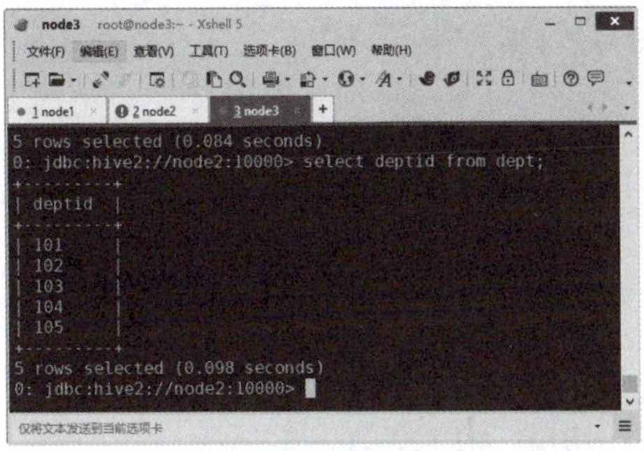

图 6-2 特定列查询

2. 列的别名

为了方便使用者分析数据,Hive 查询时可以对字段名进行自定义重命名,称为列的别名。列的别名在列名之后,也可以在列名和列的别名之间加入关键字 AS。列的别名仅在当前查询语句下有效,不会更改数据表中实际的列名。

在命令窗口编写语句查询 dept 表列的别名,如图 6-3 所示。

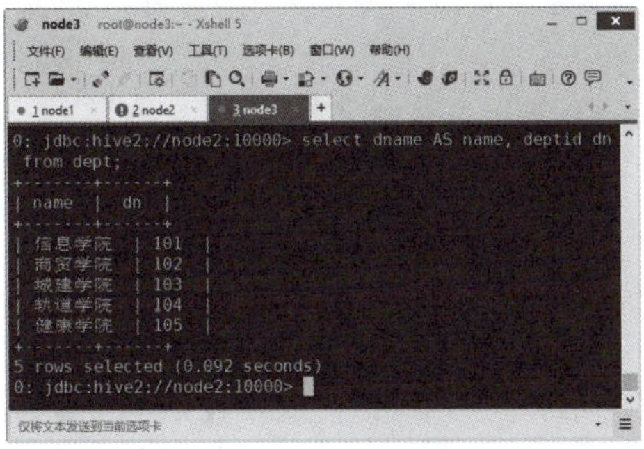

图 6-3 列的别名查询

3. LIMIT 语句

Hive 查询时会返回符合条件的一行或多行数据，LIMIT 语句可以限制和设定返回的数据记录的行数。

在命令窗口编写语句进行 dept 表 LIMIT 语句的查询，如图 6-4 所示。

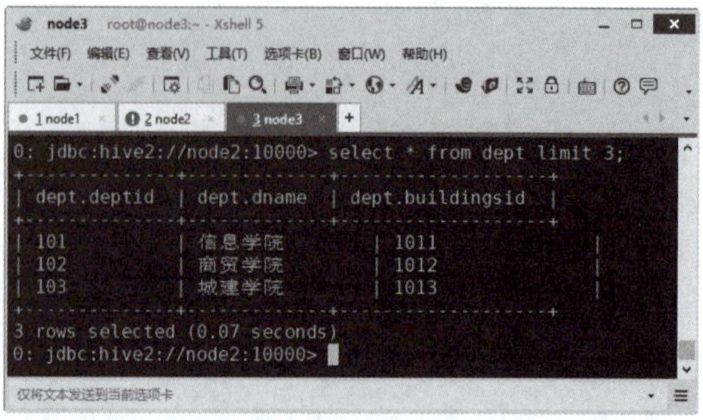

图 6-4　LIMIT 语句查询

任务 6.2　条件查询语句

6.2.1　任务描述

本书采用 Linux 作为 Hive 的运行环境。本任务将学会 Hive 的条件查询 WHERE 语句的使用，其中包括比较运算符、LIKE 和 RLIKE 的使用。

6.2.2　任务准备知识

1. WHERE 语句

SELECT 语句用于选取字段，WHERE 语句用于过滤条件，两者结合使用可以查找到符合过滤条件的记录。WHERE 语句使用谓词表达式。有几种谓词表达式可以使用 AND 和 OR 相连接。当谓词表达式计算结果为 true 时，相应的行将被保留并输出。

WHERE 语句的作用是在对查询结果进行分组前，将不符合 WHERE 条件的记录去掉，即在分组之前过滤数据，条件中不能包含聚合函数，可以使用 WHERE 条件显示特定的记录。

2. LIKE 语句

(1)语法格式

```
A LIKE B
```

其中，A 是 Hive 表中的字段名称，B 是表达式，表示能否用 B 去完全匹配 A 的内容。返回的结果是 true 或 false。

B 只能使用简单匹配符“_”和“%”，字符“_”表示任意单个字符，字符“%”表示任意数量的字符。LIKE 的匹配是按字符逐一匹配的，使用 B 从 A 的第一个字符开始匹配，所以即使有一个字符不同，都不能完全匹配。

（2）使用说明

若 A 或者 B 为 NULL，则返回 NULL；若 A 符合表达式 B 的正则语法，则为 true，否则为 false。特别要注意的是 NULL 值的匹配，返回的结果不是 false 和 true，而是 NULL，事实上除了 IS NULL、IS NOT NULL，其他的关系运算符只要碰到 NULL 值出现，结果都返回 NULL，而不是 true 或 false。

例如，'department' LIKE 'depart'的值为 false；'department ' LIKE 'depart _'的值为 true；'department ' LIKE 'depart %'的值为 true。要转义%，则使用"\"。如果数据包含分号，若想匹配它，则需要转义，如'a\;b'。

3. RLIKE 语句

（1）语法格式

```
A RLIKE B
```

表示 B 是否在 A 里面。而 A LIKE B，则表示 B 是否是 A。B 中的表达式可以使用 Java 中的全部正则表达式，具体正则规则读者可参考 Java 或者其他标准正则语法。

（2）使用说明

如果字符串 A 或者字符串 B 为 NULL，则返回 NULL；如果 A 符合 Java 正则表达式 B 的正则语法，则为 true，否则为 false。

与 LIKE 的用法一样，Not A RLIKE B 是对 RLIKE 的否定。不过首先要确定不会出现 NULL 问题，NULL 值除外，NULL 的结果都是 NULL 值。

RLIKE 功能和 LIKE 功能大致一样，LIKE 的后面只支持简单表达式匹配（如_、%），而 RLIKE 则支持标准正则表达式语法，其功能更加强大。所有的 LIKE 匹配都可以被替换成 RLIKE；反之，则不可以。但是需要注意的是，LIKE 是从头逐一字符匹配的，是全部匹配，但 RLIKE 则不是，可以从任意部位匹配，而且不是全部匹配。

6.2.3 任务实施

在学习 LIKE 和 RLIKE 的实施方式之前，我们先看一下较为简单的 WHERE 语句的实施方法以及数据表的准备工作。

步骤 1：创建 emp 表，表中为各学生的信息，见表 6-2。

表 6-2 emp 表中数据

empid	ename	gender	bday	area	score	deptid	scholarship
20200101	朱国红	男	1998-12-10	上海	98	101	2000
20200102	姚连名	男	1999-11-17	沈阳	51	101	
20200103	汪家辉	男	2000-02-04	沈阳	59	101	
20200104	刘艺	女	1999-07-01	大连	89	101	
20200201	杨利	女	1999-07-20	上海	86	102	1000
20200202	王梦如	女	1998-01-24	杭州	97	102	2000
20200203	张汪宇	男	2000-01-29	北京	79	102	

（续表）

empid	ename	gender	bday	area	score	deptid	scholarship
20200204	胡雨婷	女	1999-06-24	北京	96	102	1500
20200301	张旭	男	1998-01-18	沈阳	87	103	1000
20200302	孙柳	女	1996-04-30	上海	56	103	3000
20200303	邵亚婷	女	1999-04-25	杭州	86	103	1000
20200304	张辉	男	1999-05-16	北京	92	103	1500
20200401	黄建设	男	2000-11-20	北京	78	104	
20200402	杨一瑾	女	2000-06-12	大连	88	104	1000
20200403	刘安琪	男	1999-08-08	上海	65	104	
20200404	沈大鹏	男	1998-01-27	北京	90	104	1500
20200501	李健青	男	1998-03-21	上海	78	105	
20200502	刘俊	男	1998-08-01	上海	57	105	
20200503	张一言	男	1999-02-18	北京	75	105	
20200504	骆尚荣	男	1997-07-26	重庆	86	105	1000

步骤 2：在命令窗口编写语句查询 emp 表中成绩为 90 分的学生信息，如图 6-5 所示。

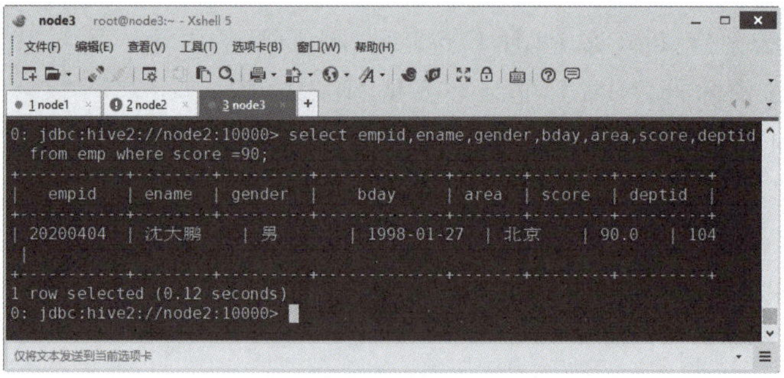

图 6-5　查询成绩为 90 分的学生信息

条件查询语句

步骤 3：在命令窗口编写语句查询 emp 表中成绩为 70～80 分的学生信息，如图 6-6 所示。

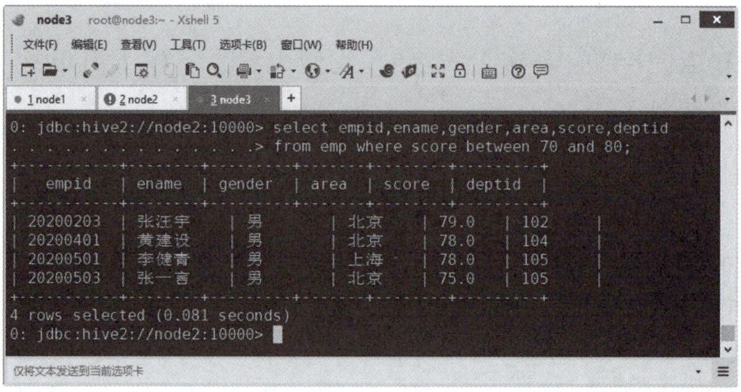

图 6-6　查询成绩为 70～80 分的学生信息

步骤 4：在命令窗口编写语句查询 emp 表中获得到奖学金的学生（即 scholarship 字段值不为空）信息，如图 6-7 所示。

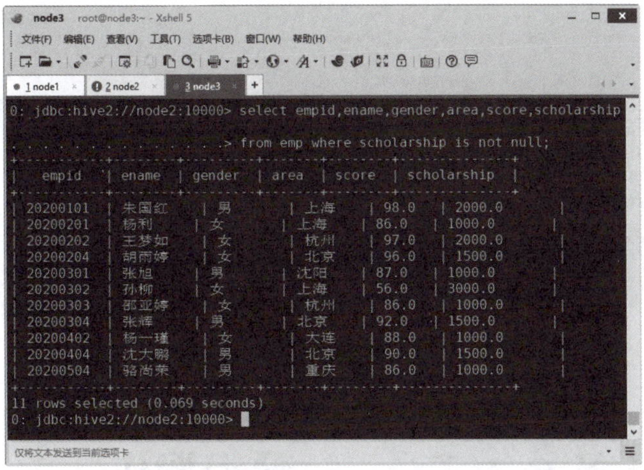

```
0: jdbc:hive2://node2:10000> select empid,ename,gender,area,score,scholarship
. . . . . . . . . . . . . .> from emp where scholarship is not null;
+-----------+--------+---------+-------+--------+--------------+
|   empid   | ename  | gender  | area  | score  | scholarship  |
+-----------+--------+---------+-------+--------+--------------+
| 20200101  | 朱国红 | 男      | 上海  | 98.0   | 2000.0       |
| 20200201  | 杨利   | 女      | 上海  | 86.0   | 1000.0       |
| 20200202  | 王梦如 | 女      | 杭州  | 97.0   | 2000.0       |
| 20200204  | 胡雨婷 | 女      | 北京  | 96.0   | 1500.0       |
| 20200301  | 张旭   | 男      | 沈阳  | 87.0   | 1000.0       |
| 20200302  | 孙柳   | 女      | 上海  | 56.0   | 3000.0       |
| 20200303  | 邵亚婷 | 女      | 杭州  | 86.0   | 1000.0       |
| 20200304  | 张祥   | 男      | 北京  | 92.0   | 1500.0       |
| 20200402  | 杨一瑾 | 女      | 大连  | 88.0   | 1000.0       |
| 20200404  | 沈大卿 | 男      | 北京  | 90.0   | 1500.0       |
| 20200504  | 骆尚荣 | 男      | 重庆  | 86.0   | 1000.0       |
+-----------+--------+---------+-------+--------+--------------+
11 rows selected (0.069 seconds)
0: jdbc:hive2://node2:10000>
```

图 6-7　查询获得奖学金的学生信息

1. LIKE 的使用

根据在前面所学的 LIKE 语句的使用方法，我们可以很轻松地进行 LIKE 语句查询。在命令窗口编写语句查询 emp 表中成绩以 7 开头的学生信息，如图 6-8 所示。

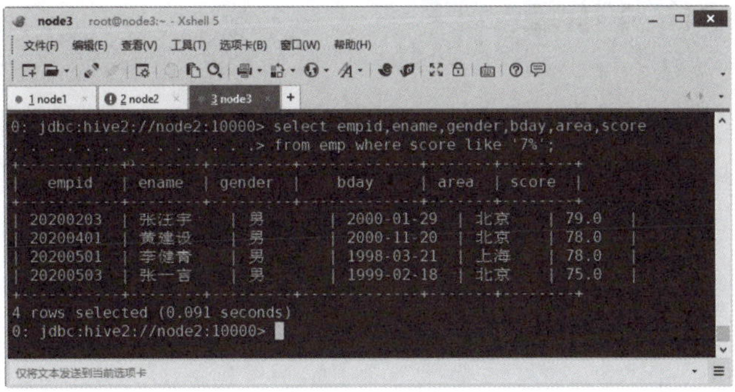

```
0: jdbc:hive2://node2:10000> select empid,ename,gender,bday,area,score
. . . . . . . . . . . . . .> from emp where score like '7%';
+-----------+--------+---------+-------------+-------+--------+
|   empid   | ename  | gender  |    bday     | area  | score  |
+-----------+--------+---------+-------------+-------+--------+
| 20200203  | 张汪宇 | 男      | 2000-01-29  | 北京  | 79.0   |
| 20200401  | 黄建设 | 男      | 2000-11-20  | 北京  | 78.0   |
| 20200501  | 李健青 | 男      | 1998-03-21  | 上海  | 78.0   |
| 20200503  | 张一言 | 男      | 1999-02-18  | 北京  | 75.0   |
+-----------+--------+---------+-------------+-------+--------+
4 rows selected (0.091 seconds)
0: jdbc:hive2://node2:10000>
```

图 6-8　查询成绩以 7 开头的学生信息

在命令窗口编写语句查询 emp 表中成绩的第二个数值为 6 的学生信息，如图 6-9 所示。

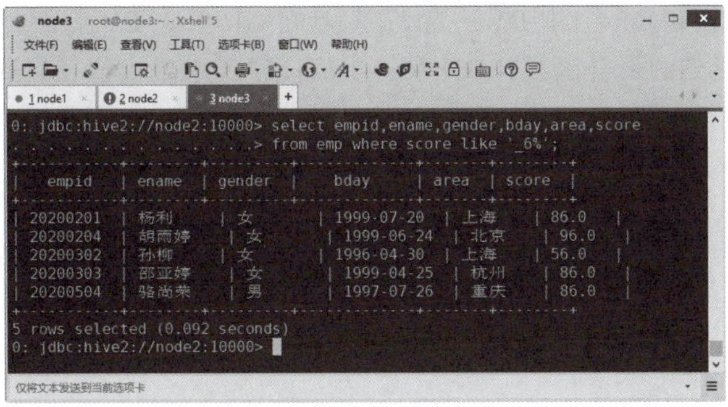

```
0: jdbc:hive2://node2:10000> select empid,ename,gender,bday,area,score
. . . . . . . . . . . . . .> from emp where score like '_6%';
+-----------+--------+---------+-------------+-------+--------+
|   empid   | ename  | gender  |    bday     | area  | score  |
+-----------+--------+---------+-------------+-------+--------+
| 20200201  | 杨利   | 女      | 1999-07-20  | 上海  | 86.0   |
| 20200204  | 胡雨婷 | 女      | 1999-06-24  | 北京  | 96.0   |
| 20200302  | 孙柳   | 女      | 1996-04-30  | 上海  | 56.0   |
| 20200303  | 邵亚婷 | 女      | 1999-04-25  | 杭州  | 86.0   |
| 20200504  | 骆尚荣 | 男      | 1997-07-26  | 重庆  | 86.0   |
+-----------+--------+---------+-------------+-------+--------+
5 rows selected (0.092 seconds)
0: jdbc:hive2://node2:10000>
```

图 6-9　查询成绩的第二个数值为 6 的学生信息

2. RLIKE 的使用

根据在前面所学的 RLIKE 语句的使用方法，我们也可以很轻松地进行 RLIKE 语句查询。在命令窗口编写语句查询 emp 表中生日含有 5 的学生信息，如图 6-10 所示。

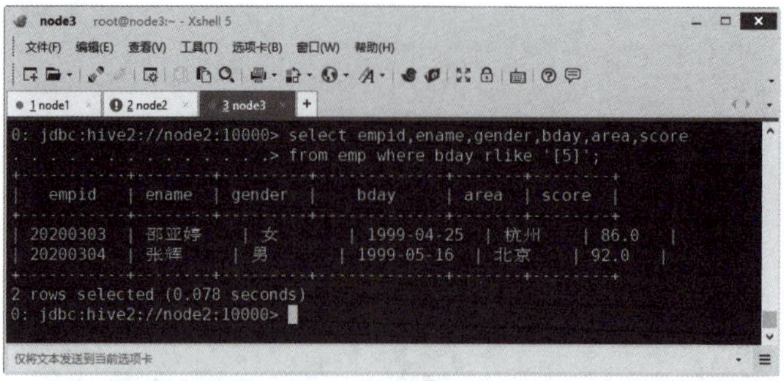

图 6-10　查询生日中含有 5 的学生信息

任务 6.3　分组操作

6.3.1　任务描述

本书采用 Linux 作为 Hive 的运行环境。本任务将学会 Hive 的分组操作的使用，其中包括 GROUP BY 语句以及 HAVING 语句的使用。

6.3.2　任务准备知识

1. 满足“SELECT 子句中的列名必须为分组列或列函数”，因为 SELECT 有 GROUP BY 中包含的列。

2. HAVING 必须和 GROUP BY 一起使用，且在 GROUP BY 后面。

3. 分组函数常用到的聚合函数：MIN 求最小值；MAX 求最大值；SUM 求和；AVG 求平均值；COUNT 计数。

6.3.3　任务实施

1. GROUP BY 语句

GROUP BY 语句通常和聚合函数一起使用，按照一个或者多个字段进行分组，然后对每个组执行聚合操作。在命令窗口编写语句查询 emp 表中每个学院的平均成绩，如图 6-11 所示。

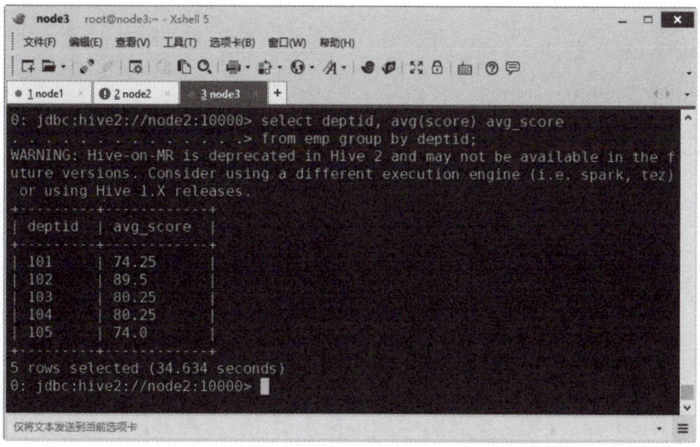

图 6-11 查询每个学院的平均成绩

在命令窗口编写语句查询 emp 表中每个学院的不同性别的最高成绩，如图 6-12 所示。

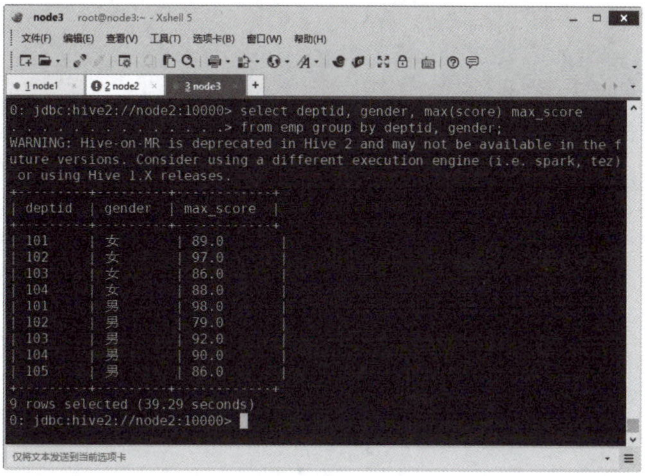

图 6-12 查询每个学院不同性别学生的最高成绩

2. HAVING 语句

根据前面所学的 HAVING 语句的特点，HAVING 语句在 GROUP BY 语句之后，HQL 会在分组之后计算 HAVING 语句，查询结果中只返回满足 HAVING 条件的结果。

在命令窗口编写语句查询 emp 表中平均成绩优秀（即大于 85 分）的学院，如图 6-13 所示。

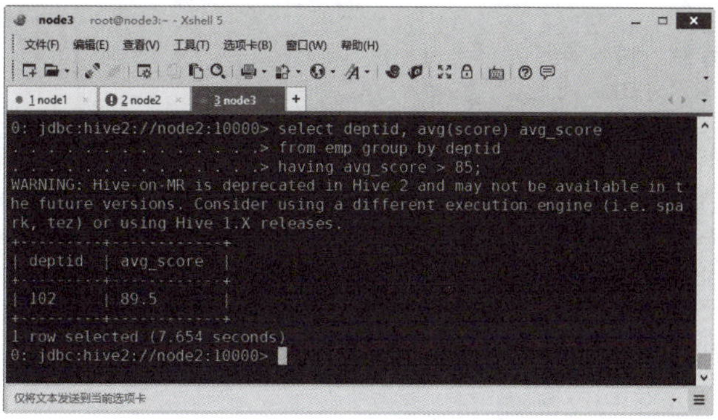

图 6-13 查询平均成绩优秀的学院

任务 6.4　连接语句

连接语句

6.4.1　任务描述

本书采用 Linux 作为 Hive 的运行环境。本任务将学习 Hive 连接语句(Join)的使用，其中包括等值连接、表的别名、内连接、左外连接、右外连接、满外连接、左半连接、多表连接和笛卡儿积连接的使用。

6.4.2　任务准备知识

Hive 只支持等值连接、内连接、外连接和左半连接以及多表连接，不支持非相等的 Join 条件(通过其他方式实现，如 Left Outer Join)，因为很难在 MapReduce 中实现这样的条件。并且，Hive 可以 Join 两个以上的表。接下来将在任务实施中来学习 Join 语句的具体使用。

6.4.3　任务实施

1. 等值连接

连接语句通过相同的值组合来自两个表的字段，以获取两个或更多的表组合的数据记录。值得注意的是，Hive 支持通常的 SQL Join 语句，但是只支持等值连接，不支持非等值连接。

在命令窗口编写语句，根据 dept 表和 emp 表中的学院编号相等，查询学生学号、姓名、所在学院、学院编号，查询语句如图 6-14 所示，查询结果如图 6-15 所示。

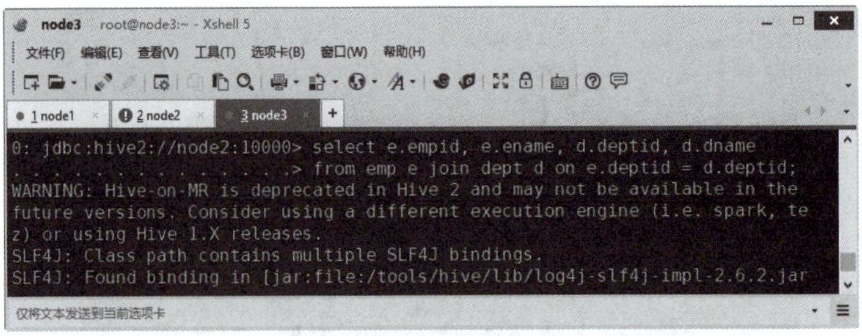

图 6-14　等值连接查询语句

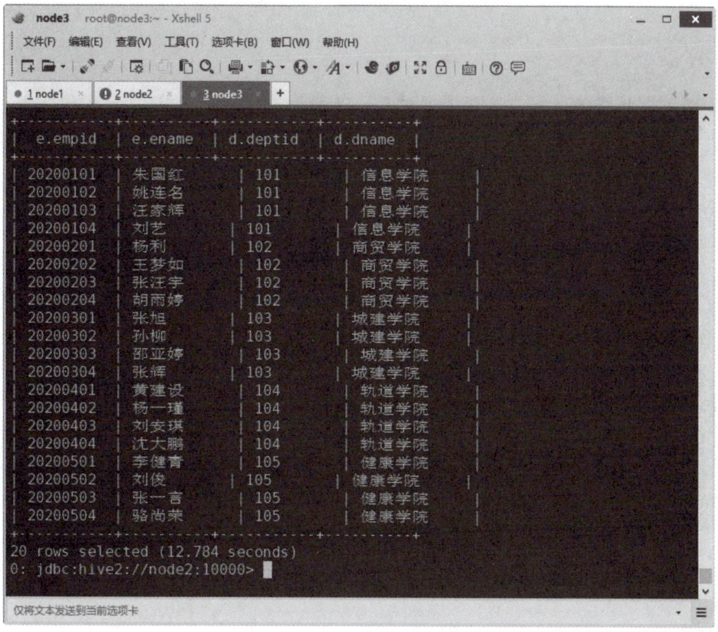

图 6-15 等值连接查询结果

2. 表的别名

在前面的学习中,我们学会了列的别名查询。现在,我们可以使用表的别名来简化查询,以提高执行效率。在命令窗口编写查询语句,合并 dept 表和 emp 表,查询语句如图 6-16 所示。

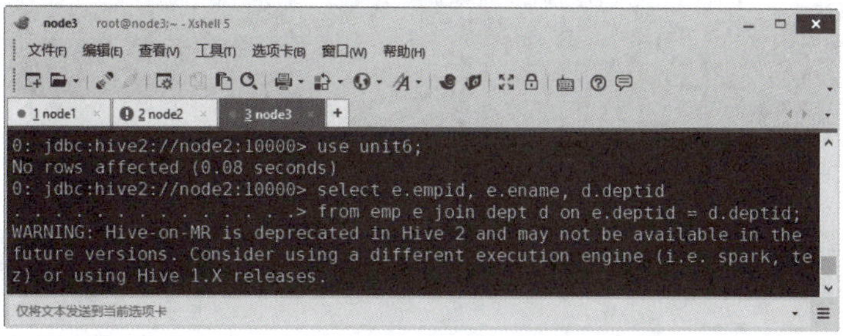

图 6-16 表的别名查询

3. 内连接

内连接只连接两个表中都存在的与连接条件相匹配的数据。内连接通过关键字 Inner Join 标识。在命令窗口编写查询语句,如图 6-17 所示,查询结果如图 6-18 所示。

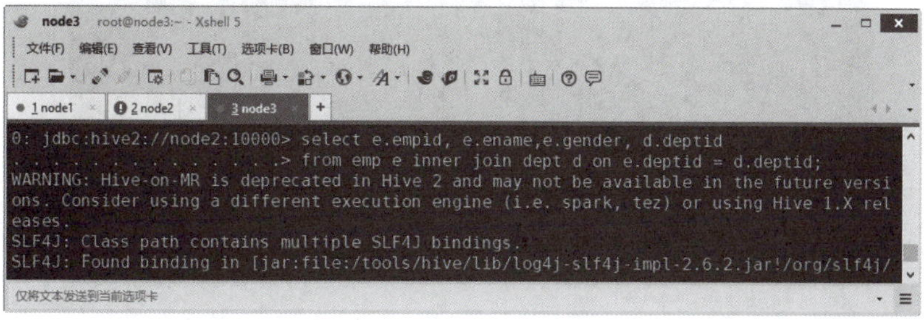

图 6-17 内连接查询语句

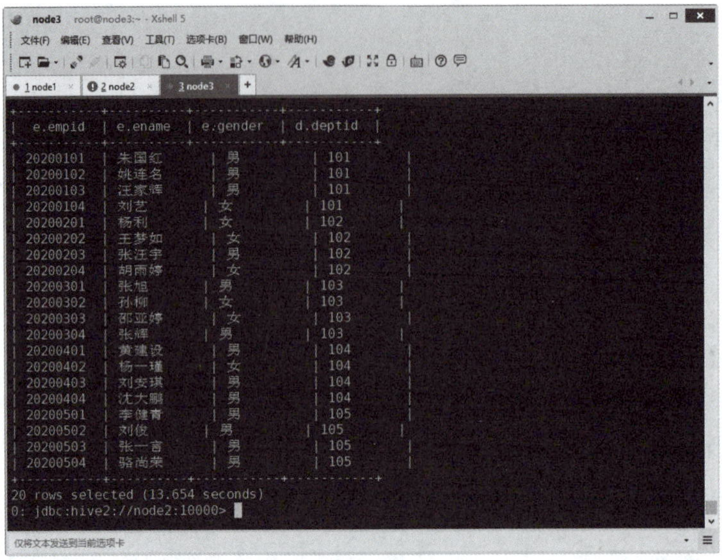

图 6-18　内连接查询结果

4. 左外连接

左外连接是指返回 Join 操作符左边表中符合 WHERE 语句的所有数据记录。左外连接通过关键字 Left Outer Join 标识，在命令窗口编写查询语句，如图 6-19 所示，查询结果如图 6-20 所示。

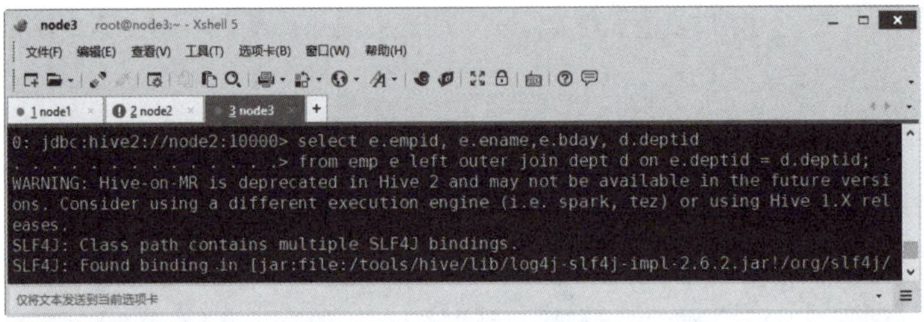

图 6-19　左外连接查询语句

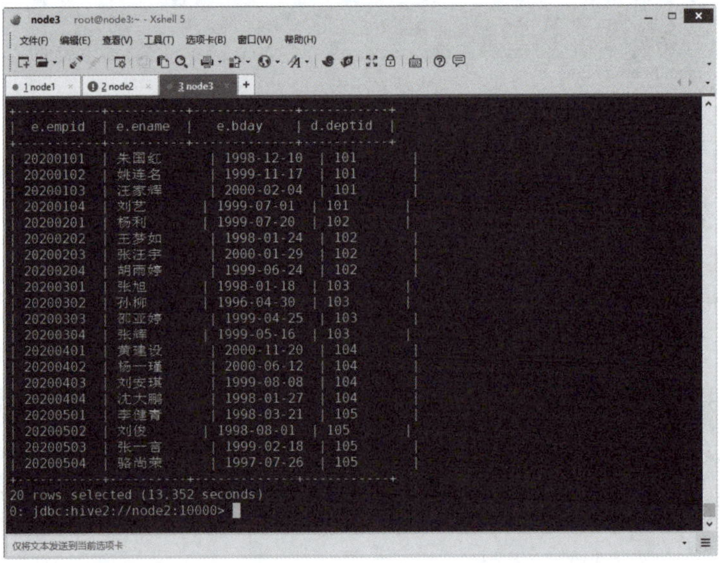

图 6-20　左外连接查询结果

5. 右外连接

右外连接是指返回 Join 操作符右边表中符合 WHERE 语句的所有数据记录。右外连接通过关键字 Right Outer Join 标识。特别注意的是，WHERE 语句在连接操作执行后才会执行，所以 WHERE 语句只用于过滤非 NULL 的列值，并且 On 语句中的分区过滤条件在外连接(Outer Join)中是无效的，但是在内连接中是有效的。若要在连接之前避免使用 On 语句条件和 WHERE 语句条件来过滤数据，可以使用嵌套查询。在命令窗口编写查询语句，如图 6-21 所示，查询结果如图 6-22 所示。

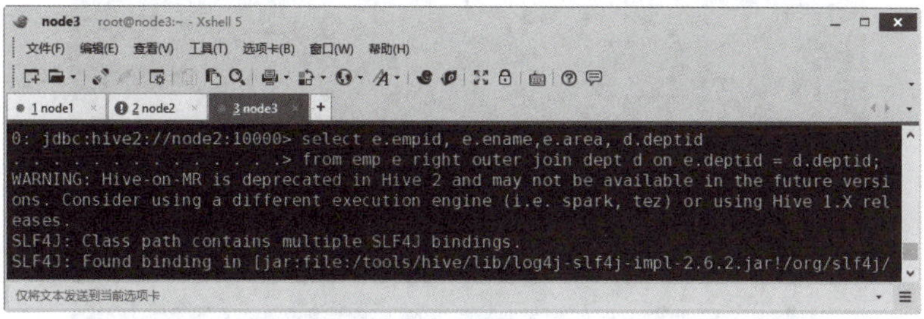

图 6-21 右外连接查询语句

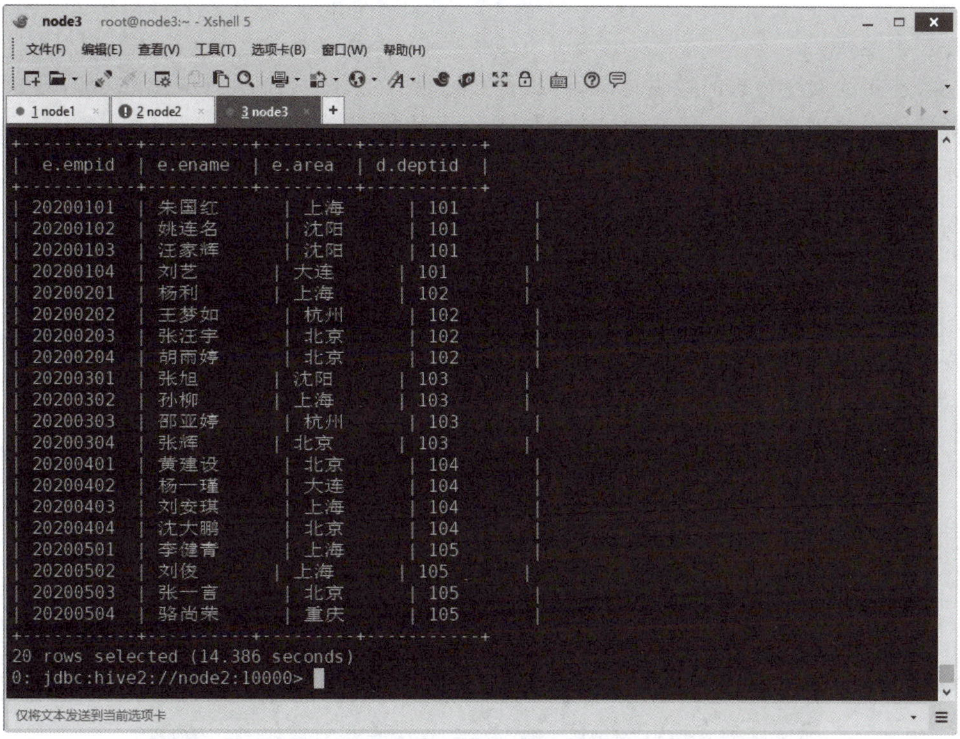

图 6-22 右外连接查询结果

6. 满外连接

满外连接将返回所有表中符合 WHERE 语句条件的数据记录。如果任一表的指定字段没有符合条件，则使用 NULL 替代。满外连接通过关键字 Full Outer Join 标识。在命令窗口编写语句查询满外连接，如图 6-23 所示。

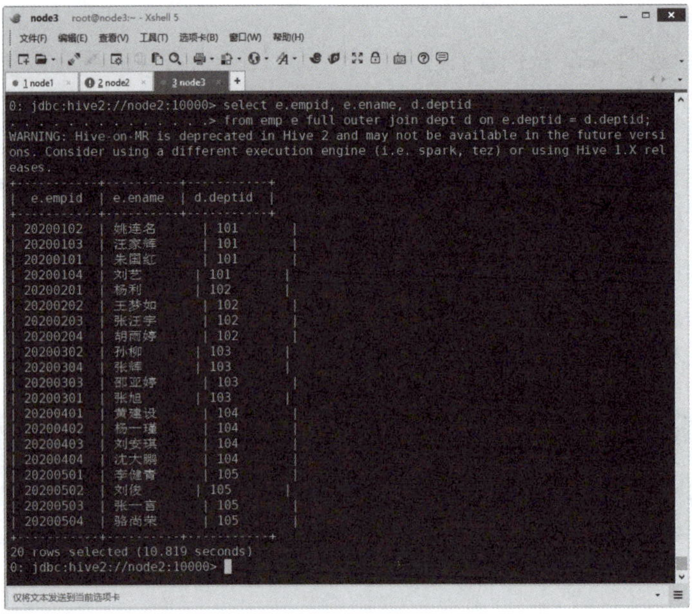

图 6-23　满外连接查询及查询结果

7. 左半连接

左半连接返回左边表的数据记录，前提是其记录对于右边表满足 On 语句中的判断条件。对于常见的内连接来说，这是一种特殊的、优化了的情况。左半连接通过关键字 Left Semi Join 标识。在命令窗口编写查询语句，如图 6-24 所示，查询结果如图 6-25 所示。

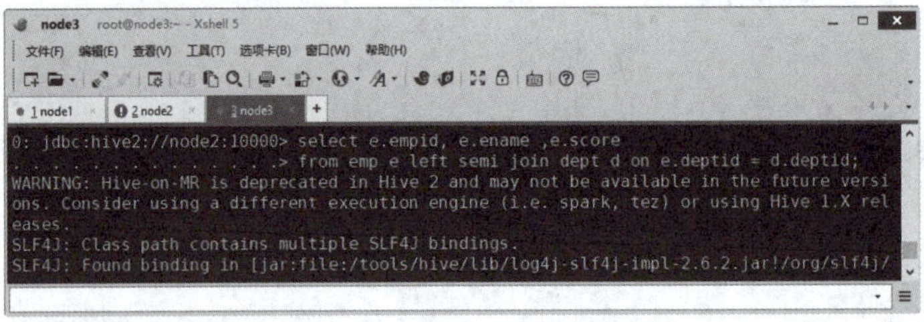

图 6-24　左半连接查询语句

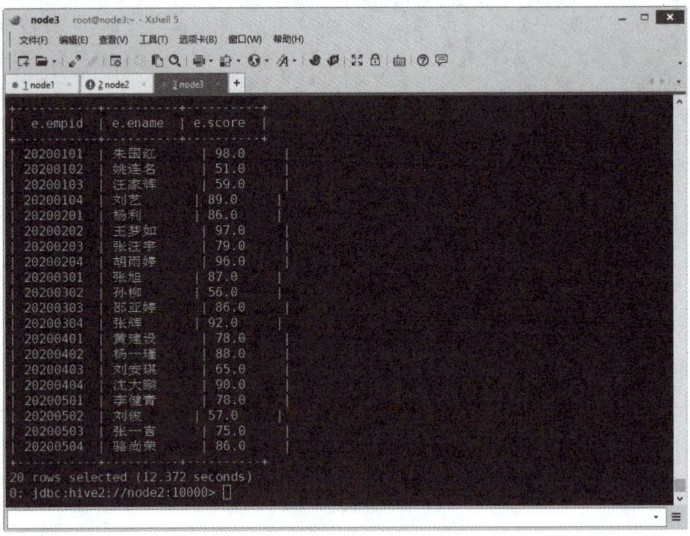

图 6-25　左半连接查询结果

8. 多表连接

一个查询可以连接两个以上的表。这里需要注意的是，连接 n 个表，至少需要 n−1 个连接条件。例如，连接 3 个表，至少需要 2 个连接条件。

大多数情况下，Hive 会对每对 Join 连接对象启动一个 MapReduce 任务。本例中首先启动一个 MapReduce 任务对 emp 表和 dept 表进行连接操作，然后启动一个 MapReduce 任务，并将第一个 MapReduce 任务的输出和 location 表进行连接操作。

特别注意的是，Hive 是按照从左到右的顺序执行的，不管是 Left Join 还是 Right Join。

步骤 1：首先准备 3 张表，即 dept、emp、location，在前面的学习中我们已经创建了 dept 表和 emp 表，现在需要创建 location 表，表中为各学院的楼宇信息，见表 6-3。

表 6-3 location 表中数据

buildingsid	buildingsname
1011	信息楼
1012	商贸楼
1013	建设楼
1014	轨道楼
1015	医学楼

步骤 2：在命令窗口编写语句，进行多表连接查询，查询语句如图 6-26 所示，查询结果如图 6-27 所示。

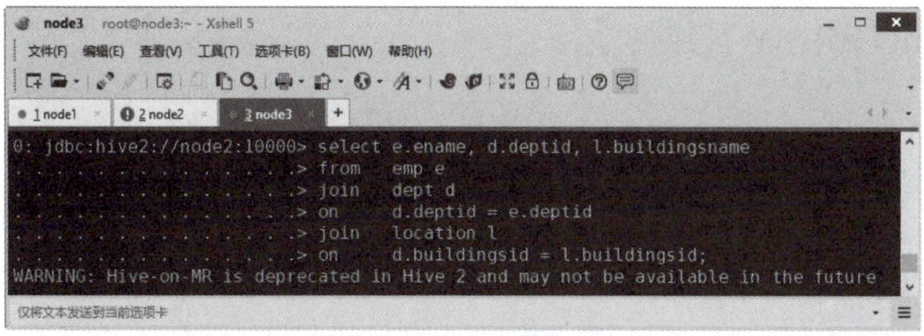

图 6-26 多表连接查询语句

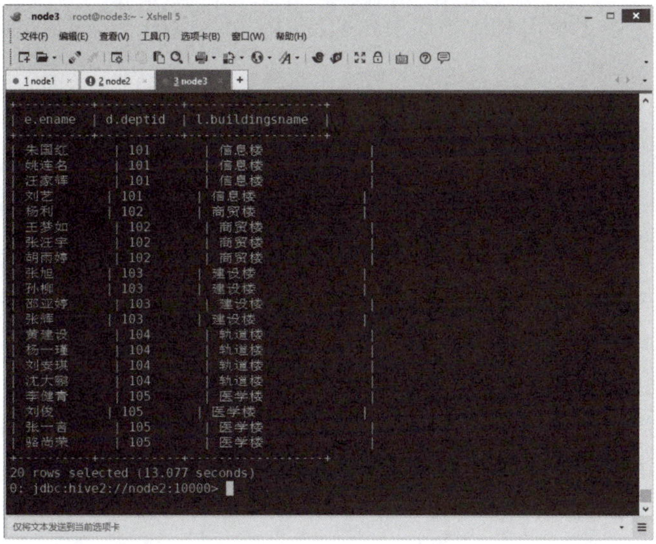

图 6-27 多表连接查询结果

9. 笛卡儿积连接

笛卡儿积连接是一种连接，把连接左边表的行数乘以右边表的行数的结果作为结果集，所以笛卡儿积连接会产生大量数据。和其他连接类型不同，笛卡儿积连接不是并行执行的，而且无法进行优化。

在 Hive 中，笛卡儿积连接在应用 WHERE 语句中的谓词条件前会先进行笛卡儿积计算，这个过程会消耗大量资源。如果设置属性 hive. mapred. mode 的值为 Strict，Hive 会执行笛卡儿积查询。若无特别的要求，尽量不要使用笛卡儿积连接。

笛卡儿积连接在一些情况下还是有用的，例如，有一个表为用户偏好，另一个表为新闻文章，同时有一个算法会推测出用户可能会喜欢读哪些文章，这时就需要笛卡儿积连接生成所有用户和所有网页的对应关系集合。

任务 6.5 排序操作

6.5.1 任务描述

本书采用 Linux 作为 Hive 的运行环境。本任务将学会 Hive 排序操作的使用，其中包括 ORDER BY 全局排序语句、字段别名排序、多字段排序、SORT BY 内部排序、DISTRIBUTE BY 分区排序、CLUSTER BY 排序的使用。

6.5.2 任务准备知识

Hive 常用排序方法有 ORDER BY、SORT BY、DISTRIBUTE BY 和 CLUSTER BY 等，接下来将在任务实施中来学习具体排序操作的使用。

6.5.3 任务实施

1. ORDER BY 全局排序

ORDER BY 按照一个或多个字段排序。Hive 中的 ORDER BY 和传统 SQL 中的 ORDER BY 一样，对查询结果做全局排序，会新启动一个任务进行排序，把所有数据放到同一个 Reduce 中进行处理。

数据量大的情况下将会消耗很长时间去执行排序，而且可能不会出结果，因此可以使用关键字 LIMIT 指定输出条数。其中，ASC（Ascend）表示升序（默认），DESC（Descend）表示降序。在命令窗口编写语句，按学生的生日进行 ORDER BY 升序查询，如图 6-28 所示。

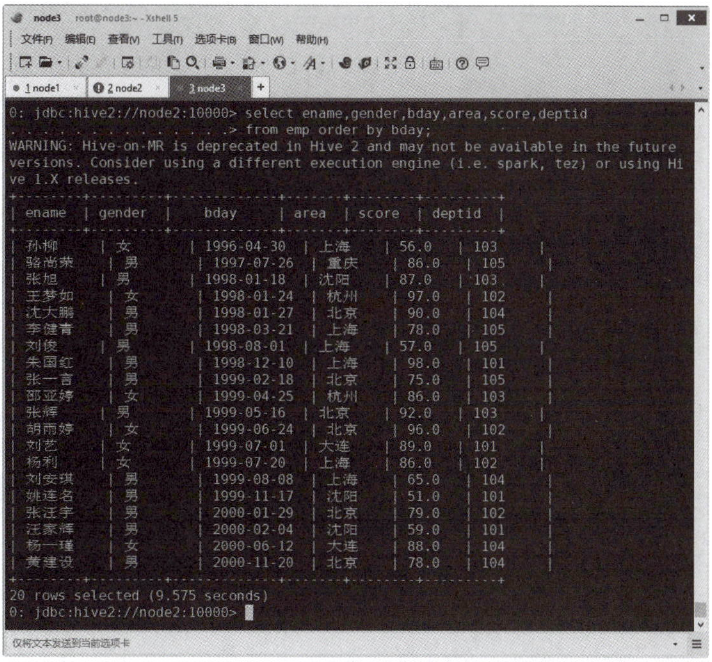

图 6-28　ORDER BY 生日升序查询及查询结果

在命令窗口编写语句，按学生的成绩进行 ORDER BY 降序查询，如图 6-29 所示。

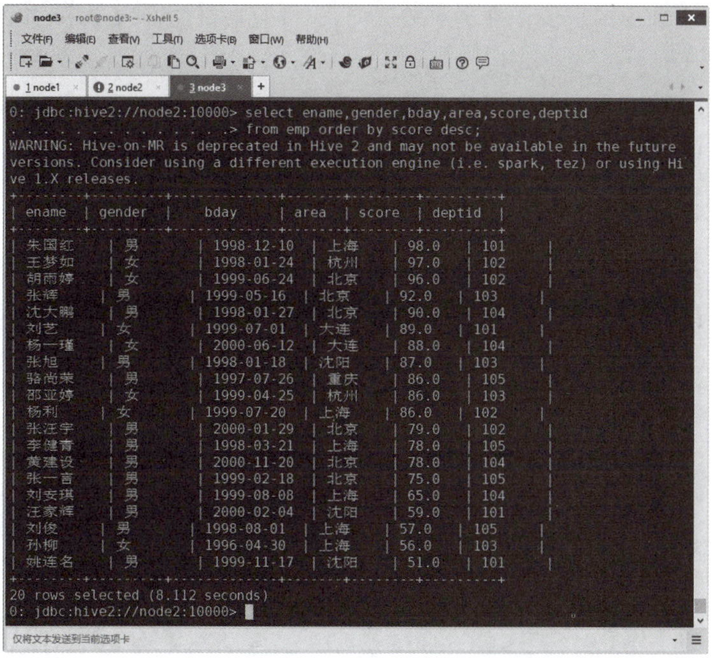

图 6-29　ORDER BY 成绩降序查询及查询结果

2. 字段别名排序

重命名一个字段，然后对重命名字段进行排序。在命令窗口编写语句，将学院编号加 1 并按照新的学院编号进行排序，如图 6-30 所示。

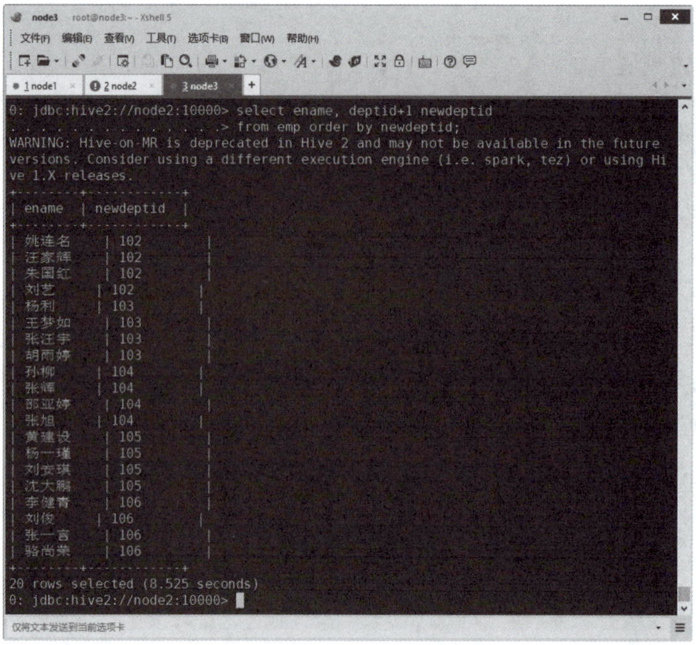

图 6-30　字段别名排序

3. 多字段排序

可以同时对多个字段进行排序。在命令窗口编写语句，按照学院和成绩升序排序。需要特别注意的是，放在前面的字段作为主要关键词，先按照主要关键词排序，如图 6-31 所示。

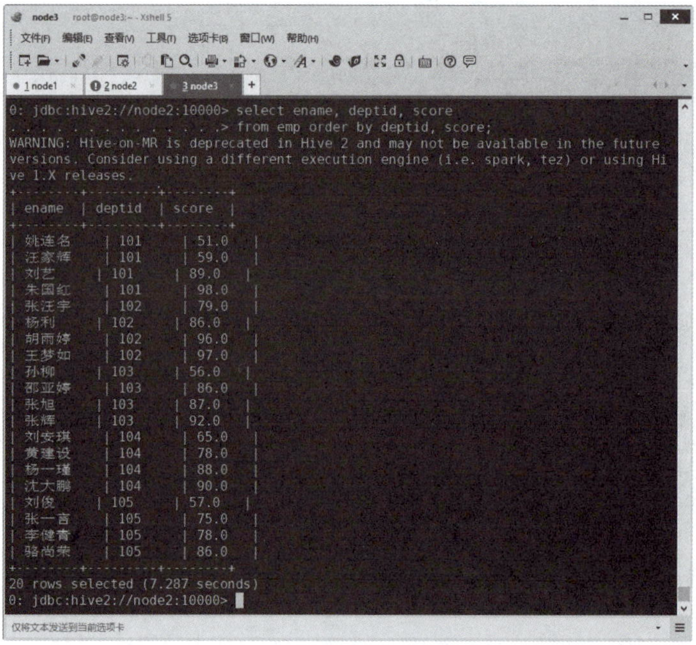

图 6-31　多字段排序

4. SORT BY 内部排序

SORT BY 是内部排序，是在每个 Reduce 中进行排序，单个 Reduce 出来的数据是有序的，但不保证全局有序。例如，设置了 3 个 Reduce，那么这 3 个 Reduce 就会生成 3 个文件，每个文件都会按 SORT BY 设置的条件排序，但是当这 3 个文件数据组合在一起，就不一定有序了。一般情况下，可以先进行 SORT BY 内部排序，再进行全局排序，这样会提高排序效率。

步骤 1：设置 Reduce 个数为 3，并查看设置 Reduce 个数，如图 6-32 所示。

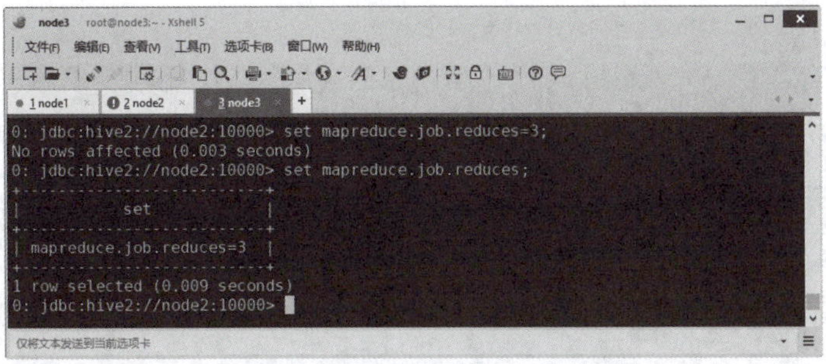

图 6-32　设置并查看 Reduce 个数

步骤 2：根据学院编号降序查询学生的信息，如图 6-33 所示。

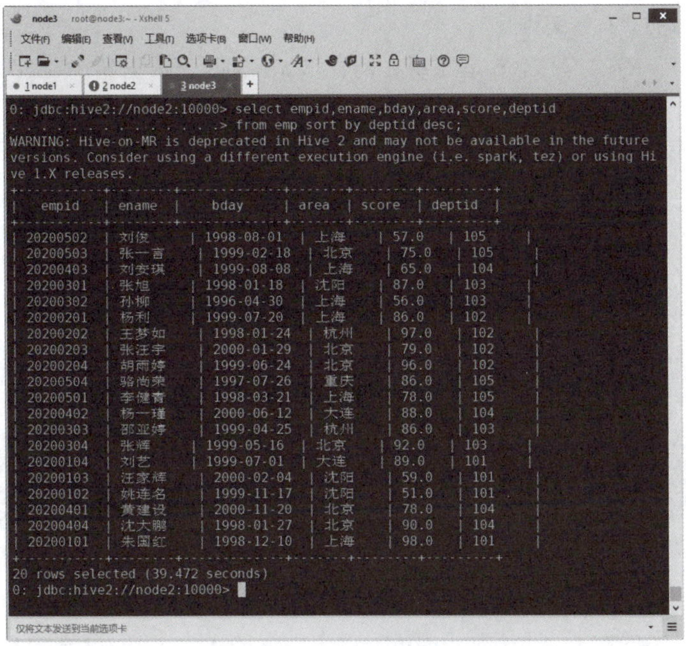

图 6-33　SORT BY 内部排序查询

由于单个 Reduce 出来的数据是有序的，但不保证全局有序，所以图 6-33 中的学生信息并不全是按照学院编号降序的。

步骤 4：将查询结果导出到文件中(按照学院编号降序排序)，如图 6-34 所示。

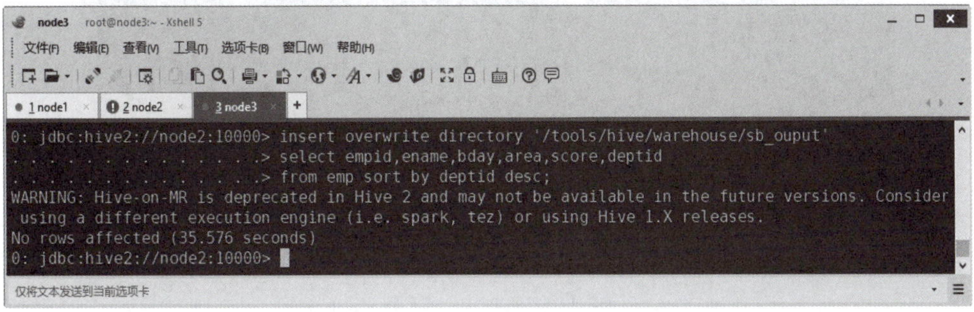

图 6-34　SORT BY 内部排序导出

步骤 5：查询导出文件中的数据，目录为 sb_output 中生成的 3 个文件，分别为 000000_0、

000001_0、000002_0,如图 6-35 所示。

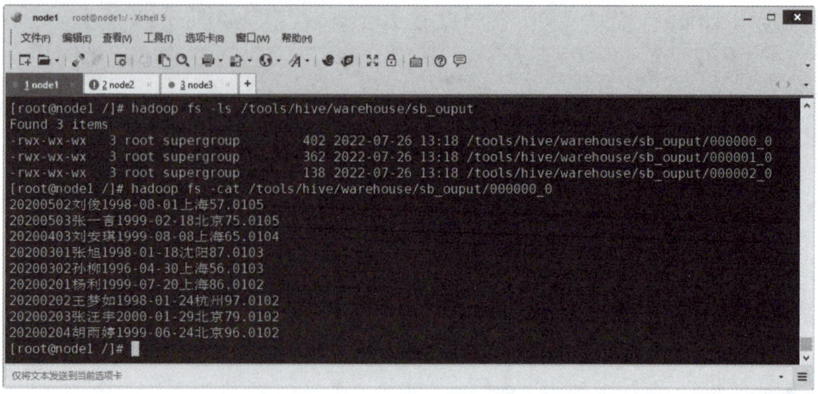

图 6-35　SORT BY 内部排序导出查看

5. DISTRIBUTE BY 分区排序

Hive 中的 DISTRIBUTE BY 是控制如何在 Map 端拆分数据给 Reduce 端的。按照指定的字段把数据划分到不同的 Reduce 输出文件中,默认采用 Hash 算法。对于 DISTRIBUTE BY 分区排序,一定要多分配 Reduce 进行处理,否则无法看到 DISTRIBUTE BY 分区排序的效果。Hive 要求 DISTRIBUTE BY 语句写在 SORT BY 语句之前。

首先,与 SORT BY 内部排序一样,先设置 Reduce 个数为 3,然后根据学院编号分区,再根据学生学号降序查看学生信息。

将查询结果导出到文件中(按照学院编号降序排序),如图 6-36 所示。

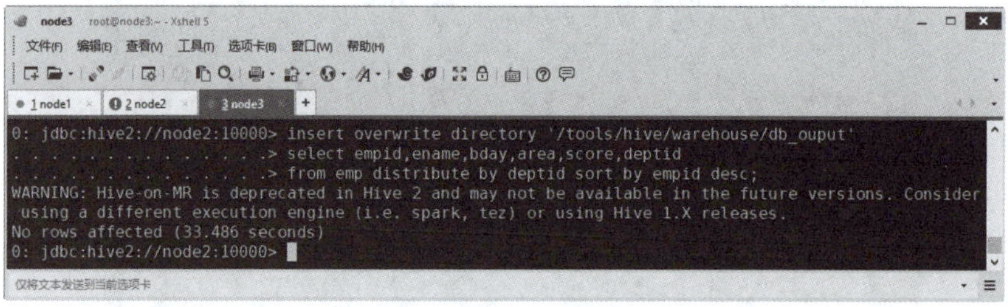

图 6-36　DISTRIBUTE BY 分区排序导出

查询导出文件中的数据,目录为 db_output 中生成的 3 个文件,分别为 000000_0、000001_0、000002_0,如图 6-37 所示。

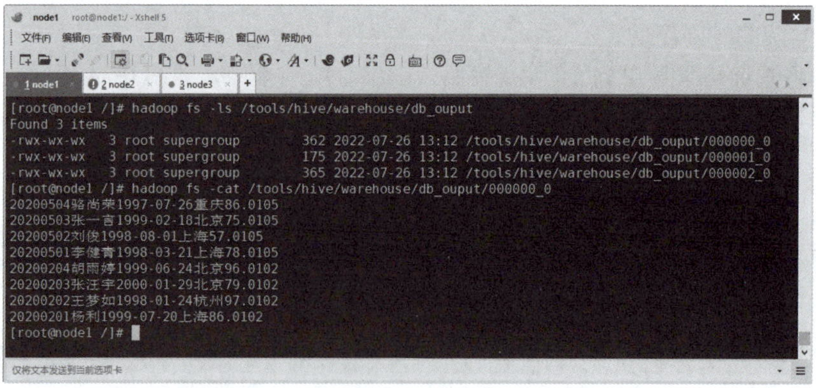

图 6-37　DISTRIBUTE BY 分区排序导出查看

6. CLUSTER BY 排序

CLUSTER BY 除具有 DISTRIBUTE BY 的功能外,还兼具 SORT BY 的功能。当

DISTRIBUTE BY 和 SORT BY 字段相同时，可以使用 CLUSTER BY 方式排序。但是只能是升序排序，不能是降序排序。

任务 6.6 抽样查询

6.6.1 任务描述

本书采用 Linux 作为 Hive 的运行环境。本任务将学会抽样查询的使用，其中包括桶表抽样查询、数据块抽样查询和随机抽样查询。

6.6.2 任务准备知识

在 Hive 查询时，若数据量特别大，对全部数据进行处理存在一定的困难，抽样查询就显得尤其重要了。抽样可以从被抽取的数据中估计和推断出整体的特性。Hive 支持桶表抽样查询、数据块抽样查询和随机抽样查询。接下来将在任务实施中来学习具体的抽样查询操作的使用。

6.6.3 任务实施

1. 桶表抽样查询

桶表抽样语法格式如下：

```
TABLESAMPLE(BUCKET x OUT OF y ON col_name | RAND())
```

TABLESAMPLE 语句允许用户编写用于数据抽样而不是整个表的查询，该语句出现在 FROM 语句中，可用于桶表中。桶表编号从 1 开始，col_name 表明抽取样本的字段，可以是非分区字段中的任意字段，或者使用随机函数 RAND()表明在整个行中抽取样本而不是单个字段。在 col_name 上桶表的行随机进入 1 到 y 个桶中，返回属于桶 x 的行。

y 必须是桶表总 bucket 数的倍数或者因子。Hive 根据 y 的大小决定抽样的比例。例如，桶表 player 总共分了 4 份，当 y=2 时，抽取 4/2=2 个 bucket 的数据；当 y=8 时，抽取 4/8=1/2 个 bucket 的数据。x 表示从哪个 bucket 开始抽取，如果需要取多个桶，则以后的分区号为当前分区号加上 y。例如，桶表 player 总 bucket 数为 4，TABLESAMPLE(bucket 1 out of 2)，表示总共抽取 4/2=2 个 bucket 的数据，抽取第 1(x)个和第 3(x+y)个 bucket 的数据。

步骤 1：创建桶表 player，表中数据从 test 表导入，数据见表 6-4。

表 6-4　　桶表 player 数据

id	name
111	Kobe
112	James
113	Jordan
114	Curry
115	Ronaldo
116	Messi
117	Kevin
118	Irving

步骤 2:导入数据到桶表 player,如图 6-38 所示。

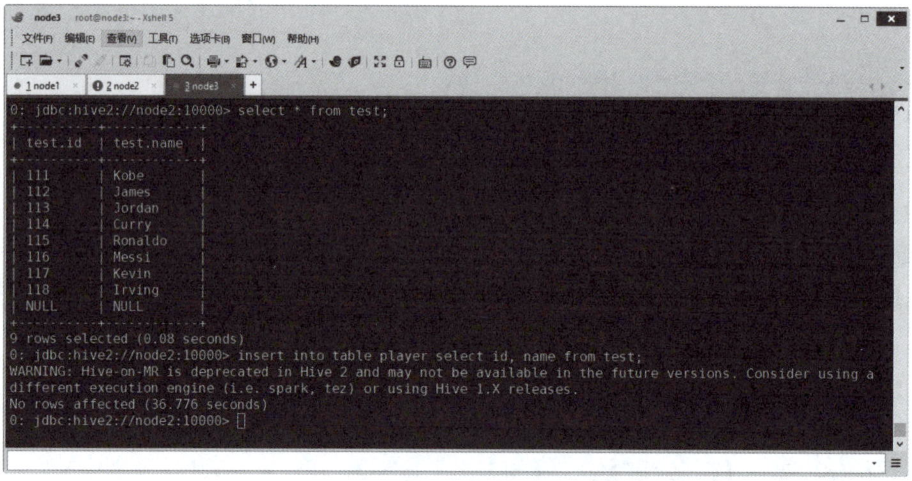

图 6-38　导入数据到桶表

步骤 3:查询桶表 player 的全部数据,如图 6-39 所示。

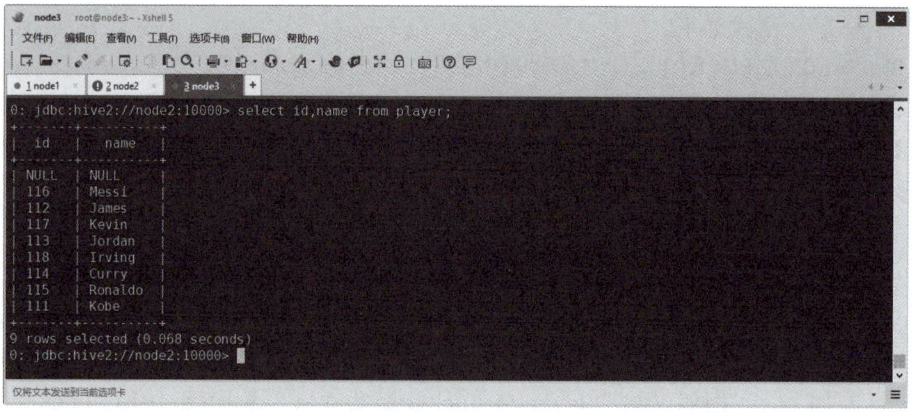

图 6-39　查询桶表全部数据

步骤 4:查询桶表 player 中的数据,抽取桶 1 数据,如图 6-40 所示。

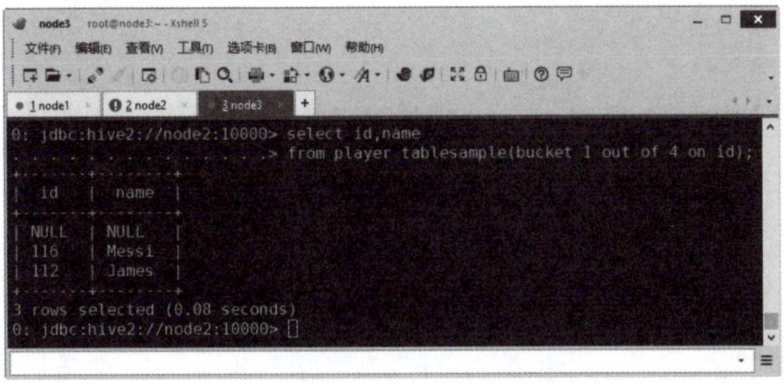

图 6-40 抽取桶表 player 桶 1 数据

步骤 5：查询桶表 player，抽取桶 1 和桶 3 数据，如图 6-41 所示。

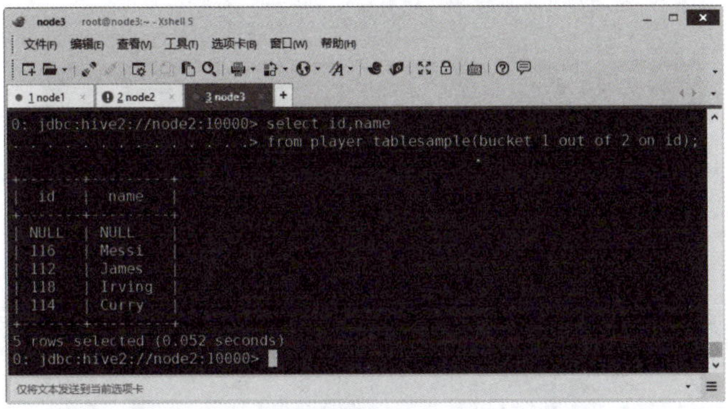

图 6-41 抽取桶表 player 桶 1 和桶 3 的数据

步骤 6：查询桶表 player，随机抽取 4 个桶的数据，如图 6-42 所示。

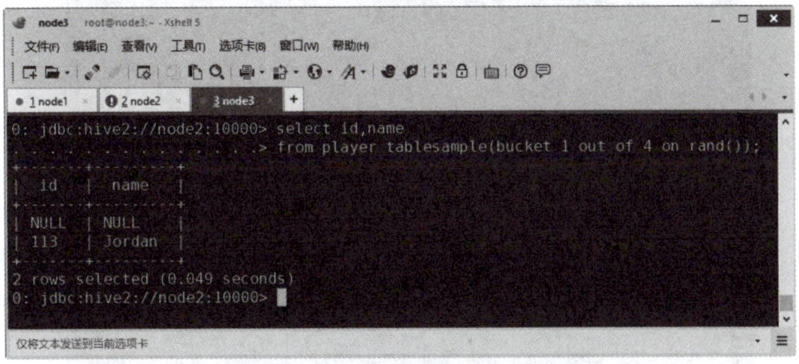

图 6-42 随机抽取桶表 player 的数据

2. 数据块抽样查询

Hive 提供了一种按照抽样百分比进行抽样查询的方式，TABLESAMPLE(n percent) 依据 Hive 表数据的大小按比例抽取数据，并保留到新的 Hive 表中。

还可以按数据大小抽样的方式，最小抽样单元是一个 HDFS 数据块。如果数据小于普通的块大小 128 MB，那么会返回所有的行。

也可以根据行数来抽样，但要特别注意的是这里指定的行数，是在每个 InputSplit 中抽样的行数，也就是说，每个 Map 中都抽样 n 行。

语法格式如下：

```
SELECT * FROM <Table_Name> TABLESAMPLE(N PERCENT|ByteLengthLiteral|N ROWS);
```

其中，ByteLengthLiteral 的取值为(Digit)+(b | B | k | K| m | M| g | G)，表明数据的单位。

步骤 1：按数据块百分比抽样，如图 6-43 所示。

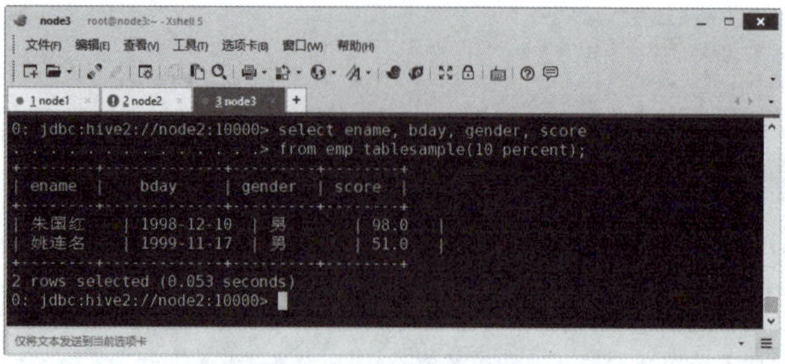

图 6-43　按数据块百分比抽样查询

步骤 2:按数据块大小抽样,数据块大小为 1 b,抽样如图 6-44 所示。

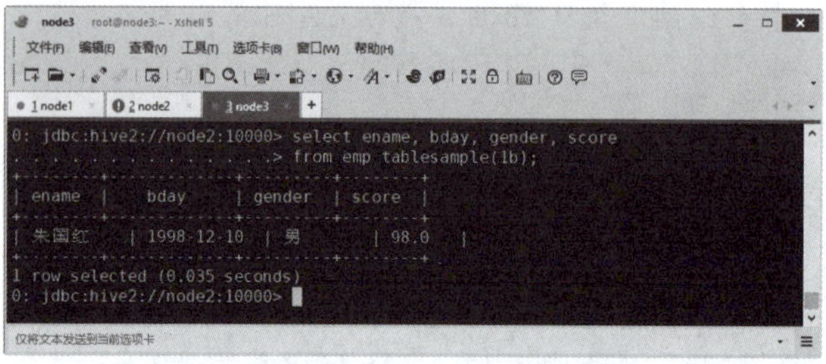

图 6-44　按数据块大小为 1 kb 抽样查询

步骤 3:按数据块大小抽样,数据块大小为 1 kb,抽样如图 6-45 所示。

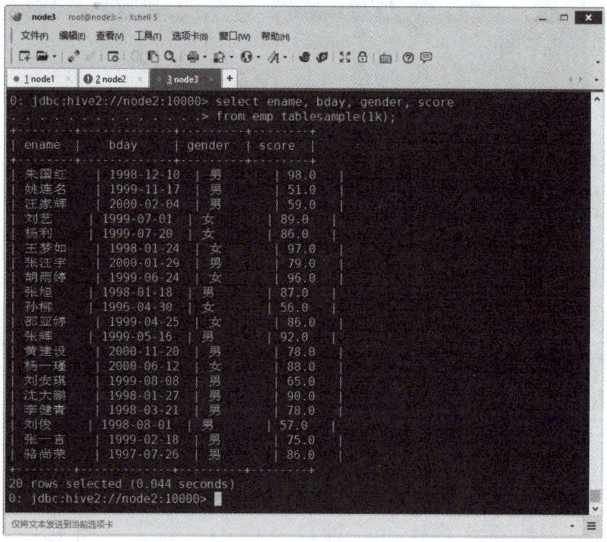

图 6-45　按数据块大小为 1 kb 抽样查询

步骤 4:按数据块行数抽样,如图 6-46 所示。

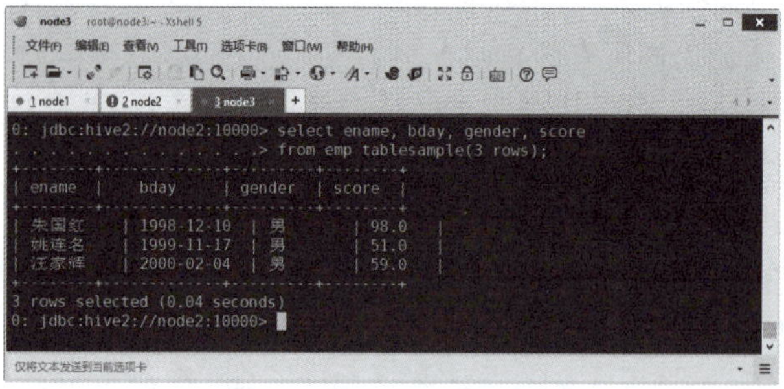

图 6-46　按数据块行数抽样查询

3. 随机抽样查询

使用 RAND()函数可以进行随机抽样查询，用 LIMIT 关键字限制抽样返回的数据记录数。其中，RAND()函数前的 DISTRIBUTE BY 和 SORT BY 关键字还可以保证数据在 Map 和 Reduce 阶段是随机分布的。

在命令窗口编写语句，随机抽取 emp 表中的 5 条数据，如图 6-47 所示。

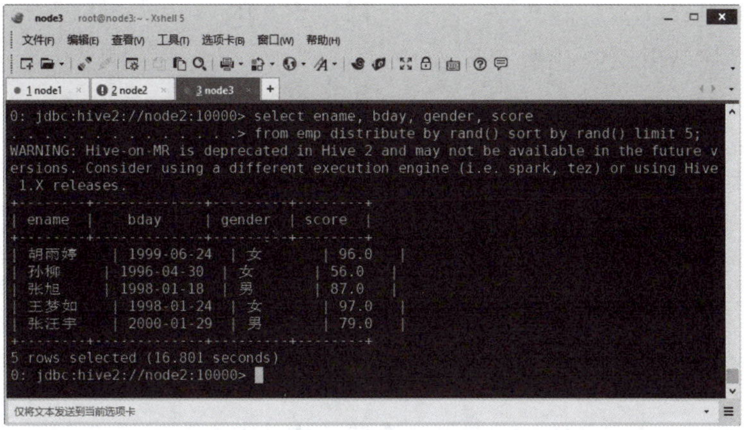

图 6-47　随机抽样查询

项目小结

我们在本项目中介绍了 HiveQL 进行数据查询的方法，首先学习了 Hive 的基本查询，包括全表和特定列的查询、列的别名、LIMIT 语句的用法；条件查询语句，包括 LIKE 的用法、RLIKE 的用法；分组操作语句，包括 GROUP BY 语句、HAVING 语句的用法；连接语句，包括等值连接、内连接、左外连接、右外连接、满外连接、左半连接、多表连接、笛卡儿积连接等操作方法；最后介绍了排序操作，包括全局排序、字段别名排序、多字段排序、SORT BY 内部排序、分区排序、CLUSTER BY 排序等方法，为后续学习 Hive 数据操作奠定了基础。

思政小课堂

俗话说，“三百六十行，行行出状元”。高凤林就是焊接行业的“状元”。长征火箭“心脏”的焊接人高凤林，凭借高超的技艺，用“工匠精神”锻造了“中国品质”。到底是什么力量促使高凤林成为一位“焊接大师”呢？不靠别的，靠的就是执着、敬业和精益求精的精神。有一句名言这样说道，“十样会不如三样好，三样好不如一样精”。是的，在打造核心技术竞争力的今天，我们需要更多爱岗敬业的“大国工匠”。对于使用 Hive 数据仓库的开发者们要知道，好的数据仓库也是由这种精神打磨而来的。

课后练习

一、选择题

1. Hive中分组的关键字是（　　）。

A. GROUP BY　　B. ORDER BY

C. DISTRIBUTE BY　　D. SORT BY

2. 外连接进行JOIN默认在（　　）。

A. Map端　　B. Reduce端

C. External端　　D. Shuffle端

3. 下面关于Hive查看表table1的分区的描述正确的是（　　）。

A. SHOW PARTITIONS table1;　　B. DESC table1;

C. SHOW CREATE TABLE table1;　　D. DROP table1;

4. 下面关于Hive SQL的Join关键词正确的是（　　）。

(1)Innern Join　　(2)Join

(3)Outer Join　　(4)Right Join

(5)Cross Join　　(6)Left Join

A. (2)(4)(5)(6)　　B. (1)(4)(5)(6)

C. (1)(4)(6)　　D. (3)(4)(6)

5. 下列哪项不是Hive常用排序方法？（　　）

A. ORDER BY　　B. SORT BY

C. DISTRIBUTE BY　　D. GROUP BY

二、简答题

1. 简述桶表抽样查询的基本步骤。

2. Hive中有哪些Join语句连接查询方法？

3. Hive的SORT BY内部排序和DISTRIBUTE BY分区排序有什么区别？

三、操作题

1. 查询emp表中成绩相同的学生信息。

2. 查询emp表中2000年以后出生的学生信息。

3. 设置Reduce个数为5，在emp表中按照学生年龄升序排序，将查询结果导出至文件，并查看每个文件的结果，查询结束后再设置Reduce个数为1。

项目7

Hive 函数

知识目标

1. 掌握 Hive 内置函数的应用，包括算术函数、聚合函数、日期时间函数、条件函数以及字符串函数。

2. 掌握 Hive 其他常见函数的应用，包括空字段赋值函数、列转行函数、窗口函数、排序函数、表生成函数。

3. 掌握 Hive 自定义函数的应用。

技能目标

1. 能够灵活运用 Hive 内置函数。
2. 能够灵活运用 Hive 其他常见函数。
3. 能够灵活运用 Hive 自定义函数。

素质目标

1. 通过 Hive 函数的学习培养探究精神和自学能力。
2. 培养创新精神、创业意识。
3. 培养良好的职业道德和社会责任感。

Hive 数据库同 MySQL、Oracle 等传统关系型数据库一样，都含有大量的内置函数，用户可以直接使用，同时也支持用户自定义函数以满足实际应用的特殊需求。函数是 Hive 数据库中非常重要的一部分，使用函数可以极大地提高对数据库的管理效率。

任务 7.1 内置函数

7.1.1 任务描述

Hive 内部提供了大量丰富的函数供用户使用，这些函数从功能上主要分为算术函数、聚合函数、日期时间函数、条件函数以及字符串函数，称为内置函数。通过 Hive 内置函数对数据进行处理，可以提高程序灵活性、可读性及执行速度。本任务将详细介绍 Hive 内置函数的使用方法。

7.1.2 任务准备知识

1. 算术函数

算术函数主要用来处理数值数据方面的运算。Hive 中常用的算术函数主要有绝对值函数、三角函数、对数函数、随机函数等。Hive 中常用的算术函数及作用见表 7-1。

表 7-1 Hive 中常用的算术函数及作用

算术函数	返回值类型	作用
ABS(x)	DOUBLE	返回 x 的绝对值
ACOS(x)	DOUBLE	求 x 的反余弦值(参数是弧度)
ASIN(x)	DOUBLE	求反正弦值(参数是弧度)
ATAN(x)	DOUBLE	求反正切值(参数是弧度)
CEIL(x)	BIGINT	返回大于或等于 x 的最小整数
COS(x)	DOUBLE	求余弦值(参数是弧度)
E()	DOUBLE	返回自然常数 e 的值
EXP(x)	DOUBLE	返回自然常数 e 的 x 次方
FLOOR(x)	BIGINT	返回小于或等于 x 的最大整数
GREATEST(e1,e2,...)	T	返回列表中的最大值，若参数中有 NULL，则最大值为 NULL。参数可是值或列，若为列，则返回列中每行最大值
LEAST(e1,e2,...)	T	返回列表中的最小值，若参数中有 NULL，则最小值为 NULL。参数可是值或列，若为列，则返回列中每行最小值
LN(x)	DOUBLE	返回以自然常数 e 为底 x 的对数值
LOG(base,x)	DOUBLE	返回以 base 为底 x 的对数值，例如： LOG(2,x) 返回以 2 为底 x 的对数值； LOG(10,x) 返回以 10 为底 x 的对数值
NEGATIVE(x)	INT/DOUBLE	返回 x 的相反值
PI()	DOUBLE	返回圆周率 PI 的值
POW(x,y)	DOUBLE	返回 x 的 y 次方
RAND()	DOUBLE	返回 0 到 1 的随机数，例如： RAND(x)通过随机因子 x 返回 0 到 1 的随机值
ROUND(x)	DOUBLE	返回 x 四舍五入后的值，例如： ROUND(x,y)返回 x 四舍五入后的值，保留小数位数 y 位
SIGN(x)	DOUBLE	返回 x 的符号，若 x 是负数、0、正数，则分别返回 −1、0 和 1
SIN(x)	DOUBLE	求正弦值(参数是弧度)
SQRT(x)	DOUBLE	返回 x 的平方根

（续表）

算术函数	返回值类型	作用
TAN(x)	DOUBLE	求正切值(参数是弧度)

2. 聚合函数

聚合函数主要按照特定条件对一组值进行计算，并返回单个值，以便总结出关于组的结论。因此，聚合函数通常与 SELECT 语句的 GROUP BY 子句一起使用，可以针对某一组数据进行计算。如果某个聚合列的值中有 NULL，则包含该 NULL 的行将在聚合时被忽略(除 COUNT 函数以外)。Hive 中常用的聚合函数及作用见表 7-2。

表 7-2 Hive 中常用的聚合函数及作用

聚合函数	返回值类型	作用
AVG(x)	DOUBLE	AVG(col) 计算指定列的平均值； AVG(DISTINCT col) 计算指定列中不重复值的平均值
COUNT(x)	BIGINT	COUNT(*) 统计行的总数； COUNT(col) 统计指定列中非空值的个数； COUNT(DISTINCT col) 统计指定列非空且不重复值的个数
COVAR_POP(col1, col2)	DOUBLE	返回组内两个数字列的总体协方差
COVAR_SAMP(col1, col2)	DOUBLE	返回组内两个数字列的样本协方差
CORR(col1, col2)	BIGINT	返回组内两个数字列的皮尔逊相关系数
COLLECT_SET(col)	Array	将指定列中的数据组合为数组，去重复数据
COLLECT_LIST(col)	Array	将指定列中的数据组合为数组，不去重复数据
MIN(col)	DOUBLE	计算指定列的最小值
MAX(col)	DOUBLE	计算指定列的最大值
SUM(x)	DOUBLE	SUM(col) 计算指定列的总和； SUM(DISTINCT col) 计算指定列不重复值的总和
VAR_POP(col)	DOUBLE	返回组内某个数字列的方差
VAR_SAMP(col)	DOUBLE	返回组内某个数字列的无偏样本方差
STDDEV_POP(col)	DOUBLE	返回组内某个数字列的标准差
STDDEV_SAMP(col)	DOUBLE	返回组内某个数字列的无偏样本标准差

3. 日期时间函数

日期时间函数主要用来处理日期和时间的值，对日期时间类型的数据进行操作。Hive 中常用的日期时间函数及作用见表 7-3。

表 7-3 Hive 中常用的日期时间函数及作用

日期时间函数	返回值类型	作用
ADD_MONTHS(STRING start_date, INT num_months)	STRING	返回当前日期下再增加 num_months 个月的日期
CURRENT_DATE()	DATE	返回当前日期
CURRENT_TIMESTAMP()	TIMESTAMP	返回当前日期和时间
DATE_ADD(STRING startdate, INT days)	STRING	返回从开始日期 startdate 加上 days 天数的日期，不包含时间

(续表)

日期时间函数	返回值类型	作用
DATE_SUB(STRING startdate, INT days)	STRING	返回从开始日期 startdate 减去 days 天数的日期,不包含时间
DATEDIFF(STRING enddate,STRING startdate)	INT	计算开始时间 startdate 到结束时间 enddate 相差的天数
DATE_FORMAT(STRING date, STRING format)	STRING	以指定格式 format 格式化日期 date
FROM_UNIXTIME(BIGINT, unixtime,STRING format)	STRING	将 unixtime(UNIX 时间戳)转换成 format 格式,格式可为 yyyy-MM-dd HH:mm:ss、yyyy-MM-dd 等
FROM_UTC_TIMESTAMP(STRING date, STRING timezone)	TIMESTAMP	如果给定的时间戳并非 UTC,则将其转化成指定时区下的时间戳
HOUR(STRING date)	INT	返回时间字符串的小时
LAST_DAY(STRING date)	STRING	返回这个月的最后一天的日期,忽略时分秒部分(HH:mm:ss)
MINUTE(STRING date)	INT	返回时间字符串的分钟
MONTHS_BETWEEN(STRING date1, STRING date2)	DOUBLE	返回 date1 与 date2 之间相差的月份,例如,date1>date2,则返回正;如果 date1<date2,则返回负,否则返回 0.0
NEXT_DAY(STRING start_date, STRING day_of_week)	STRING	返回当前时间的下一个星期 X 所对应的日期,例如:next_day('2015-01-14', 'TU') = 2015-01-20,以 2015-01-14 为开始时间,其下一个星期二所对应的日期为 2015-01-20
QUARTER(STRING date)	INT	获取日期字符串 date 所属的季度
SECOND(STRING date)	INT	返回时间字符串的秒
TO_DATE(STRING date)	STRING	获取日期字符串 date 的日期
TRUNC(STRING date, STRING format)	STRING	返回日期 date 的最开始年份或月份。若 format 为 MM,则返回日期 date 所在月的第一天日期;若 format 为 YY,则返回日期 date 所在年的第一天日期
TO_UTC_TIMESTAMP(timestamp, STRING timezone)	TIMESTAMP	如果给定的时间 date 戳指定时区 timezone 下的时间,则将其转化成 UTC 下的时间
UNIX_TIMESTAMP(x)	BIGINT	UNIX_TIMESTAMP() 获取本地 UNIX 时间戳 UNIX_TIMESTAMP(STRING date) 将日期字符串 date 转换为 UNIX 时间戳 UNIX_TIMESTAMP(STRING date, STRING pattern) 将日期字符串 date 按照指定格式 pattern 转换为 UNIX 时间戳,若格式不正确则返回 0
WEEKOFYEAR(STRING date)	INT	获取日期字符串 date 在一年中的第几周
YEAR(STRING date)	INT	返回日期字符串 date 的年份

4. 条件函数

条件函数根据不同的条件,执行不同的 SQL 语句,即根据条件判断结果返回指定值。Hive 中常用的条件函数及作用见表 7-4。

表 7-4　　Hive 中常用的条件函数及作用

条件函数	返回值类型	作用
IF(BOOLEAN expr, T v1,T v2)	T	如果 expr 为 true 就返回 v1;否则返回 v2
NVL(T value, T defaultvalue)	T	如果 value 值为 NULL 就返回 defaultvalue;否则返回 value
COALESCE(T v1, T v2, ...)	T	返回第一个非 NULL 的值,如果全部都为 NULL 则返回 NULL
CASE WHEN expr1 THEN v1 [WHEN [expr2 THEN v2 ...] [ELSE vn] END	T	若表达式 expr1 成立,则返回 v1 的值;若表达式 expr2 成立,则返回 v2 的值;以此类推,最后遇到 else 时,返回 vn 的值
CASE expr WHEN e1 THEN v1 [WHEN e2 THEN v2 ...] [ELSE vn] END	T	若表达式 expr 取值为 e1,则返回 v1 的值;若表达式 expr 取值为 e2,则返回 v2 的值;以此类推,最后遇到 else 时,返回 vn 的值
ISNULL(x)	BOOLEAN	如果 x 为 NULL 就返回 true;否则返回 false
ISNOTNULL(x)	BOOLEAN	如果 x 为 NULL 就返回 false;否则返回 true

5. 字符串函数

字符串函数主要用来处理字符串数据。Hive 中常用的字符串函数主要有计算字符串长度函数、字符串合并函数、字符串转换函数、查找指定字符串位置函数等。Hive 中常用的字符串函数及作用见表 7-5。

表 7-5　　Hive 中常用的字符串函数及作用

字符串函数	返回值类型	作用
ASCII(STRING str)	INT	返回字符串 str 的第一个字符的 ASCII 码
BASE64(BINARY bin)	STRING	将二进制 bin 转换成 64 位的字符串
CONCAT(STRING|BINARY A, STRING|BINARY B,...)	STRING	对二进制字节码或字符串按次序进行拼接
CONCAT_WS(STRING SEP, STRING A, STRING B,...)	STRING	以指定分隔符 SEP 对字符串按顺序进行拼接
CONCAT_WS(STRING SEP, Array<STRING>)	STRING	以指定分隔符 SEP 对 Array 中的元素拼接成字符串
DECODE(BINARY bin, STRING charset)	STRING	使用指定的字符集 charset 将二进制值 bin 解码成字符串,支持的字符集有:'US-ASCII'、'ISO-8859-1'、'UTF-8'、'UTF-16BE'、'UTF-16LE'、'UTF-16',如果任意输入参数为 NULL 都将返回 NULL
ENCODE(STRING src, STRING charset)	BINARY	使用指定的字符集 charset 将字符串 str 解析成二进制数据,支持的字符集同 DECODE()函数
GET_JSON_OBJECT(STRING str, STRING path)	STRING	将指定路径 path 上的 JSON 字符串抽取出 JSON 对象 str 的值
INSTR(STRING str, STRING substr)	INT	查找字符串 str 中子字符串 substr 出现的位置,如果查找失败将返回 0,如果任一参数为 NULL 将返回 NULL,注意位置从 1 开始
INITCAP(STRING str)	STRING	将字符串 str 的首字母大写

（续表）

字符串函数	返回值类型	作用
ISNOTNULL(a)	BOOLEAN	若 a 为 NULL，返回 false；否则返回 true
LENGTH(STRING str)	INT	返回字符串 str 的长度，注意如果字符串是 NULL 值，则返回 NULL 值；如果为''，则返回 0
LOCATE(STRING substr, STRING str, INT pos)	INT	查找字符串 str 的 pos 位置后，子字符串 substr 第一次出现的位置
LOWER(STRING str)	STRING	将字符串 str 的所有字母转换成小写字母
LPAD(STRING str, INT len, STRING pad)	STRING	返回字符串 str 指定长度 len 的内容，若 str 不满足长度 len，则从字符串左边填充指定字符串 pad，使 str 的长度等于 len
LTRIM(STRING str)	STRING	去掉字符串 str 开始处的空格
PARSE_URL(STRING urlStr, STRING part)	STRING	返回从 URL 字符串 urlStr 中抽取指定部分的内容，part 为抽取的部分，包含 HOST、PATH、QUERY、REF、PROTOCOL、UTHORITY、FILE 和 USERINFO
RAD(STRING str, INT len, STRING pad)		返回字符串 str 指定长度 len 的内容，若 str 不满足长度 len，则从字符串右边填充指定字符串 pad，使 str 的长度等于 len
REGEXP_EXTRACT(STRING str, STRING pattern, INT index)	STRING	抽取字符串 str 中符合正则表达式 pattern 的第 index 部分的字符串
REGEXP_REPLACE(STRING str, STRING pattern, STRING replaceStr)	STRING	按照正则表达式 pattern 将字符串 str 中符合条件的部分替换成 replaceStr 字符串
REPEAT(STRING str, INT n)	STRING	重复输出 n 次字符串 str
REVERSE(STRING str)	STRING	将字符串 str 反转过来
RTRIM(STRING str)	STRING	去掉字符串 str 结尾处的空格
SPLIT(STRING str, STRING pattern)	Array	按照正则表达式 pattern 来分割字符串 str，并将分割后的字符串以数组形式返回
STR_TO_MAP(STRING str, STRING del1, STRING del2)	Map	将字符串 str 转为 Map，del1 为键值对之间的分隔符，默认为逗号；del2 是键值之间的分隔符，默认为=
SUBSTR(STRING str, INT start)	STRING	从字符串 str 的 start 位置截取子字符串
SUBSTRING(STRING str, INT start, INT len)	STRING	从字符串 str 的 start 位置截取长度为 len 的子字符串
SUBSTRING_INDEX(STRING str, STRING del, INT num)	STRING	截取字符串 str 第 num 个分隔符 del 之前的子串；若 num 是正数，则从左边开始截取，若 num 是负数，则从右边开始截取
TRANSLATE(STRING str, STRING from, INT to)	STRING	将字符串 str 中的字符串 from 替换为字符串 to
TRIM(STRING str)	STRING	去掉字符串 str 开始和结尾处的空格
UPPER(STRING str)	STRING	将字符串 str 所有字母转换为大写

7.1.3 任务实施

在 7.1.2 中已经介绍了 Hive 中的算术函数、聚合函数、日期时间函数、条件函数以及字符串函数，接下来将在虚拟机 node3 中使用 Hive 客户端工具 Beeline，远程连接虚拟机 node2 的 HiveServer2 服务操作 Hive，演示上述函数的基本使用。因函数较多，在此仅举例每类函数中最常见的几种函数的用法。

本项目涉及的 table 为 emp 表，与项目 6 中的 emp 表基本一致，具体信息如图 7-1 所示。

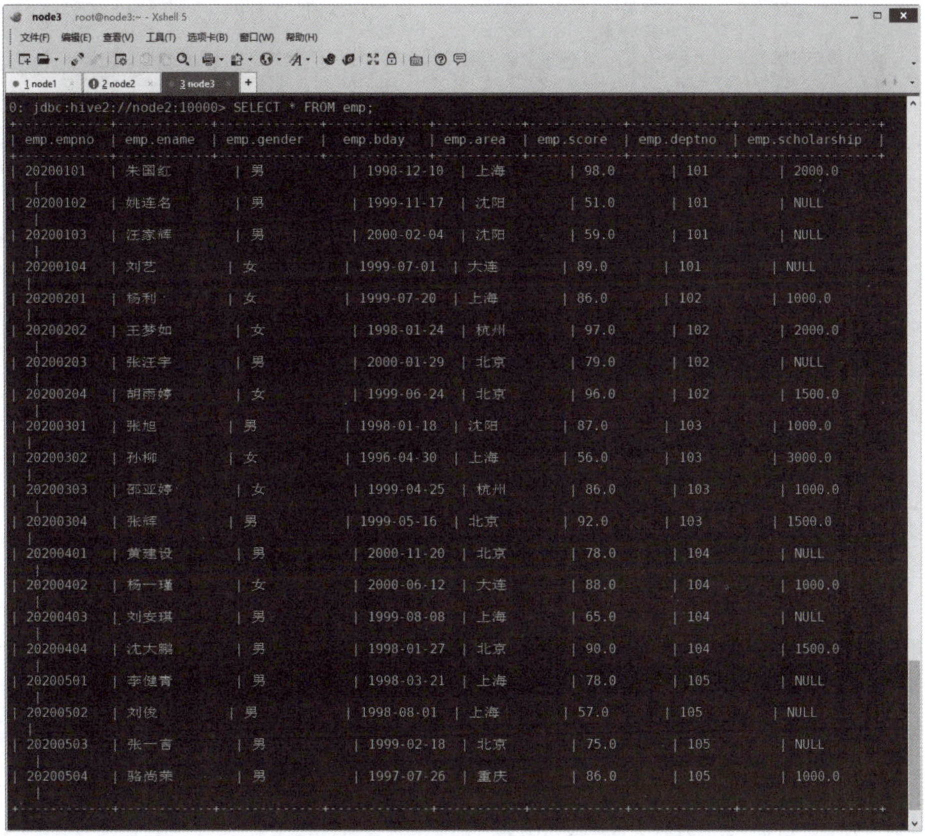

emp.empno	emp.ename	emp.gender	emp.bday	emp.area	emp.score	emp.deptno	emp.scholarship
20200101	朱国红	男	1998-12-10	上海	98.0	101	2000.0
20200102	姚连名	男	1999-11-17	沈阳	51.0	101	NULL
20200103	汪家祎	男	2000-02-04	沈阳	59.0	101	NULL
20200104	刘艺	女	1999-07-01	大连	89.0	101	NULL
20200201	杨利	女	1999-07-20	上海	86.0	102	1000.0
20200202	王梦如	女	1998-01-24	杭州	97.0	102	2000.0
20200203	张汪宇	男	2000-01-29	北京	79.0	102	NULL
20200204	胡雨婷	女	1999-06-24	北京	96.0	102	1500.0
20200301	张旭	男	1998-01-18	沈阳	87.0	103	1000.0
20200302	孙柳	女	1996-04-30	上海	56.0	103	3000.0
20200303	邵亚婷	女	1999-04-25	杭州	86.0	103	1000.0
20200304	张辉	男	1999-05-16	北京	92.0	103	1500.0
20200401	黄建设	男	2000-11-20	北京	78.0	104	NULL
20200402	杨一瑾	女	2000-06-12	大连	88.0	104	1000.0
20200403	刘安琪	男	1999-08-08	上海	65.0	104	NULL
20200404	沈大鹏	男	1998-01-27	北京	90.0	104	1500.0
20200501	李健青	男	1998-03-21	上海	78.0	105	NULL
20200502	刘俊	男	1998-08-01	上海	57.0	105	NULL
20200503	张一言	男	1999-02-18	北京	75.0	105	NULL
20200504	骆尚荣	男	1997-07-26	重庆	86.0	105	1000.0

图 7-1　emp 表

1. 算术函数

(1)ABS()、PI()函数

步骤 1：利用 ABS(x)函数获取 x 的绝对值、PI()函数获取圆周率值，语句如下：

```
SELECT ABS(7),ABS(-7),PI();
```

算术函数

步骤 2：在 node3 命令窗口中编写语句，运行结果如图 7-2 所示。

(2)FLOOR()函数

步骤 1：利用 FLOOR(x)函数获取小于或等于 x 的最大整数，语句如下：

```
SELECT FLOOR(5),FLOOR(4.2),FLOOR(-4.22);
```

步骤 2：在 node3 命令窗口中编写语句，运行结果如图 7-3 所示。

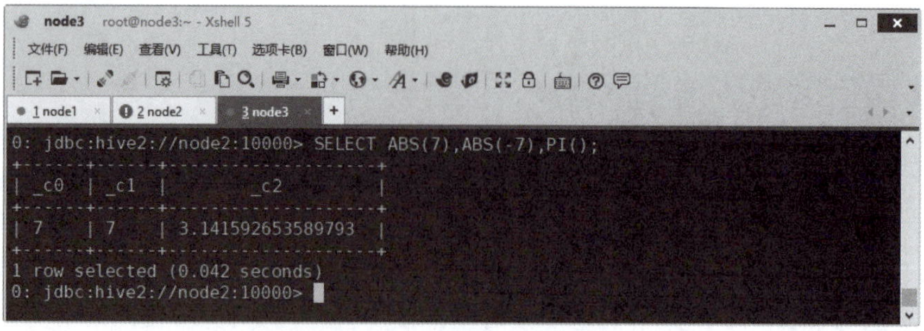

图 7-2　ABS()、PI()函数

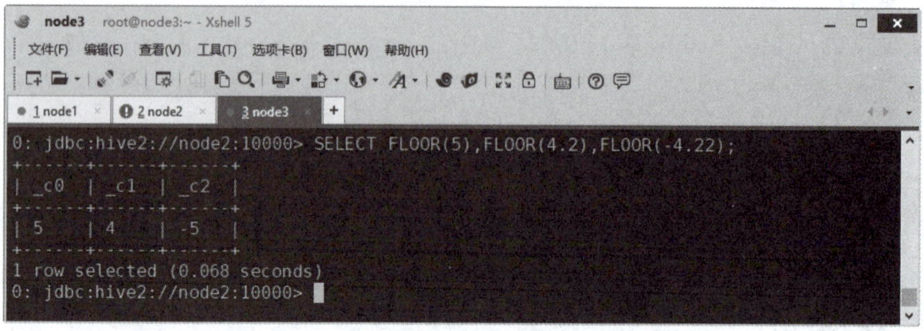

图 7-3　FLOOR()函数

(3)SQRT()函数

步骤 1:利用 SQRT(x)函数获取 x 的平方根,语句如下:

```
SELECT SQRT(64),SQRT(34),SQRT(-64);
```

步骤 2:在 node3 命令窗口中编写语句,运行结果如图 7-4 所示。

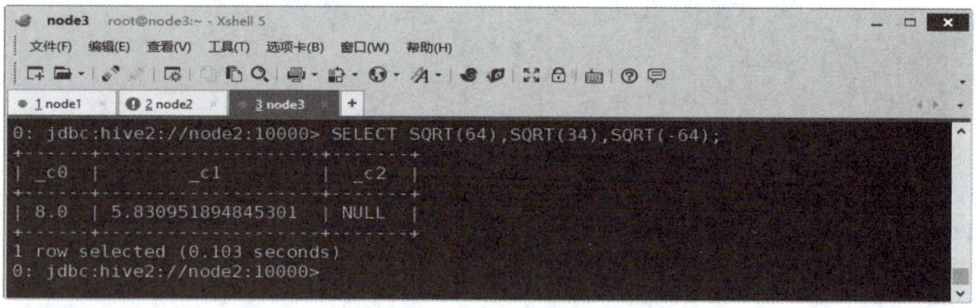

图 7-4　SQRT()函数

(4)ROUND()函数

步骤 1:利用 ROUND(x)、ROUND(x,y)函数返回四舍五入后的值,语句如下:

```
SELECT ROUND(2.7),ROUND(2.3),ROUND(2.7127345,3);
```

其中,ROUND(2.7127345,3)中有 2 个参数,第 2 个参数 3 代表保留小数位数 3 位。

步骤 2:在 node3 命令窗口中编写语句,运行结果如图 7-5 所示。

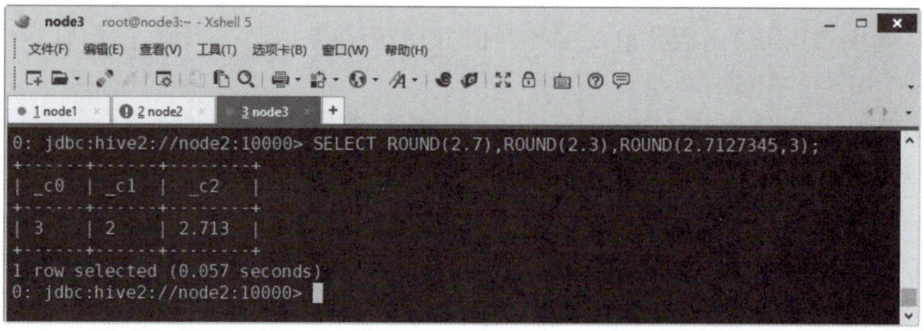

图 7-5　ROUND()函数

(5)POW()、GREATEST()函数

步骤 1：利用 POW(x,y)函数返回 x 的 y 次方，GREATEST(e1,e2,...)函数返回列表中的最大值，语句如下：

```
SELECT POW(2,3),POW(2,-2),GREATEST(12,13.3,30);
```

步骤 2：在 node3 命令窗口中编写语句，运行结果如图 7-6 所示。

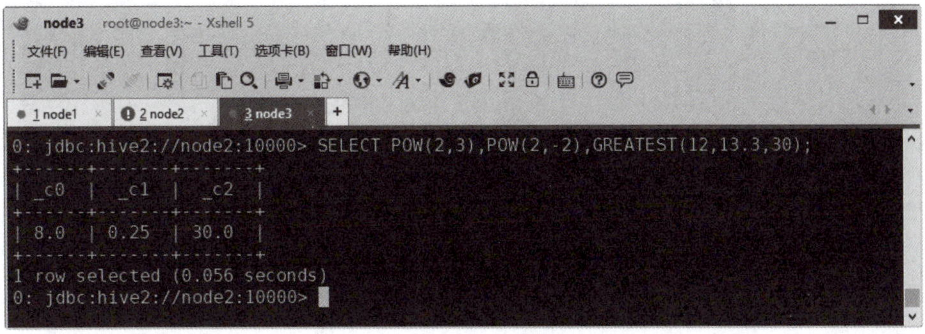

图 7-6　POW()、GREATEST()函数

2. 聚合函数

聚合函数

(1)COUNT(＊)函数

步骤 1：利用 COUNT(＊)函数统计 emp 表中各系部的学生总数，语句如下：

```
SELECT
deptno,COUNT(*) emp_num
FROM emp
GROUP BY deptno;
```

其中，利用 GROUP BY 语句按 deptno 分组，再利用 COUNT(＊)函数统计总数。

步骤 2：在 node3 命令窗口中编写语句，运行结果如图 7-7 所示。

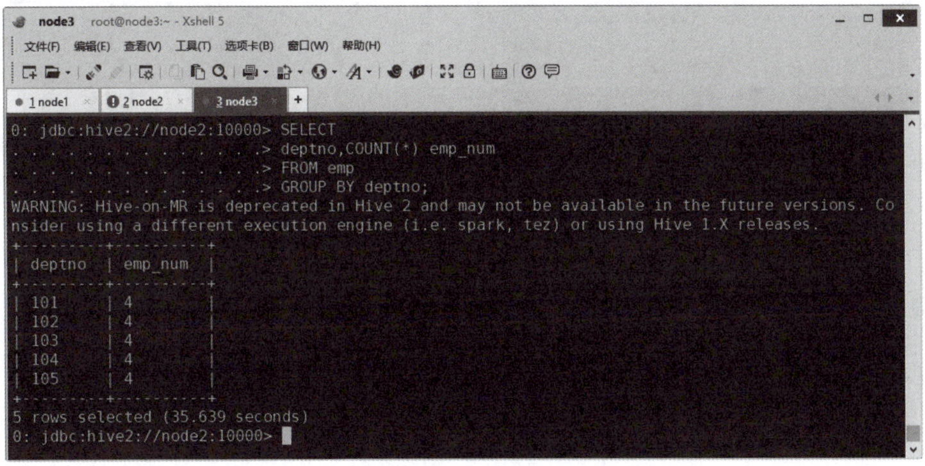

图 7-7　统计 emp 表中各系部的学生总数

(2)COUNT(col)函数

步骤 1：利用 COUNT(col)函数统计 emp 表中列 scholarship 中非空值的个数，COUNT(DISTINCT col)函数获取列 scholarship 中非空且不重复值的个数，语句如下：

```
SELECT
COUNT(scholarship) num_notnull,
```

```
COUNT(DISTINCT scholarship) num_notre
FROM emp;
```

步骤 2:在 node3 命令窗口中编写语句,运行结果如图 7-8 所示。

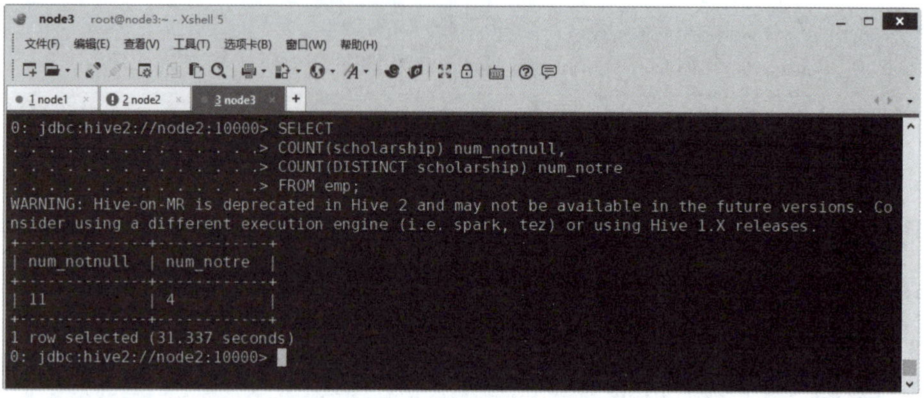

图 7-8 统计 emp 表中列 scholarship 个数

从结果可以看出,列 scholarship 中非空的值有 11 个,非空且不重复的值有 4 个。

(3)SUM()函数

步骤 1:利用 SUM(col)函数统计 emp 表中各系部 deptno 学生 score 总分,语句如下:

```
SELECT
deptno,SUM(score) score_sum
FROM emp
GROUP BY deptno;
```

其中,利用 GROUP BY 语句按 deptno 分组,再利用 SUM(col)函数计算总和。

步骤 2:在 node3 命令窗口中编写语句,运行结果如图 7-9 所示。

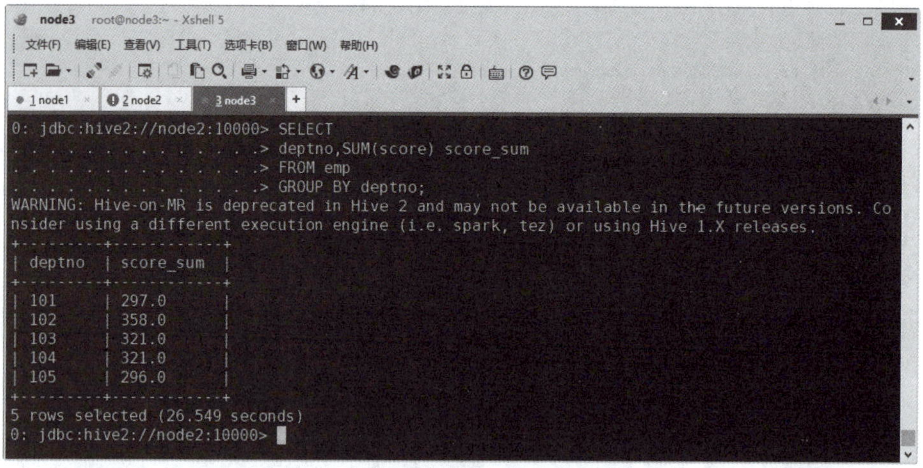

图 7-9 统计各系部 deptno 学生 score 总分

(4)AVG()函数

步骤 1:利用 AVG(col)函数统计 emp 表中各系部 deptno 学生 score 平均分,语句如下:

```
SELECT
deptno,AVG(score) score_avg
FROM emp
GROUP BY deptno;
```

其中，利用 GROUP BY 语句按 deptno 分组，再利用 AVG(col)函数计算平均值。

步骤 2：在 node3 命令窗口中编写语句，运行结果如图 7-10 所示。

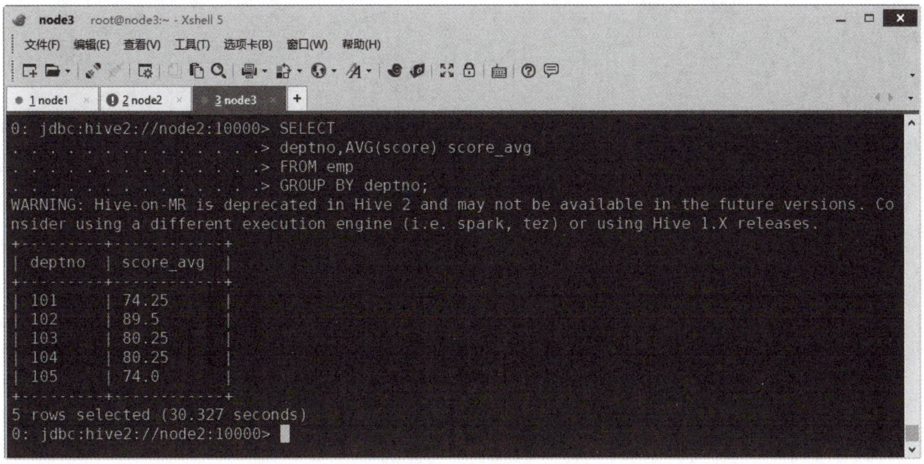

图 7-10 统计各系部 deptno 学生 score 平均分

(5)MAX()、MIN()函数

步骤 1：利用 MAX(col)函数获取 emp 表中 score 最高分，MIN(col)函数获取 score 最低分，语句如下：

SELECT MAX(score) score_max, MIN(score) score_min FROM emp;

步骤 2：在 node3 命令窗口中编写语句，运行结果如图 7-11 所示。

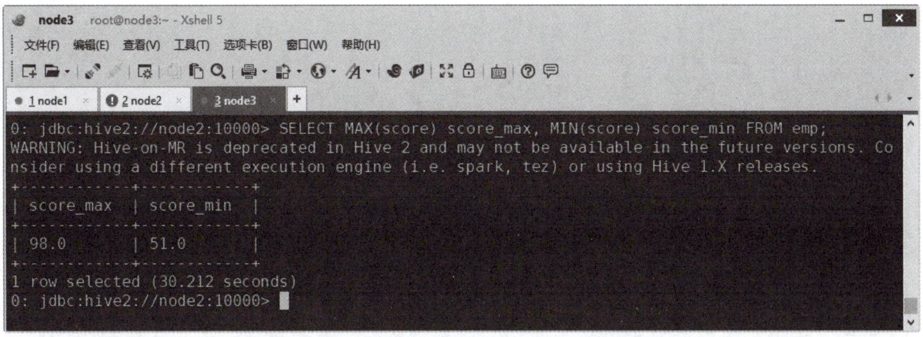

图 7-11 统计 emp 表中 score 最高分、最低分

(6)COLLECT_LIST()函数

步骤 1：利用 COLLECT_LIST(col)函数(不去重复值)获取 emp 表中各系部学生姓名数组，返回值为 Array 格式的数据，语句如下：

```
SELECT
deptno,COLLECT_LIST(ename) name
FROM emp
GROUP BY deptno;
```

其中，利用 GROUP BY 语句按 deptno 分组，再利用 COLLECT_LIST(col)函数获取姓名数组。

步骤 2：在 node3 命令窗口中编写语句，运行结果如图 7-12 所示。

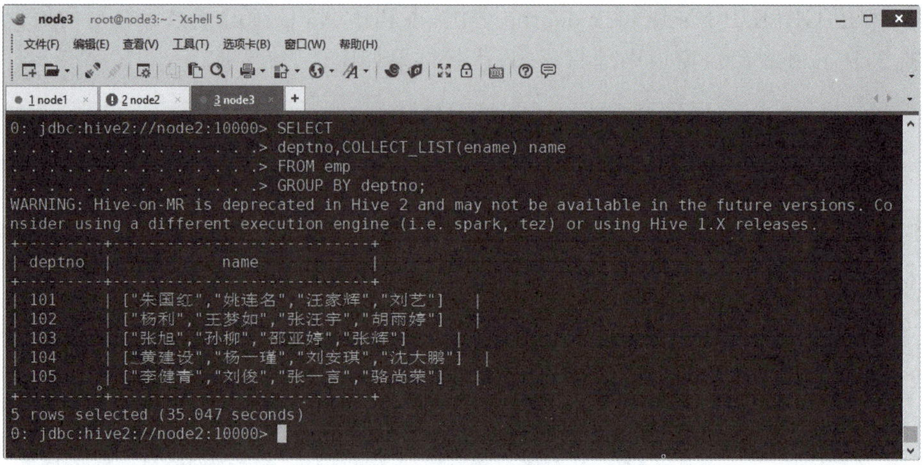

图 7-12 获取 emp 表中各系部学生姓名数组

3. 日期时间函数

(1)CURRENT_DATE()、CURRENT_TIMESTAMP()函数

步骤 1:利用 CURRENT_DATE()函数获取当前日期、CURRENT_TIMESTAMP()函数获取当前日期和时间,语句如下:

```
SELECT
CURRENT_DATE() currentdate,
CURRENT_TIMESTAMP() currenttime;
```

步骤 2:在 node3 命令窗口中编写语句,运行结果如图 7-13 所示。

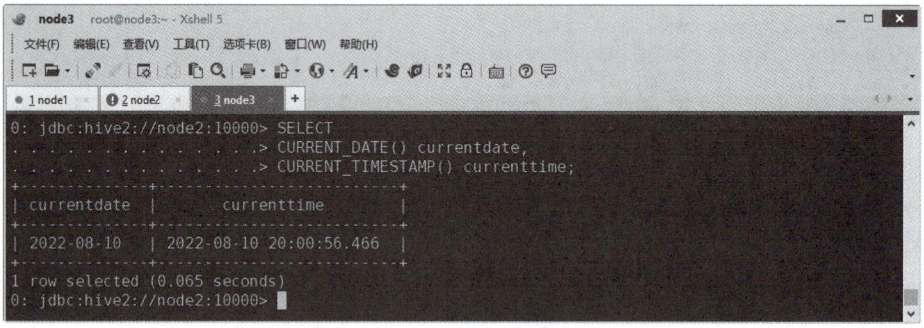

图 7-13 获取当前日期时间

(2)YEAR()、QUARTER()、WEEKOFYEAR()函数

步骤 1:利用 YEAR(col)函数获取 emp 表中列 bday 出生日期的年份,QUARTER(col)函数获取出生日期所属季度,WEEKOFYEAR(col)函数获取出生日期在该年份中是第几周,语句如下:

```
SELECT
empno,bday,YEAR(bday) year,
QUARTER(bday) quarter,
WEEKOFYEAR(bday) weekofyear
FROM emp;
```

步骤 2:在 node3 命令窗口中编写语句,运行结果如图 7-14 所示。

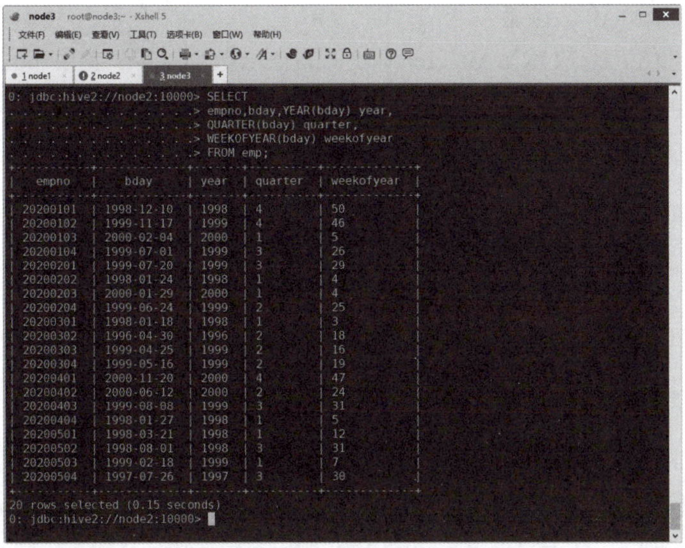

图 7-14 获取 bday 生日的年份、季度、所在周

(3)DATEDIFF()函数、DATE_ADD()函数、DATE_SUB()函数

步骤 1:利用 DATEDIFF(end,bday)函数获取 emp 表中列 bday 出生日期与当前日期相差多少天,DATE_ADD(bday,num)函数将出生日期推后 num 天,DATE_SUB(bday,num)函数将 bday 出生日期提前 num 天,语句如下:

```
SELECT
empno,ename,bday,
CURRENT_DATE() currentdate,
DATEDIFF(CURRENT_DATE(),bday) datebetween,
DATE_ADD(bday,10) bdayAdd,
DATE_SUB(bday,10) bdaySub
FROM emp;
```

步骤 2:在 node3 命令窗口中编写语句,运行结果如图 7-15 所示。

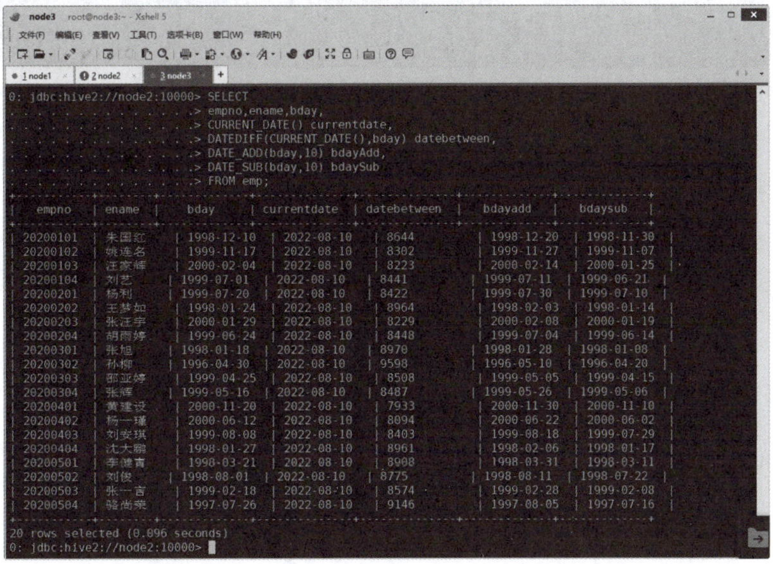

图 7-15 获取 emp 表中出生日期距今总天数、推后提前 10 天

(4)DATE_FORMAT()函数

步骤 1:利用 DATE_FORMAT(bday,format)函数将 emp 表中 bday 出生日期按照 format 格式进行格式化。例如,将列 bday 中 yyyy-MM-dd 格式的日期格式化为 yyyy/MM/dd,语句如下:

```
SELECT
empno,ename,bday,
DATE_FORMAT(bday,"yyyy/MM/dd") bday_format
FROM emp;
```

步骤 2:在 node3 命令窗口中编写语句,运行结果如图 7-16 所示。

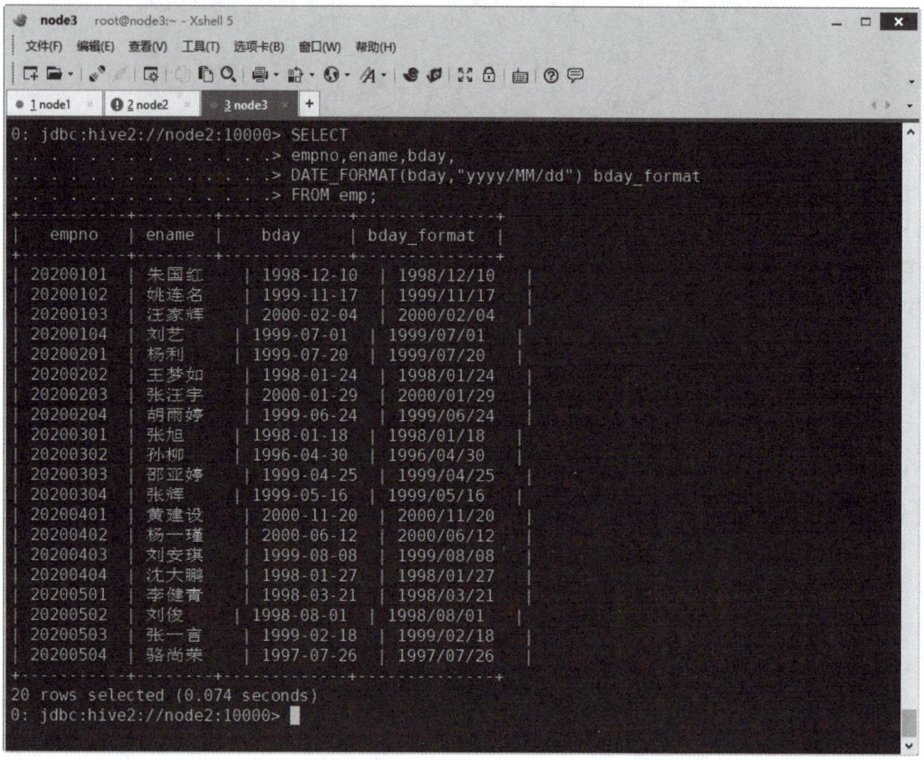

```
0: jdbc:hive2://node2:10000> SELECT
. . . . . . . . . . . . . . . .> empno,ename,bday,
. . . . . . . . . . . . . . . .> DATE_FORMAT(bday,"yyyy/MM/dd") bday_format
. . . . . . . . . . . . . . . .> FROM emp;
+-----------+--------+-------------+--------------+
|   empno   | ename  |    bday     | bday_format  |
+-----------+--------+-------------+--------------+
| 20200101  | 朱国红  | 1998-12-10  | 1998/12/10   |
| 20200102  | 姚连名  | 1999-11-17  | 1999/11/17   |
| 20200103  | 汪家辉  | 2000-02-04  | 2000/02/04   |
| 20200104  | 刘艺   | 1999-07-01  | 1999/07/01   |
| 20200201  | 杨利   | 1999-07-20  | 1999/07/20   |
| 20200202  | 王梦如  | 1998-01-24  | 1998/01/24   |
| 20200203  | 张汪宇  | 2000-01-29  | 2000/01/29   |
| 20200204  | 胡雨婷  | 1999-06-24  | 1999/06/24   |
| 20200301  | 张旭   | 1998-01-18  | 1998/01/18   |
| 20200302  | 孙柳   | 1996-04-30  | 1996/04/30   |
| 20200303  | 邵亚婷  | 1999-04-25  | 1999/04/25   |
| 20200304  | 张辉   | 1999-05-16  | 1999/05/16   |
| 20200401  | 黄建设  | 2000-11-20  | 2000/11/20   |
| 20200402  | 杨一瑾  | 2000-06-12  | 2000/06/12   |
| 20200403  | 刘安琪  | 1999-08-08  | 1999/08/08   |
| 20200404  | 沈大鹏  | 1998-01-27  | 1998/01/27   |
| 20200501  | 李健青  | 1998-03-21  | 1998/03/21   |
| 20200502  | 刘俊   | 1998-08-01  | 1998/08/01   |
| 20200503  | 张一言  | 1999-02-18  | 1999/02/18   |
| 20200504  | 骆尚荣  | 1997-07-26  | 1997/07/26   |
+-----------+--------+-------------+--------------+
20 rows selected (0.074 seconds)
0: jdbc:hive2://node2:10000>
```

图 7-16 格式化 bday 出生日期

4. 条件函数

(1)IF()函数

步骤 1:IF(expr,v1,v2)函数根据 expr 是否为 true,获取对应的值。若 expr 为 true,则返回 v1 的值,否则返回 v2 的值。

接下来利用 IF()函数,判断 emp 表中 score 分数是否及格,语句如下:

```
SELECT
empno,ename,score,
IF(score>=60,"及格","不及格") result
FROM emp;
```

上述语句中,当 score>=60 条件为 true 时,返回及格,否则返回不及格。

步骤 2:在 node3 命令窗口中编写语句,运行结果如图 7-17 所示。

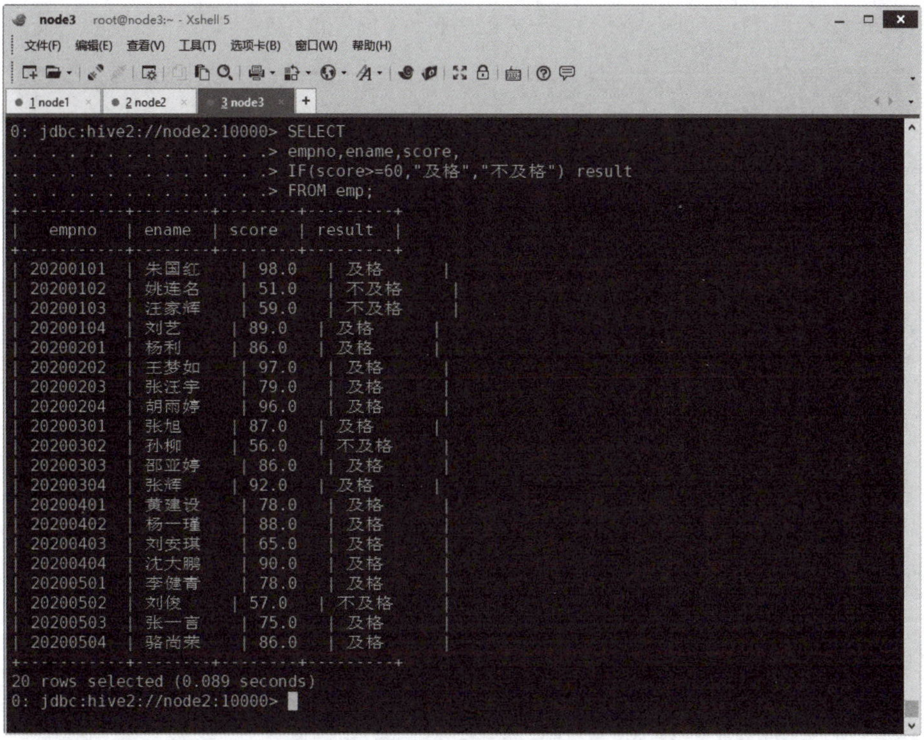

图 7-17 IF() 函数判断 score 是否及格

(2)CASE 函数

步骤 1:在表 7-4 中已列出 CASE 函数的语法及作用,具体如下:

```
CASE WHEN expr1 THEN v1 [WHEN [expr2 THEN v2,...] [ELSE vn] END
```

若表达式 expr1 成立,则返回 v1 的值;若表达式 expr2 成立,则返回 v2 的值;以此类推,最后遇到 else 时,返回 vn 的值。

接下来利用 CASE 函数,判断 emp 表中 score 分数等级,小于 60 为不及格,60~69 为及格,70~79 为中等,80~89 为良好,90+为优秀,语句如下:

```
SELECT empno,ename,score,
CASE
WHEN score<60 THEN '不及格'
WHEN score<70 AND score>=60   THEN '及格'
WHEN score<80 AND score>=70   THEN '中等'
WHEN score<90 AND score>=80   THEN '良好'
ELSE '优秀'
END
AS grade
FROM emp;
```

步骤 2:在 node3 命令窗口中编写语句,运行结果如图 7-18 所示。

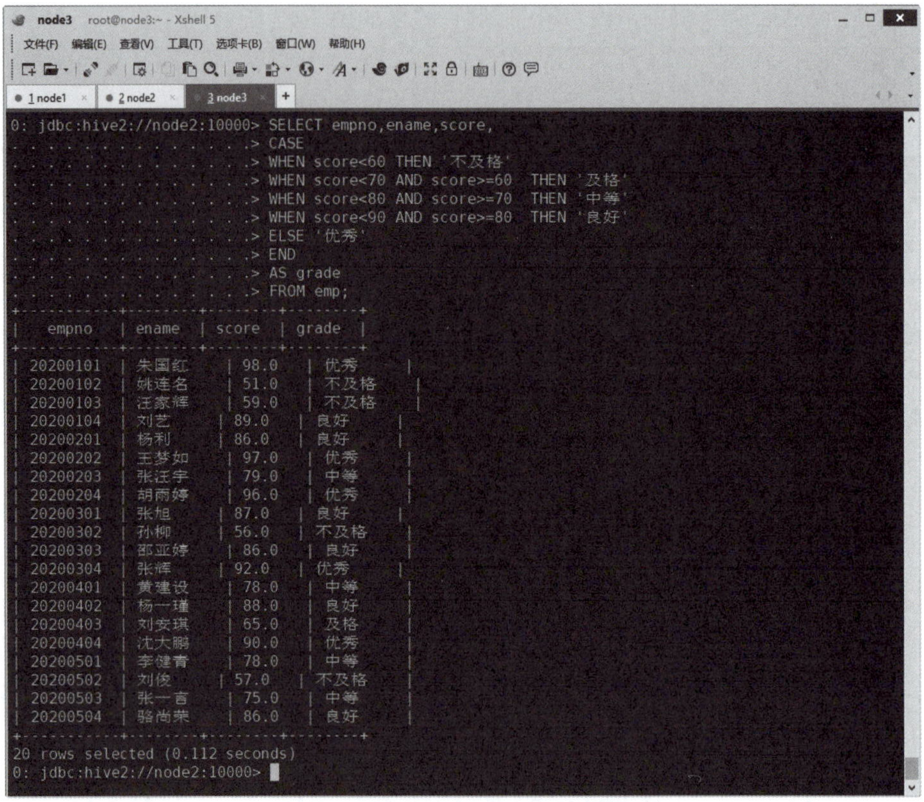

图 7-18　CASE 函数判断 score 分数等级

5. 字符串函数

(1)LENGTH()、CONCAT()函数

步骤 1:利用 LENGTH(str)函数获取字符串 str 的长度,CONCAT(str1,str2,...)函数拼接字符串,语句如下:

```
SELECT LENGTH('hello') c1,LENGTH('hello 你好') c2,LENGTH('') c3;
SELECT CONCAT('Hello ','Hive'),CONCAT('Hello ',NULL,'Hive');
```

步骤 2:在 node3 命令窗口中编写语句,运行结果如图 7-19 所示。

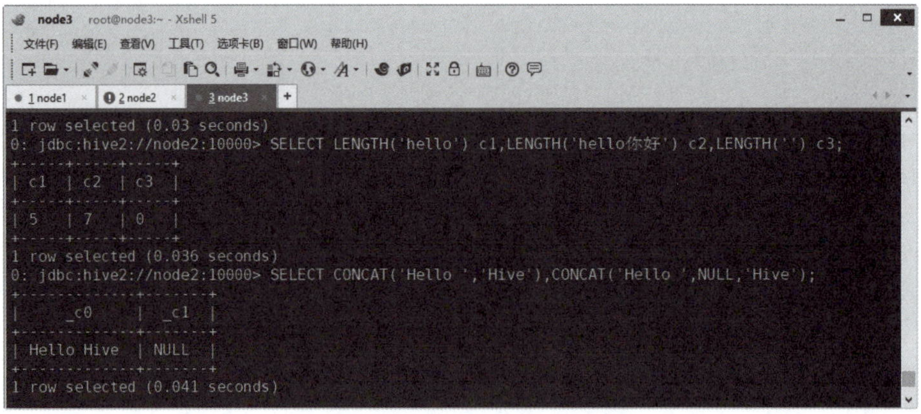

图 7-19　LENGTH()、CONCAT()函数

(2)LOWER()、UPPER()函数

步骤 1：利用 LOWER(str)函数将字符串 str 全部转换为小写字母，UPPER(str)函数将字符串 str 全部转换为大写字母，语句如下：

```
SELECT LOWER('HELLO'),UPPER('hive');
```

步骤 2：在 node3 命令窗口中编写语句，运行结果如图 7-20 所示。

(3)SUBSTRING()、REVERSE()数、TRIM()函数

步骤 1：利用 SUBSTRING(str,start,length)函数截取字符串 str 从 start 位置开始、长度为 len 的子字符串，REVERSE(str)函数将字符串进行反序，TRIM(str)函数去除 str 前后的空格，语句如下：

```
SELECT SUBSTRING('Hello Hive Book',7,5);
SELECT REVERSE('Hello Hive');
SELECT TRIM(' Hello Hive ');
```

在第 1 条语句中，获取字符串'Hello Hive Book'，从第 7 个字符开始，取长度为 5 的子字符串，即'Hive '。

步骤 2：在 node3 命令窗口中编写语句，运行结果如图 7-20 所示。

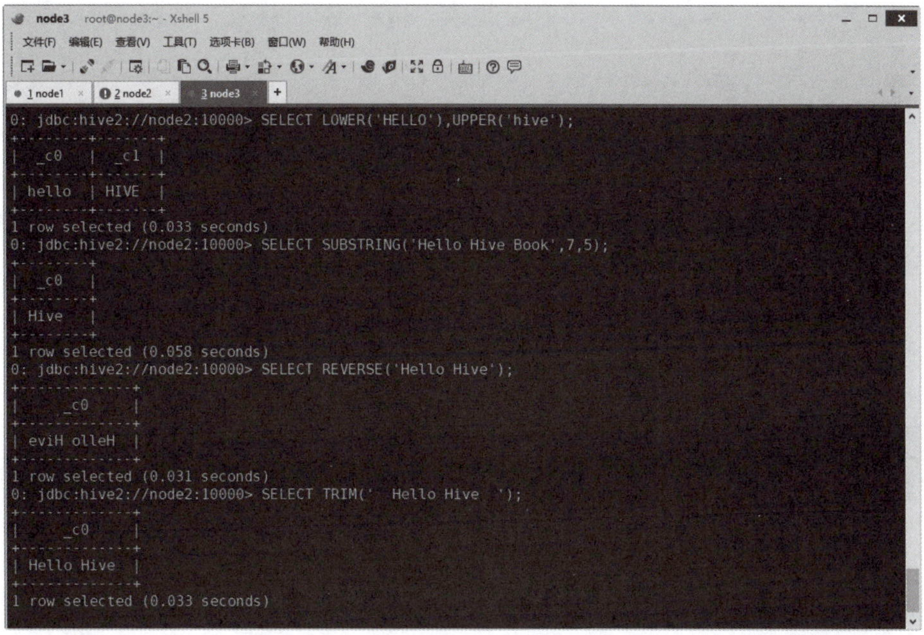

图 7-20 LOWER()、UPPER()函数等

(4)SPLIT()函数

步骤 1：利用 SPLIT(str,pattern)函数按照正则表达式 pattern 进行分割字符串，并将分割后的字符串以数组形式返回，语句如下：

```
SELECT SPLIT("Hello.Hive.Book","\\.");
SELECT SPLIT("Hello2022Hive801Book","\\d+");
```

在第 1 条语句中，将"Hello.Hive.Book"字符串以字符'.'进行分割，得到结果为["Hello","Hive","Book"]数组。在第 2 条语句中，将"Hello2022Hive801Book"字符串以数字'd+'进行分割，得到结果为["Hello","Hive","Book"]数组。

步骤 2：在 node3 命令窗口中编写语句，运行结果如图 7-21 所示。

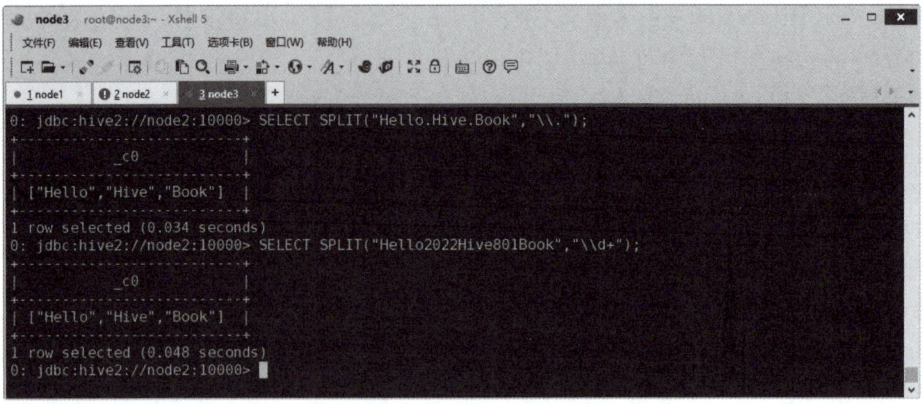

图 7-21 SPLIT()函数

任务 7.2 其他常见函数

7.2.1 任务描述

Hive 除 7.1 介绍的内置函数以外，还有一些其他常见的函数。例如，空字段赋值函数、窗口函数、排序函数、表生成函数等。本任务将详细介绍以上函数的使用方法。

7.2.2 任务准备知识

1. 空字段赋值函数

空字段赋值函数主要用来处理跟 NULL 值有关的字段数据。Hive 中常用的空字段赋值函数及作用见表 7-6。

表 7-6 Hive 中常用的空字段赋值函数及作用

空字段赋值函数	作用
NVL(column1,column2)	如果 column1 不为空，返回 column1，否则返回 column2
COALESCE(expr1,expr2,expr3,...,exprn)	返回第一个不为空的值
NULLIF(exp1,expr2)	如果 exp1 和 exp2 相等则返回空(NULL)，否则返回第一个值

2. 窗口函数

窗口函数是用于分析的一类函数，指定了函数工作的数据窗口大小(当前行的上下各多少行)，这个数据窗口大小可能会随着行的变化而变化。前面项目提到过聚合函数是将某列中多行的值合并为一行，如 SUM、COUNT 等。而窗口函数则可以在本行内做运算，得到多行的结果，即每一行对应一行的值。通用的窗口函数可以用下面的语法来概括：

```
Function() Over(Partition By Column1,Column2,ORDER BY Column3)
```

Hive 中常用的窗口函数及作用见表 7-7。

表 7-7 Hive 中常用的窗口函数及作用

窗口函数	作用
SUM(col) OVER()	分组对 col 累计求和
COUNT(col) OVER()	分组对 col 累计
MIN(col) OVER()	分组对 col 求最小值
MAX(col) OVER()	分组求 col 的最大值
AVG(col) OVER()	分组求 col 列的平均值
FIRST_VALUE(col) OVER()	获取某分组排序后的第一个 col 值
LAST_VALUE(col) OVER()	获取某分组排序后的最后一个 col 值
LAG(col,n,DEFAULT)	统计往前 n 行的 col 值,n 可选,默认为 1;DEFAULT 当往上第 n 行为 NULL 时,取默认值,如不指定,则为 NULL
LEAD(col,n,DEFAULT)	统计往后 n 行的 col 值,n 可选,默认为 1;DEFAULT 当往下第 n 行为 NULL 时,取默认值,如不指定,则为 NULL

3. 排序函数

排序函数可用来对数据进行排序,排序时可以和 OVER(ORDER BY fieldName)一起来使用,在 OVER(ORDER BY fieldName)中指定用于排序的窗口、排序依据的字段、排序是按照依据字段的升序还是降序。Hive 中常用的排序函数及作用见表 7-8。

表 7-8 Hive 中常用的排序函数及作用

排序函数	作用
DENSE_RANK()	排序相同时序号会重复,总数会减少
RANK()	排序相同时序号会重复,总数不会变
ROW_NUMBER()	排序时相同时序号不会重复,会根据顺序计算

4. 表生成函数

表生成函数是将指定数据或列中的数据拆分成多行数据,主要应用在集合类型数据。Hive 中常用的表生成函数及作用见表 7-9。

表 7-9 Hive 中常用的表生成函数及作用

表生成函数	作用
EXPLODE(x)	EXPLODE(Array) 将 Array 中的每个元素转换为每一行; EXPLODE(Map) 将 Map 中的每个键值对转换为两行,其中一行数据包含键,另一行数据包含值
POSEXPLODE(Array)	将 Array 中的每个元素所在位置转换为每一行
JSON_TUPLE(STRING jsonstr)	将指定 json 对象的值放在一行数据中
PARSE_URL_TUPLE(STRING urlstr,STRING part)	返回从 URL 字符串 urlStr 中抽取指定部分的内容,生成一行数据,part 为抽取的部分,包含 HOST、PATH、QUERY、REF、PROTOCOL、UTHORITY、FILE 和 USERINFO

7.2.3 任务实施

在 7.2.2 中已经介绍了 Hive 中常见的其他函数，接下来将在虚拟机 node3 中使用 Hive 客户端工具 Beeline，远程连接虚拟机 node2 的 HiveServer2 服务操作 Hive 数据库，演示上述函数的基本使用。因函数较多，在此仅举例每类函数中最常见的几种函数用法。

本项目涉及的 table 除 emp 表外，还有 course 表，用来记录学生的课程以及对应成绩，具体新建表语句如下：

```
CREATE EXTERNAL TABLE IF NOT EXISTS course(
    empno INT,
    ename STRING,
    courses Array<STRING>,
    scores Map<STRING,DOUBLE>
)
ROW FORMAT DELIMITED FIELDS TERMINATED BY '\t';
```

其中，列 courses 数据类型为 Array 数组类型，表示学生的课程；列 scores 数据类型为 Map 类型，表示学生的课程以及对应成绩，课程为 key，成绩为 value。

course 表中具体信息如图 7-22 所示。

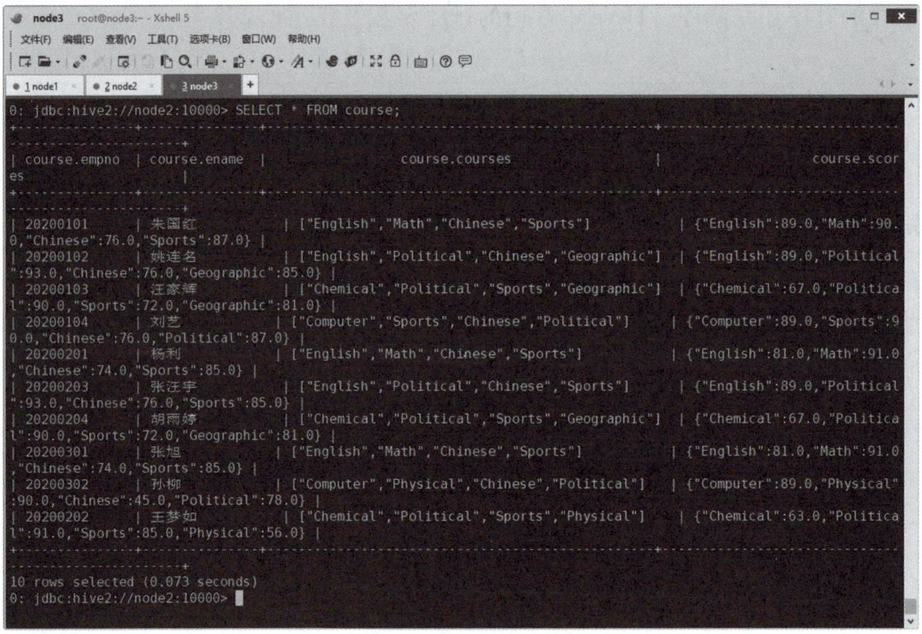

图 7-22 course 表

1. 空字段赋值函数

(1)NVL()函数

步骤 1：在表 7-6 中已列出 NVL()函数的语法及作用，具体如下：

```
NVL(column1,column2)
```

如果 column1 不为空，返回 column1，否则返回 column2。

接下来利用 NVL(column1，column2)函数对 emp 表中列 scholarship 进行查询，若

scholarship 为空则返回姓名 ename，由此可知哪些学生 scholarship 为空，语句如下：

```
SELECT empno,NVL(scholarship,ename) c1 FROM emp;
```

步骤 2：在 node3 命令窗口中编写语句，运行结果如图 7-23 所示。

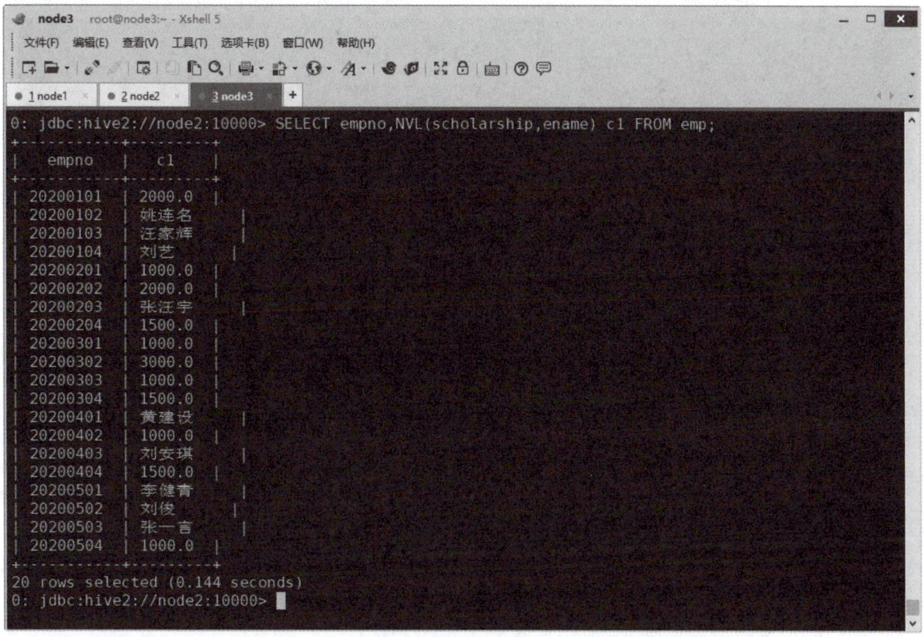

图 7-23 NVL()函数

由运行结果可以看出，有 9 位同学 scholarship 为空，返回的是姓名。

(2)COALESCE()函数

步骤 1：利用 COALESCE(expr1，expr2，expr3，. . . ，exprn)函数返回参数列表中第一个不为 NULL 的值，语句如下：

```
SELECT
COALESCE(NULL,"hello","hive",NULL) c1,
COALESCE(NULL,"","hello","hive",NULL) c2;
```

步骤 2：在 node3 命令窗口中编写语句，运行结果如图 7-24 所示。

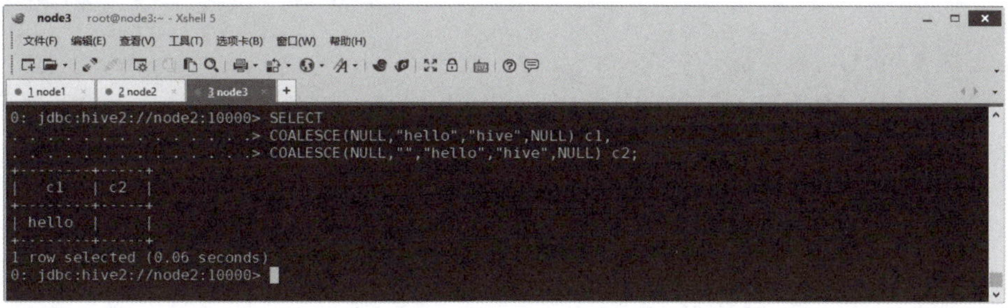

图 7-24 COALESCE()函数

(3)NULLIF()函数

步骤 1：利用 NULLIF (expr1，expr2)函数返回结果，若参数相等则返回 NULL，不相等则返回第一个值，语句如下：

```
SELECT NULLIF("hello","hello") c1, NULLIF("hello","hive") c2;
```

上述语句中，c1 中两个参数相等，返回 NULL；c2 中两个参数不相等，返回第 1 个值"hello"。

步骤 2：在 node3 命令窗口中编写语句，运行结果如图 7-25 所示。

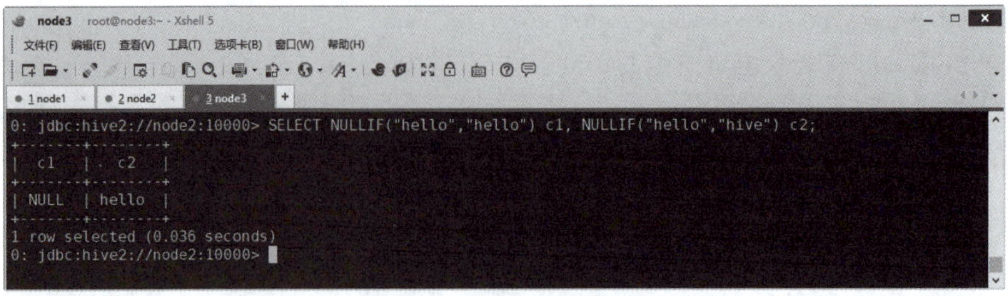

图 7-25 NULLIF ()函数

2. 窗口函数

步骤 1：在 7.2.2 中已介绍过窗口函数，它不同于聚合函数，在统计时会指明数据窗口大小（当前行的前后多少行），最后会得到多行的结果，即每一行对应一个值。

接下来利用 SUM(col) OVER()窗口函数对 emp 表中 score 列进行累计求和，语句如下：

```
SELECT
ename,deptno,score,
--所有行相加
SUM(score) OVER() AS c1,
--按 deptno 分组，组内相加
SUM(score) OVER(PARTITION BY deptno) AS c2,
--按 deptno 分组、score 降序，组内相加，起点到当前行相加
SUM(score) OVER(PARTITION BY deptno ORDER BY score DESC) AS c3,
--起点到当前行相加
SUM(score) OVER(PARTITION BY deptno ORDER BY score DESC rows between unbounded preceding and current row) AS c4,
--当前行+前 2 行
SUM(score) OVER(PARTITION BY deptno ORDER BY score DESC rows between 2 preceding and current row) AS c5,
--当前行+后 2 行
SUM(score) OVER(PARTITION BY deptno ORDER BY score DESC rows between current row and 2 following) AS c6,
--前 2 行+当前行+后 2 行
SUM(score) OVER(PARTITION BY deptno ORDER BY score DESC rows between 2 preceding and 2 following) AS c7
FROM emp;
```

上述语句中，在 OVER()从句中 PARTITION BY 表示分组，ORDER BY 必须跟在 PARTITION BY 后，rows between... and... 指定起点行和终止行，如果不指定 rows between，则默认从起点到当前行，current row 表示当前行，preceding 表示往前 n 行，following 表示往后 n 行。

步骤 2：在 node3 命令窗口中编写语句，运行结果如图 7-26 所示。

由运行结果可以看出，在使用窗口函数 SUM(col) OVER()进行求和时，得到的并不是单个总和值，而是多个值，每行分别对应一个值，结果根据指定的数据窗口大小而不断变化。

3. 排序函数

步骤 1：在表 7-8 中已列出 3 种排序函数的语法及作用，它们的主要区别如下：

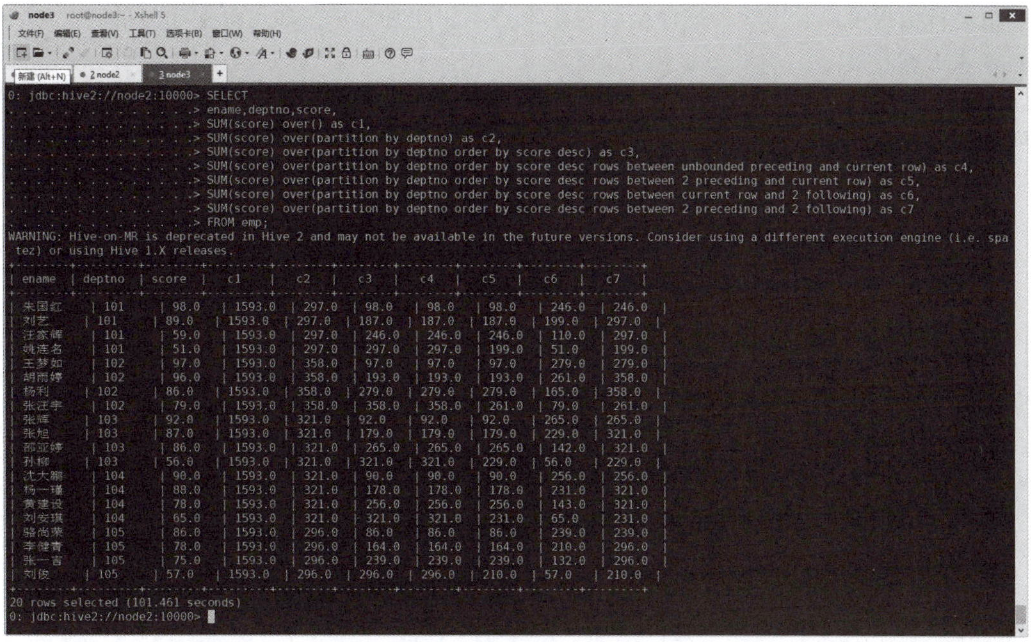

图 7-26 窗口函数 SUM(col) OVER()

(1)RANK()函数,当排序相同时,序号会重复,但总数不会减少。

(2)DENSE_RANK()函数,当排序相同时,序号会重复,但总数会减少。

(3)ROW_NUMBER()函数,当排序相同时,序号不会重复,会根据顺序计算,总数不会减少。

接下来利用以上 3 种排序函数对 emp 表按 score 降序对所有人进行成绩排名,语句如下:

```
SELECT empno,ename,score,
RANK() OVER(ORDER BY score DESC) rank,
DENSE_RANK() OVER(ORDER BY score DESC) dense_rank,
ROW_NUMBER() OVER(ORDER BY score DESC) row_number
FROM emp;
```

步骤 2:在 node3 命令窗口中编写语句,运行结果如图 7-27 所示。

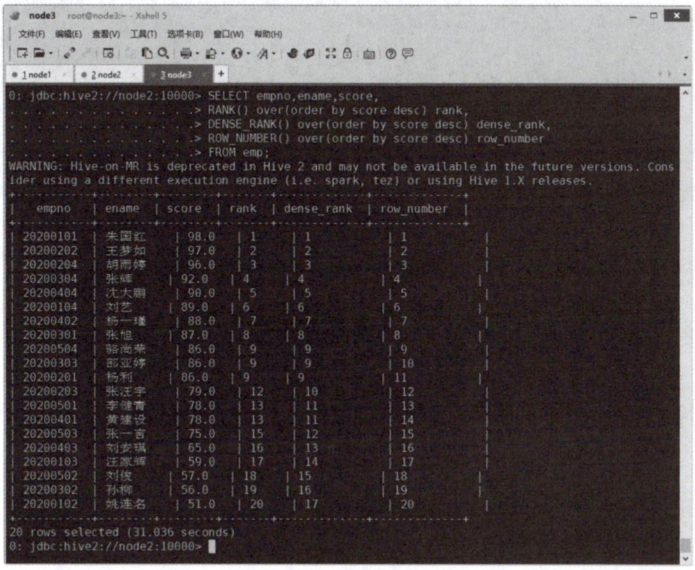

图 7-27 排序函数

由运行结果可以看出 3 种排序函数在出现排序相同时分别是如何标记序号的。

4. 表生成函数

在使用表生成函数时，只允许对表生成函数指定的列进行访问。若需要对表生成函数指定列之外的列进行访问，则需要配合侧视图 LATERAL VIEW 一起使用，在使用侧视图时可以指定列的别名。

(1)EXPLODE(Array)函数

步骤 1：在表 7-9 中已列出 EXPLODE(Array)函数的语法及作用，用来将 Array 中的每个元素转换为每一行。接下来利用 EXPLODE(Array)函数将 course 表中列 courses 的课程进行拆分为多行，语句如下：

```
SELECT
empno,ename,courses,course_new
FROM course
LATERAL VIEW EXPLODE(courses)
courses AS course_new;
```

上述语句中，使用表生成函数 EXPLODE(Array)拆分 course 表中 Array 数据类型列 courses，并用 AS 子句指定列 courses 的别名为 course_new。

步骤 2：在 node3 命令窗口中编写语句，运行结果如图 7-28 所示。

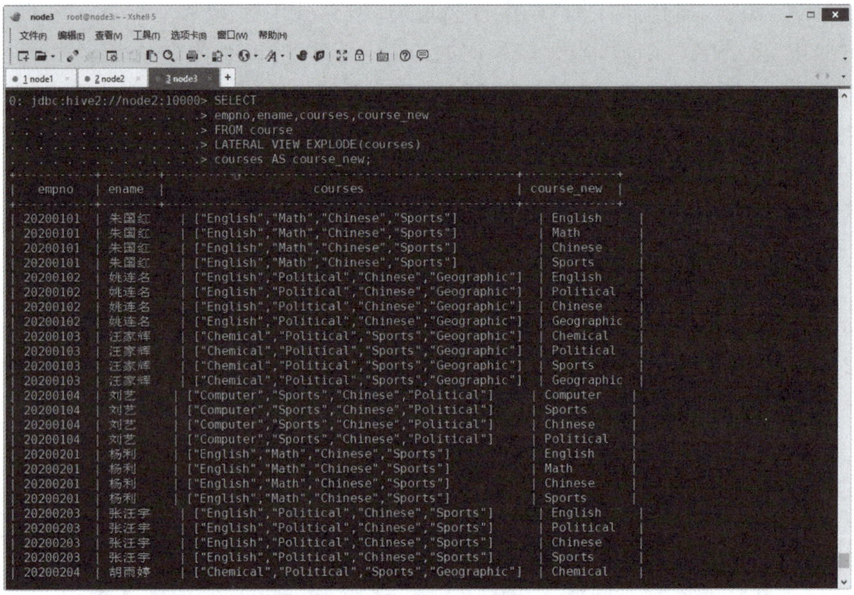

图 7-28 EXPLODE(Array)函数

由运行结果可以看出，列 courses 为原始 Array 数组类型数据，列 course_new 为拆分后的数据，通过对比拆分前后的数据，可以看出原始数据 Array 数组中的每一个元素被拆分为单独的一列数据。

(2)EXPLODE(Map)函数

步骤 1：在表 7-9 中已列出 EXPLODE(Map)函数的语法及作用，可以将 Map 中的每个键值对转换为两行，其中一行数据包含键 key，另一行数据包含值 value，接下来利用 EXPLODE(Map)函数将 course 表中列 scores 的课程成绩进行拆分，语句如下：

```
SELECT
empno,ename,scores,key,value
```

```
FROM course
LATERAL VIEW EXPLODE(scores)
scores AS key,value;
```

上述语句中，使用表生成函数 EXPLODE(Map)拆分 course 表中 Map 数据类型列 scores，并用 AS 子句指定列 scores 的别名分别为 key 和 value。Map 数据类型被拆分后会形成两列数据，一列只包含 Map 中的 key 值，另一列只包含 Map 中的 value 值。

步骤 2：在 node3 命令窗口中编写语句，运行结果如图 7-29 所示。

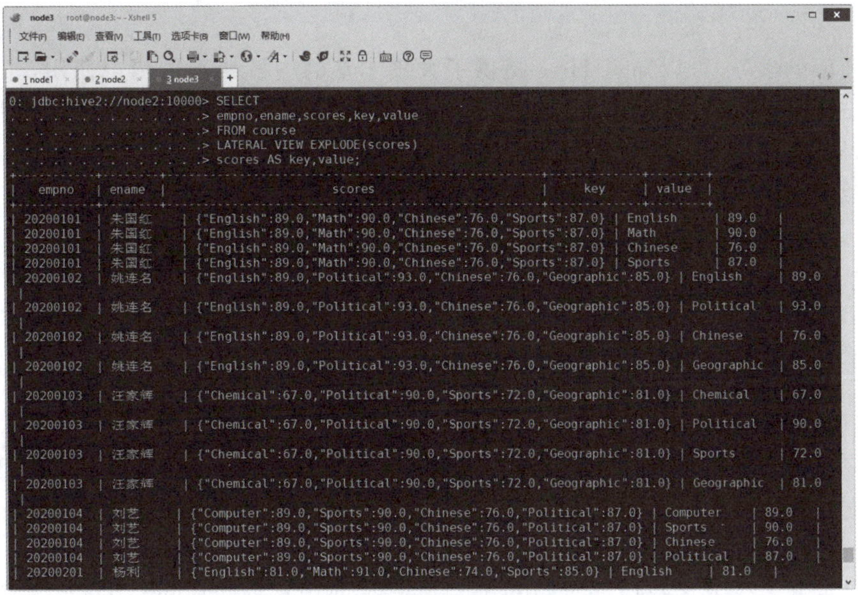

图 7-29 EXPLODE(Map)函数

由运行结果可以看出，列 scores 为原始 Map 类型数据，列 key 和 value 为拆分后的数据，通过对比拆分前后的数据，可以看出原始数据 Map 中的每一个键值对被拆分成两个独立的列。

(3)PARSE_URL_TUPLE()函数

步骤 1：利用 PARSE_URL_TUPLE(url)函数对 URL 地址进行拆分，语句如下：

```
SELECT
PARSE_URL_TUPLE("https://baike.baidu.com/item/hive/67986?fr=aladdin",'HOST',
'PATH','QUERY')AS(host,path,query);
```

上述语句中，利用 PARSE_URL_TUPLE()函数获取 URL 地址中的 HOST 域名、PATH 路径、QUERY 参数。

步骤 2：在 node3 命令窗口中编写语句，运行结果如图 7-30 所示。

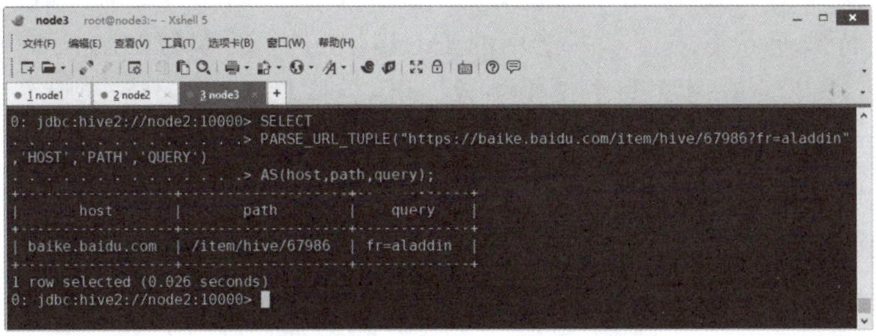

图 7-30 PARSE_URL_TUPLE()函数

任务 7.3 自定义函数

7.3.1 任务描述

通过前面的学习，可以知道 Hive 提供了大量丰富的内置函数供用户使用，非常灵活方便。但是 Hive 内置函数的实现规则都是固定的，在实际使用时当内置函数无法满足特殊业务需求时，用户可以考虑按业务需求自己定义函数，即自定义函数。本任务将详细介绍 Hive 自定义函数的使用方法。

7.3.2 任务准备知识

1. 用户自定义函数

在用户自定义函数(User Defined Functions，UDF)中输入单个数据行进行处理时，会输出单个数据行作为结果。简单地说，UDF 函数一进一出，操作单个数据行，产生单个数据行。

2. 用户自定义表生成函数

用户自定义表生成函数(UserDefined TableGenerating Functions，UDTF)与 Hive 内置的表生成函数类似，将输入的单个数据行拆分为多行或多列数据的形式。简单地说，UDTF 函数一进多出，操作单个数据行，产生多个数据行。

3. 用户自定义聚合函数

用户自定义聚合函数(UserDefined Aggregation Functions，UDAF)与 Hive 内置的聚合函数类似，将输入的多个数据行聚合成单个数据行。简单地说，UDAF 函数多进一出，操作多个数据行，产生一个数据行。

7.3.3 任务实施

本节主要介绍在 Intellij IDEA 开发工具中用 Java 语言创建自定义函数，以及如何使用自定义函数来满足特殊业务需求。本书使用的 Intellij IDEA 版本为 Ultimate 2021.2 中文版，JDK 版本为 1.8，涉及的 emp 表与 7.1 中一致，具体表信息如图 7-1 所示。

1. 用户自定义函数

接下来将介绍如何利用自定义函数，实现根据 emp 表中列 bday 出生日期，计算出对应年龄，具体操作步骤如下。

步骤 1：创建 Maven 项目。

打开 Intellij IDEA 开发工具，单击右上角“新建项目”按钮，弹出“新建项目”对话框，左侧选项卡选择“Maven”，即创建 Maven 项目，如图 7-31 所示。

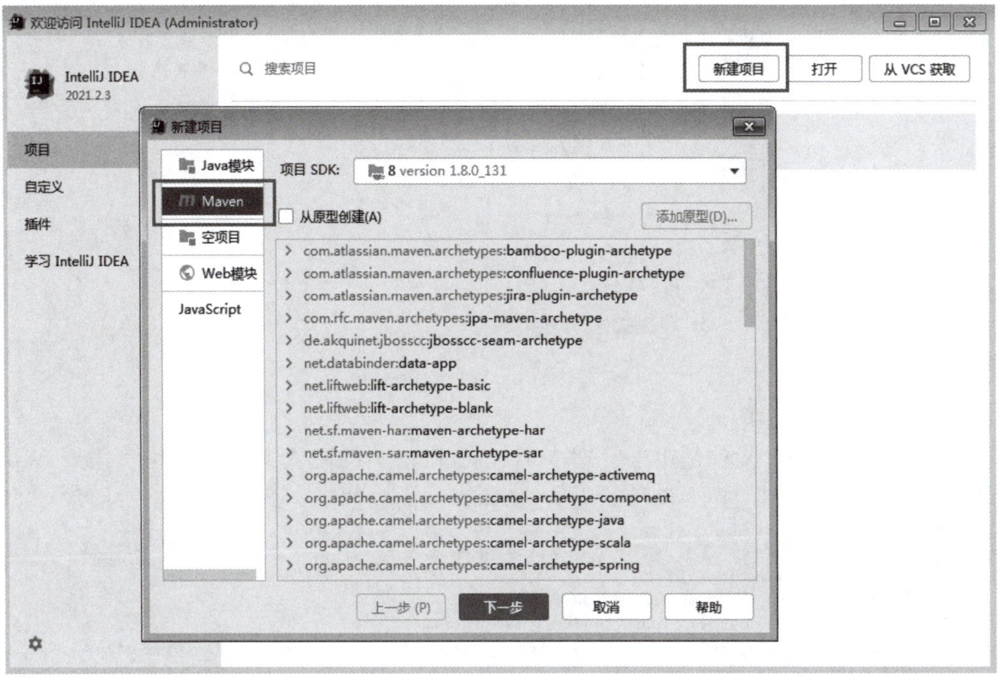

图 7-31　创建 Maven 项目

在图 7-31 中单击“下一步”按钮，配置 Maven 项目的名称、位置、组 ID、工件 ID，如图 7-32 所示。

图 7-32　配置 Maven 项目选项

在图 7-32 中单击“完成”按钮，完成项目 unit7 的创建。项目 unit7 初始目录结构如图 7-33 所示。

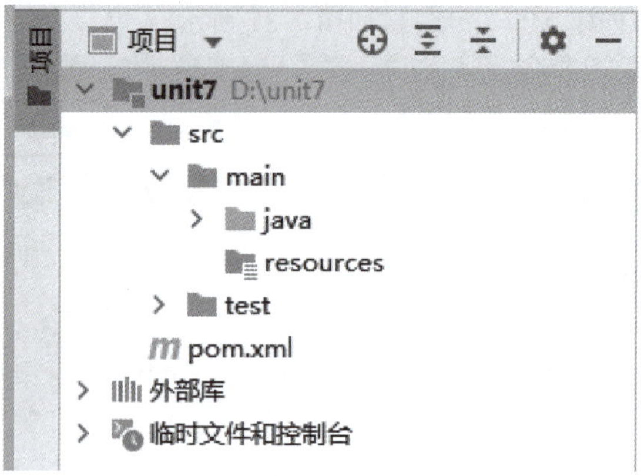

图 7-33　项目 unit7 初始目录结构

步骤 2：导入项目依赖。

项目中的 pom.xml 文件是用来管理 Maven 项目依赖的配置文件。本项目需要在 pom.xml 文件中导入用于开发 Hive 程序的依赖，具体添加内容如图 7-34 所示。

pom.xml (unit7)

```
<?xml version="1.0" encoding="UTF-8"?>
<project xmlns="http://maven.apache.org/POM/4.0.0"
         xmlns:xsi="http://www.w3.org/2001/XMLSchema-instance"
         xsi:schemaLocation="http://maven.apache.org/POM/4.0.0 http://maven.apache.org/xsd/maven-4.0.0.xsd">
    <modelVersion>4.0.0</modelVersion>

    <groupId>unit7</groupId>
    <artifactId>unit7</artifactId>
    <version>1.0</version>

    <properties>
        <maven.compiler.source>8</maven.compiler.source>
        <maven.compiler.target>8</maven.compiler.target>
    </properties>

    <dependencies>
        <dependency>
            <groupId>org.apache.hive</groupId>
            <artifactId>hive-exec</artifactId>
            <version>2.3.9</version>
        </dependency>
    </dependencies>

</project>
```

图 7-34　导入 Hive 依赖

添加完依赖以后，保存配置文件 pom.xml。之后 Maven 将会自动下载 Hive 的依赖包，下载速度很大程度取决于网络状态。下载完成之前无法使用 Hive 依赖的相关内容，可通过 IDEA 右下角进度条查看下载情况。

步骤 3：创建项目 Package。

在 unit7 项目目录结构中的 java 目录下右击新建软件包 unit7，具体过程如图 7-35、图 7-36 所示。

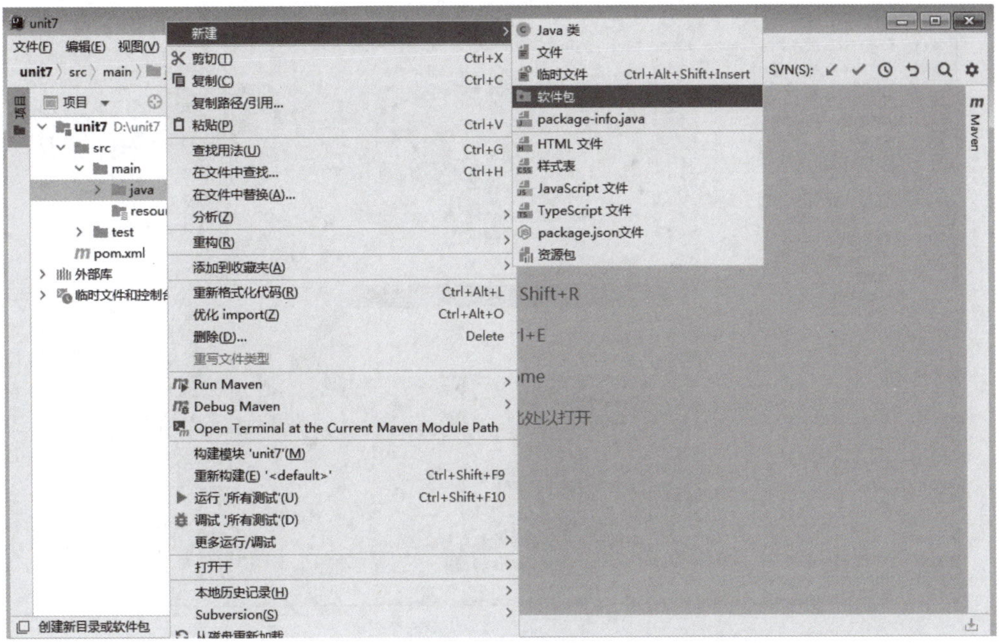

图 7-35 新建软件包

图 7-36 设置软件包名称

步骤 4:创建 UDF 主类。

在 package 包 unit7 上右击新建 Java 类 GetAgeUDF,具体过程如图 7-37、图 7-38 所示。

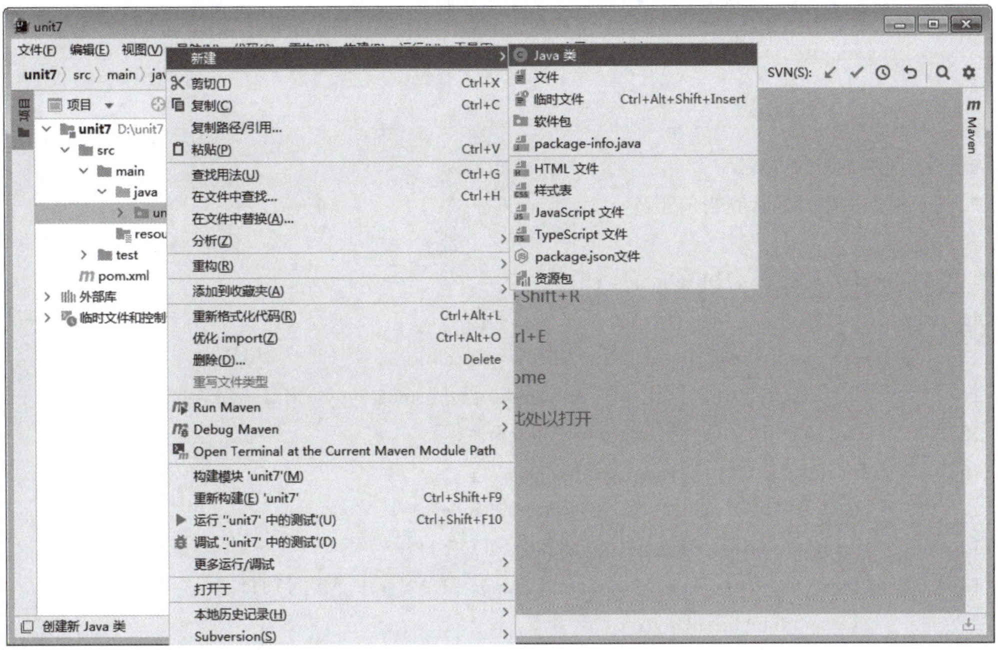

图 7-37 新建 Java 类

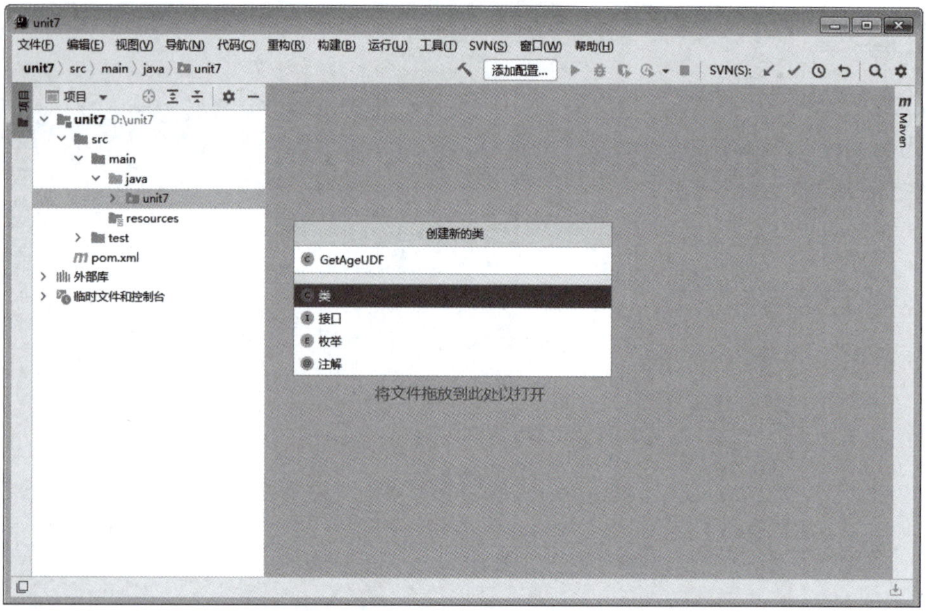

图 7-38　设置 Java 类名称

步骤 5:实现 UDF 函数。

在类 GetAgeUDF 中实现根据 emp 表中列 bday 出生日期计算出对应年龄,具体代码如文件 7-1 所示。

文件 7-1　GetAgeUDF. java

```
package unit7;
import org.apache.hadoop.hive.ql.exec.UDF;
import java.text.SimpleDateFormat;
import java.util.Calendar;
import java.util.Date;

/**
 * 自定义 UDF 函数
 * 根据出生日期计算当前年龄
 */
public class GetAgeUDF extends UDF {

  public int evaluate(String dateStr) throws Exception {
        SimpleDateFormat sdf = new SimpleDateFormat("yyyy-MM-dd");
        Date birthDayAge = sdf.parse(dateStr);
        Calendar cal = Calendar.getInstance();
        int yearNow = cal.get(Calendar.YEAR);
        int monthNow = cal.get(Calendar.MONTH);
        int dayOfMonthNow = cal.get(Calendar.DAY_OF_MONTH);
        cal.setTime(birthDayAge);
        int yearBirth = cal.get(Calendar.YEAR);
        int monthBirth = cal.get(Calendar.MONTH);
```

```
        int dayOfMonthBirth = cal.get(Calendar.DAY_OF_MONTH);
        int age = yearNow - yearBirth;
        if (monthNow <= monthBirth) {
            if (monthNow == monthBirth) {
                if (dayOfMonthNow < dayOfMonthBirth) {
                    //当前日期在生日之前,年龄减一
                    --age;
                }
            } else {
                //当前月份在生日之前,年龄减一
                --age;
            }
        }
        return age;
    }
}
```

上述代码中,类 GetAgeUDF 通过 extends 关键字继承类 UDF,实现 evaluate()方法,在其中编写能够通过出生日期获取年龄的逻辑代码。在 Hive 中使用该 UDF 函数时,列的数据类型要与 evaluate()方法中参数列表的数据类型 String 保持一致,否则会出现错误。

步骤 6:封装 jar 包。

在 Intellij IDEA 中,依次选择菜单"视图"→"工具窗口"→"Maven",打开 Maven 窗口,具体过程如图 7-39 所示。

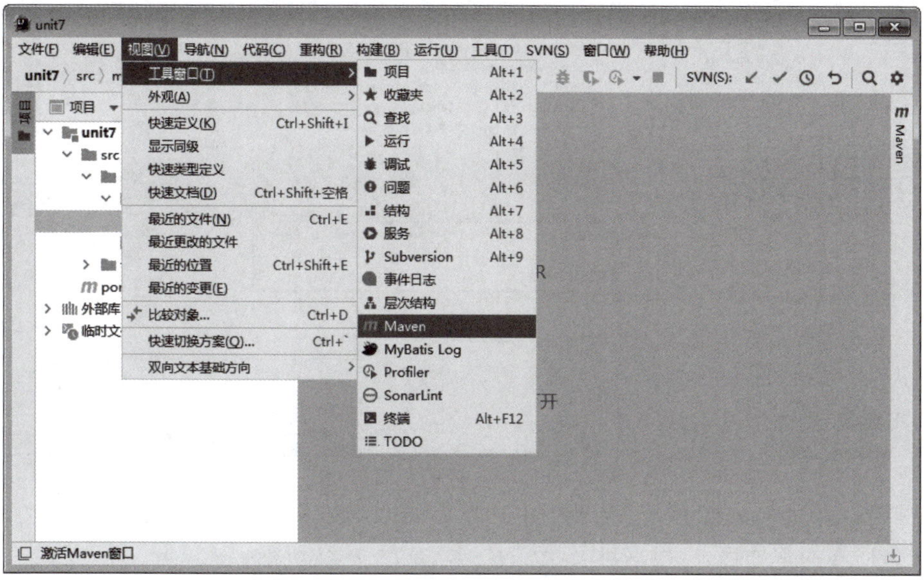

图 7-39 打开 Maven 窗口

在 Maven 窗口中展开生命周期折叠框,如图 7-40 所示。

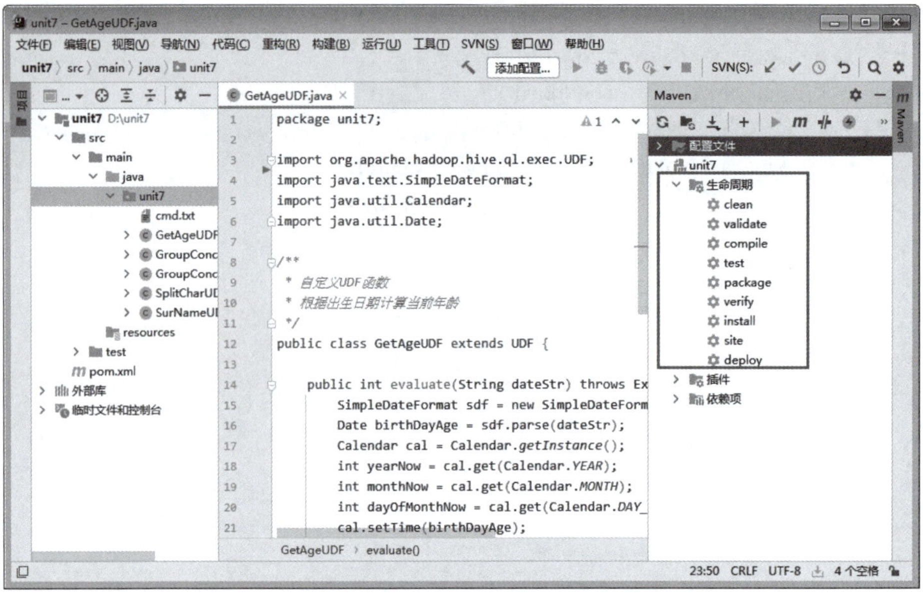

图 7-40　展开生命周期折叠框

在图 7-40 中双击 package 选项进行封装 jar 包,完成后如图 7-41 所示。

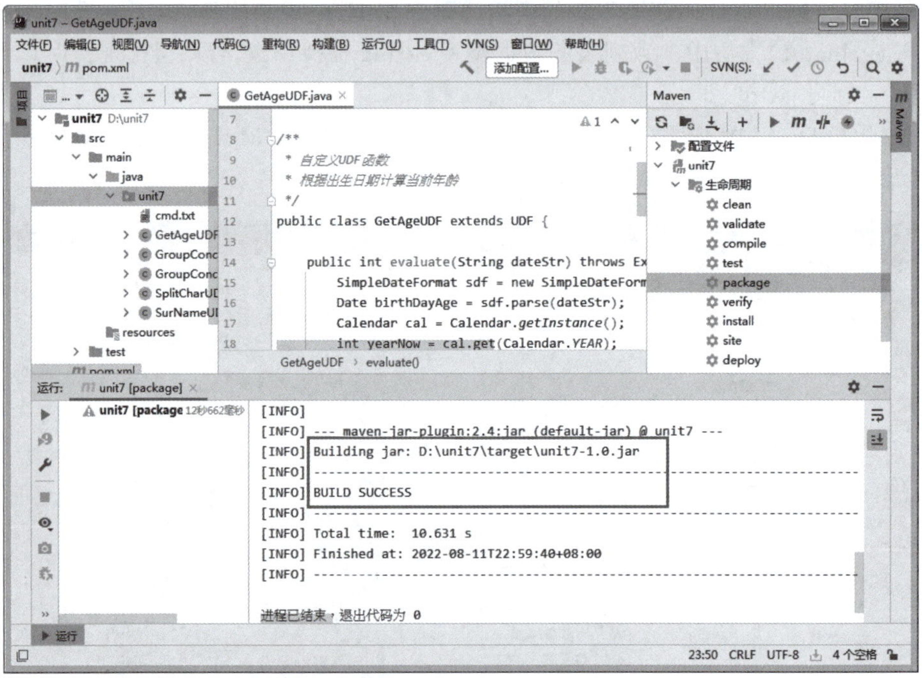

图 7-41　封装 jar 包

在图 7-41 中的控制台里可以看到"BUILD SUCCESS"字样,说明 jar 包封装成功,同时会显示 jar 包所在的本地目录,根据目录找到 jar 包,如图 7-42 所示。

步骤 7:上传 jar 包。

在虚拟机 node2 中创建目录/root/unit7/,然后在目录/root/unit7/中执行 rz 命令,将 unit7-1.0.jar 上传到虚拟机 node2 的目录/root/unit7/下,具体过程如图 7-43 所示。

成功上传 jar 包后,目录/root/unit7/中显示内容如图 7-44 所示。

至此,已成功将 unit7-1.0.jar 上传到虚拟机 node2 中。

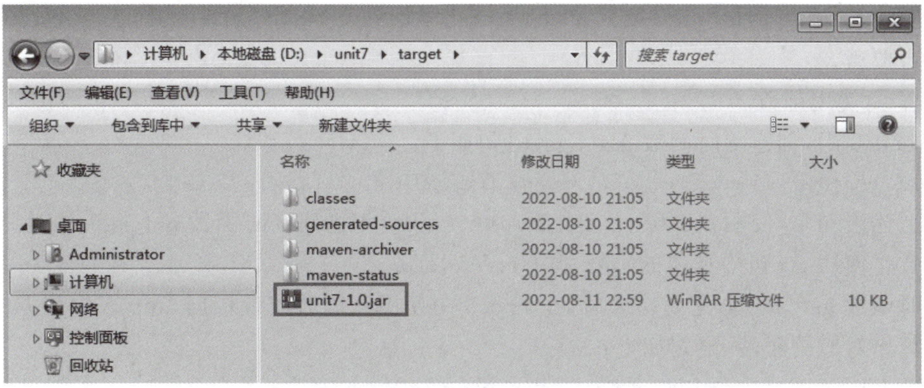

图 7-42 jar 包本地目录

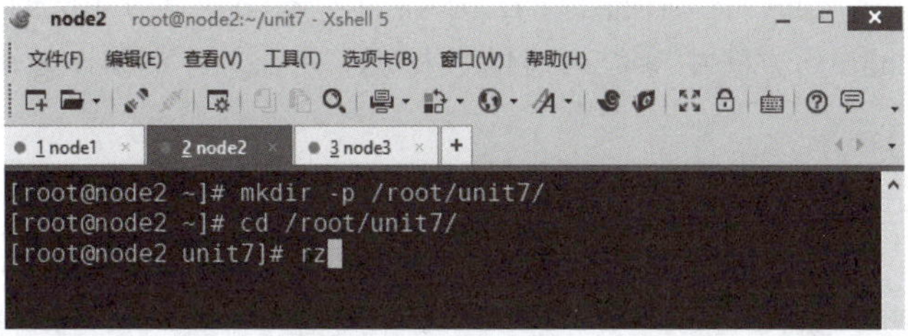

图 7-43 创建目录、上传 jar 包

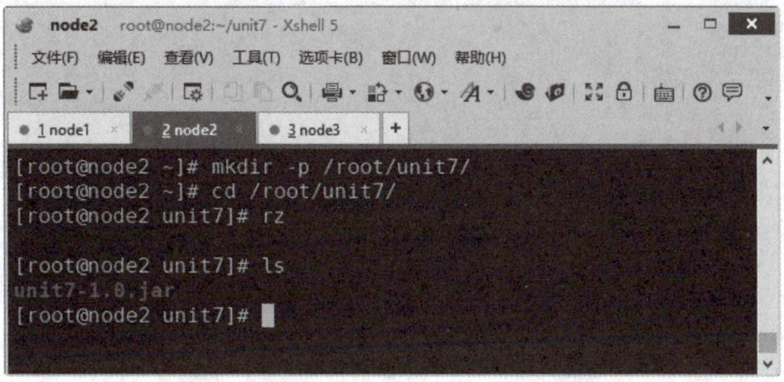

图 7-44 目录/root/unit7/中内容

步骤 8：在 Hive 中添加 jar 包。

在虚拟机 node3 中使用 Hive 客户端工具 Beeline，远程连接虚拟机 node2 的 HiveServer2 服务操作 Hive，将虚拟机 node2 中目录/root/unit7/下的 unit7-1. 0. jar 添加到 Hive 中。在添加 jar 前后可以通过“list jars”命令查看当前 Hive 中包含的 jar 包，具体过程如图 7-45 所示。

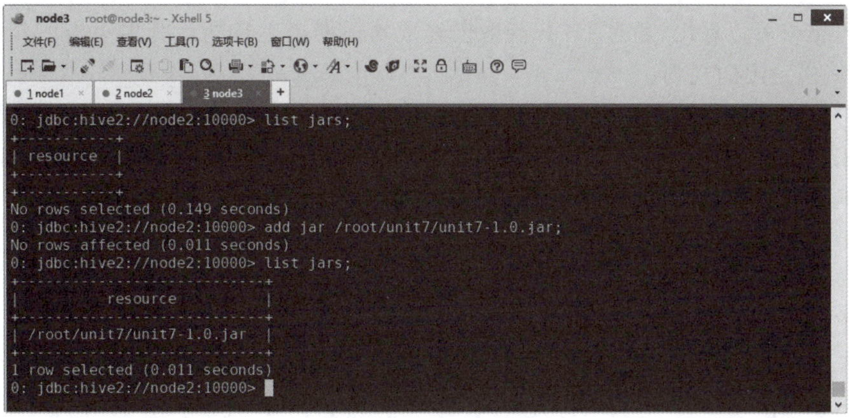

图 7-45 添加 jar 包

由图 7-45 可以看出，unit7-1.0.jar 已经成功添加到 Hive 中，如果上传的 jar 包已存在，默认会进行覆盖。

步骤 9：使用函数。

在 node3 中，创建临时函数 get_age，语句如下：

```
create temporary function get_age AS 'unit7.GetAgeUDF';
```

在上述语句中，使用 create temporary function 语句创建临时函数 get_age，通过 AS 子句指定函数将使用 jar 包中具体的 Java 类 GetAgeUDF。

临时函数 get_age 创建成功以后，在 node3 中使用该函数实现根据 emp 表中列 bday 出生日期计算出对应的年龄，语句如下：

```
SELECT empno,ename,bday,get_age(bday) age FROM emp;
```

在上述语句中，get_age()为临时函数名，参数为列 bday。列 bday 的数据类型与 Java 类 GetAgeUDF 中 evaluate()方法中参数列表的数据类型一致，同为 String 类型。具体运行过程及结果如图 7-46 所示。

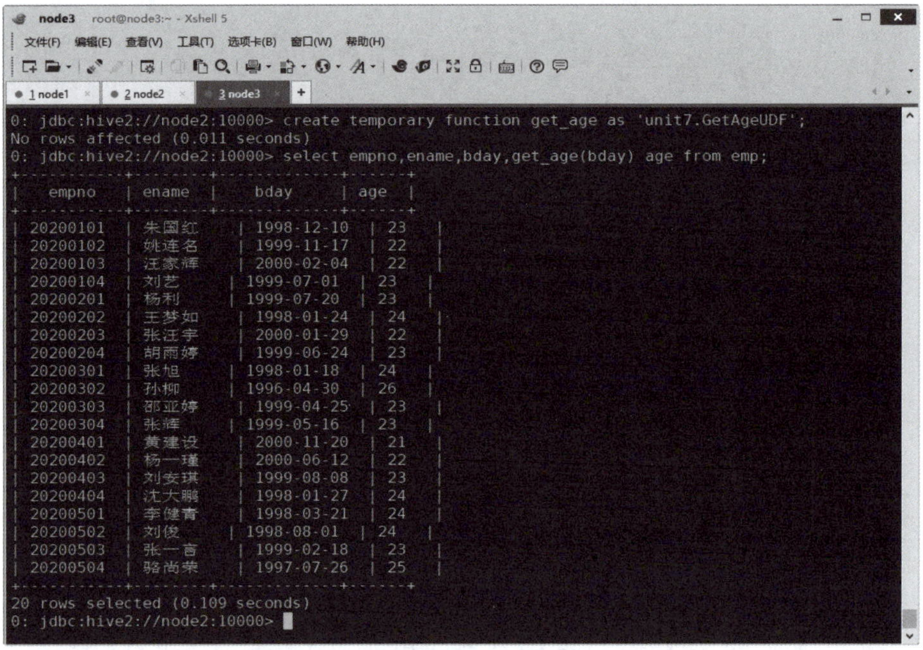

图 7-46 UDF()函数计算对应年龄

由运行结果可以看出，通过 UDF 函数已经成功根据出生日期计算出对应的年龄，体现了 UDF 函数一进一出的规则。

2. 用户自定义表生成函数

接下来将介绍如何利用自定义 UDTF 函数，实现拆分 emp 表中 ename 字段，将 ename 拆分为单独的姓氏和姓名，具体操作步骤如下。

其中，步骤 1～步骤 3 同 UDF 函数中完全一致，已完成，这里无须重复操作。

步骤 4：创建 UDTF 主类。

参考 UDF 函数中步骤 4，新建 Java 类 SurNameUDTF.java。

步骤 5：实现 UDTF 函数。

在类 SurNameUDTF 中实现拆分 emp 表中 ename 字段，将 ename 拆分为单独的姓氏和姓名，具体代码如文件 7-2 所示。

文件 7-2 SurNameUDTF.java

```java
package unit7;
import org.apache.hadoop.hive.ql.exec.UDFArgumentException;
import org.apache.hadoop.hive.ql.metadata.HiveException;
import org.apache.hadoop.hive.ql.udf.generic.GenericUDTF;
import org.apache.hadoop.hive.serde2.objectinspector.ObjectInspector;
import org.apache.hadoop.hive.serde2.objectinspector.ObjectInspectorFactory;
import org.apache.hadoop.hive.serde2.objectinspector.StructObjectInspector;
import org.apache.hadoop.hive.serde2.objectinspector.primitive.PrimitiveObjectInspectorFactory;
import java.util.ArrayList;
import java.util.List;

/**
 * 自定义 UDTF 函数
 * 中文姓名拆分
 */
public class SurNameUDTF extends GenericUDTF {
    //复姓字典,仅列举若干
    private static final String[] SURNAME_ARR = {"欧阳", "端木", "上官", "司马",
    "东方", "独孤", "南宫"};

    //获取姓氏
    private String getSurName(String name) {
        for (String surName: SURNAME_ARR) {
            if (name.startsWith(surName)) {
                return name.substring(0, surName.length());
            }
        }
        return name.substring(0, 1);
    }

    @Override
    public StructObjectInspector initialize(StructObjectInspector argOIs) throws
    UDFArgumentException {
        //定义数据列名称及数据类型
        List<String> colName = new ArrayList<>();
        colName.add("完整姓名");
        colName.add("姓氏");
        colName.add("姓名");
        List<ObjectInspector> resType = new ArrayList<>();
        resType.add(PrimitiveObjectInspectorFactory.javaStringObjectInspector);
        resType.add(PrimitiveObjectInspectorFactory.javaStringObjectInspector);
        resType.add(PrimitiveObjectInspectorFactory.javaStringObjectInspector);
```

```
        return ObjectInspectorFactory.getStandardStructObjectInspector(colName, resType);
    }

    @Override
    public void process(Object[] args) throws HiveException {
        if (args.length < 1 || args[0] == null || "".equals(args[0])) {
            return;
        }
        //完整姓名
        String fullName = String.valueOf(args[0]);
        //姓氏
        String surName = getSurName(fullName);
        //姓名
        String simpleName = fullName.substring(surName.length(), fullName.length());
        String[] objs = new String[3];
        objs[0] = fullName;
        objs[1] = surName;
        objs[2] = simpleName;
        //输出
        forward(objs);
    }

    @Override
    public void close() throws HiveException {
    }
}
```

上述代码中，类 SurNameUDTF 通过 extends 关键字继承类 GenericUDTF，实现父类的 initialize()、process()和 close()方法。其中，initialize()方法主要用来定义拆分后的数据列名称和数据类型；process()方法主要用来定义行数据的拆分形式，同时将拆分后的数据输出；最终通过 close()方法终止操作。

步骤 6～步骤 8：同 UDF 函数中步骤 6～步骤 8 完全一致，要重新操作一次，再次完成 unit7-1.0.jar 包的封装、上传、添加。

步骤 9：使用函数。

在 node3 中，创建临时函数 sur_name，语句如下：

```
create temporary function sur_name AS 'unit7.SurNameUDTF';
```

在上述语句中，使用 create temporary function 语句创建临时函数 sur_name，通过 AS 子句指定函数将使用 jar 包中具体的 Java 类 SurNameUDTF。

临时函数 sur_name 创建成功以后，在 node3 中使用该函数拆分 emp 表中 ename 字段，将 ename 拆分为单独的姓氏和姓名，语句如下：

```
SELECT sur_name(ename) FROM emp;
```

在上述语句中，sur_name()为临时函数名，参数为列 ename。具体运行过程及结果如图 7-47 所示。

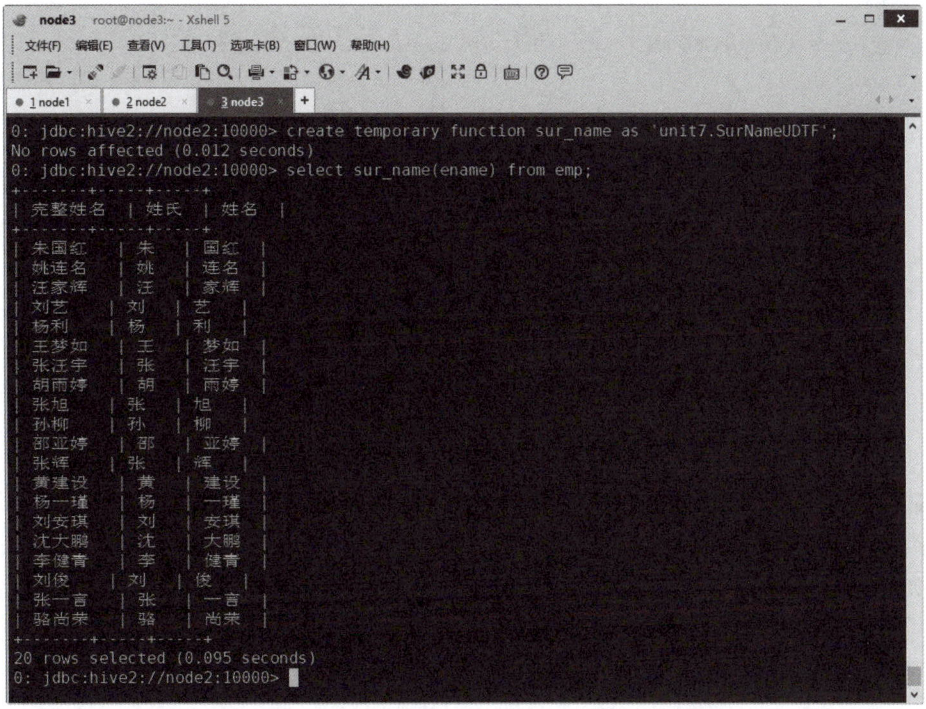

图 7-47 emp 表中列 ename 拆分

由运行结果可以看出，通过 UDTF 函数已经成功地将列 ename 的完整姓名拆分为单独的姓氏和姓名两列，体现了 UDTF 函数一进多出的规则。

3. 用户自定义聚合函数

接下来将介绍如何利用自定义 UDAF 函数，将 emp 表中列 ename 中所有姓名聚合为一个姓名字符串，具体操作步骤如下：

其中步骤 1～步骤 3 同 UDF 函数中步骤完全一致，已完成，这里无须重复操作。

步骤 4：创建 UDAF 主类。

参考 UDF 函数中步骤 4，新建 Java 类 GroupConcatUDAF.java 和 GroupConcatUDAFEvaluator.java。

步骤 5：实现 UDAF 函数。

类 GroupConcatUDAF.java 用于实现创建 UDAF 的功能，具体代码如文件 7-3 所示。

文件 7-3 GroupConcatUDAF.java

```
package unit7;
import org.apache.hadoop.hive.ql.metadata.HiveException;
import org.apache.hadoop.hive.ql.parse.SemanticException;
import org.apache.hadoop.hive.ql.udf.generic.AbstractGenericUDAFResolver;
import org.apache.hadoop.hive.ql.udf.generic.GenericUDAFEvaluator;
import org.apache.hadoop.hive.ql.udf.generic.GenericUDAFParameterInfo;
import org.apache.hadoop.hive.serde2.typeinfo.TypeInfo;

/**
```

```
 * 自定义 UDAF 函数
 * 将分组结果合并显示,类似于 MySQL 中 group_concat 效果
 */
public class GroupConcatUDAF extends AbstractGenericUDAFResolver {
  @Override
  public GenericUDAFEvaluator getEvaluator(GenericUDAFParameterInfo info)
throws SemanticException {
      return new GroupConcatUDAFEvaluator();
  }

  @Override
  public GenericUDAFEvaluator getEvaluator(TypeInfo[] info) throws SemanticException {
      return new GroupConcatUDAFEvaluator();
  }
}
```

上述代码中,类 GroupConcatUDAF 继承了 UDAF 类 AbstractGenericUDAFResolver,实例化类 GroupConcatUDAFEvaluator,在类 GroupConcatUDAFEvaluator 中实现 UDAF 内部的业务逻辑。

在类 GroupConcatUDAFEvaluator 中实现将 emp 表中列 ename 中所有姓名聚合为一个姓名字符串。具体代码如文件 7-4 所示。

文件 7-4　GroupConcatUDAFEvaluator.java

```
package unit7;
import org.apache.hadoop.hive.ql.metadata.HiveException;
import org.apache.hadoop.hive.ql.udf.generic.GenericUDAFEvaluator;
import org.apache.hadoop.hive.serde2.objectinspector.ObjectInspector;
import org.apache.hadoop.hive.serde2.objectinspector.ObjectInspectorFactory;
import org.apache.hadoop.hive.serde2.objectinspector.PrimitiveObjectInspector;

/**
 * 自定义 UDAF 函数,聚合姓名
 */

@SuppressWarnings("deprecation")
public class GroupConcatUDAFEvaluator extends GenericUDAFEvaluator {

    private PrimitiveObjectInspector inputOI;
    private ObjectInspector outputOI;
    private PrimitiveObjectInspector integerOI;
    //自定义分隔符
    private String separator = ",";

    @Override
    public ObjectInspector init(Mode m, ObjectInspector[] parameters) throwsHiveException {
```

```
        super.init(m, parameters);
        // COMPLETE 或 PARTIAL1,输入的都是数据库的原始数据
        if (Mode.PARTIAL1.equals(m) || Mode.COMPLETE.equals(m)) {
            inputOI = (PrimitiveObjectInspector) parameters[0];
        } else {
            // PARTIAL2 和 FINAL 阶段,都是基于前一个阶段返回值作为入参
            integerOI = (PrimitiveObjectInspector) parameters[0];
        }
        outputOI = ObjectInspectorFactory.getReflectionObjectInspector(
            String.class,
            ObjectInspectorFactory.ObjectInspectorOptions.JAVA
        );
        // 返回下一个阶段数据类型
        return outputOI;
    }

    //定义静态类用于存储聚合结果
    private static class MyAggregationBuffer implements AggregationBuffer {
        String container;
    }

    @Override
    public AggregationBuffer getNewAggregationBuffer() throws HiveException {
        MyAggregationBuffer ret = new MyAggregationBuffer();
        reset(ret);
        //返回用于存储聚合结果的对象
        return ret;
    }

    @Override
    public void reset(AggregationBuffer agg) throws HiveException {
        //重置聚合结果
        ((MyAggregationBuffer) agg).container = "";
    }

    @Override
    public void iterate(AggregationBuffer agg, Object[] params) throws HiveException {
        Object p = params[0];
        if (params.length >= 2 && params[1] != null) {
            separator = String.valueOf(params[1]);
        }
        //将新一行数据存入聚合结果中
        if (p != null) {
            MyAggregationBuffer myAgg = (MyAggregationBuffer) agg;
```

```
                Object pCopy = inputOI.getPrimitiveJavaObject(p);
                myAgg.container += pCopy + separator;
            }
        }

        @Override
        public Object terminatePartial(AggregationBuffer agg) throws HiveException {
            MyAggregationBuffer myAgg = (MyAggregationBuffer) agg;
            //返回当前聚合结果
            return myAgg.container;
        }

        @Override
        public void merge(AggregationBuffer agg, Object partial) throws HiveException {
            MyAggregationBuffer myAgg = (MyAggregationBuffer) agg;
            //合并聚合结果
            Object partialCopy = integerOI.getPrimitiveJavaObject(partial);
            myAgg.container += partialCopy;
        }

        @Override
        public Object terminate(AggregationBuffer agg) throws HiveException {
            MyAggregationBuffer myAgg = (MyAggregationBuffer) agg;
            if (myAgg.container.endsWith(separator)) {
                myAgg.container = myAgg.container.substring(0,
                    myAgg.container.length() - separator.length());
            }
            //返回最终聚合结果
            return myAgg.container;
        }

}
```

上述代码中，类 GroupConcatUDAFEvaluator 通过 extends 关键字继承 UDAF 类 GenericUDAFEvaluator，iterate()和 terminatePartial()方法会在 Map 端使用，merge()和 terminate()方法会在 Reduce 端使用，这 4 个方法是类 GroupConcatUDAFEvaluator 的实现方法。

步骤 6～步骤 8：

同 UDF 函数中步骤 6～步骤 8 完全一致，需要重新操作一次，再次完成 unit7-1.0.jar 包的封装、上传、添加。

步骤 9：使用函数。

在 node3 中，创建临时函数 group_concat，语句如下：

```
create temporary function group_concat AS 'unit7.GroupConcatUDAF';
```

在上述语句中，使用 create temporary function 语句创建临时函数 group_concat，通过 AS

子句指定函数将使用 jar 包中具体的 Java 类 GroupConcatUDAF。

临时函数 group_concat 创建成功以后，在 node3 中使用该函数将 emp 表中列 ename 中所有姓名聚合为一个姓名字符串，语句如下：

```
--使用默认分隔符“,”进行分隔
SELECT group_concat(ename) FROM emp;
```

具体运行过程及结果如图 7-48 所示。

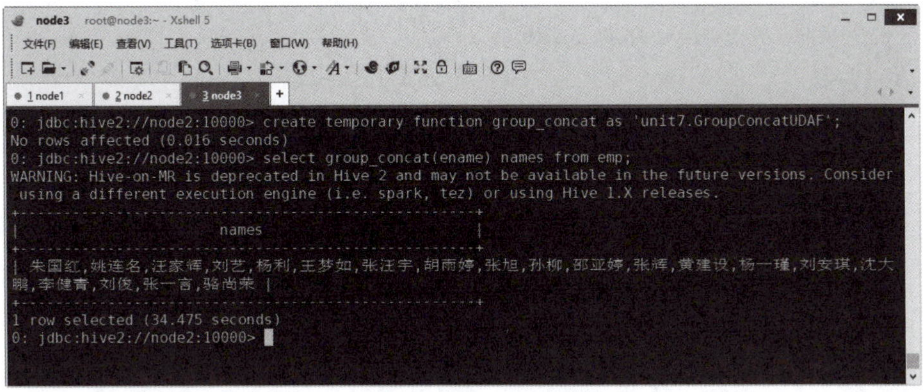

图 7-48　emp 表中列 ename 聚合

由运行结果可以看出，通过 UDAF 函数已经成功地将列 ename 中的所有姓名聚合为一个姓名字符串，体现了 UDAF 函数多进一出的规则。

项目小结

我们在本项目中首先学习 Hive 内置函数，包括算术函数、聚合函数、日期时间函数、条件函数以及字符串函数的使用方法；其次介绍了 Hive 其他常见函数，包括空字段赋值函数、列转行函数、窗口函数、排序函数、表生成函数的使用方法；最后介绍了 Hive 自定义函数，为后续应用 Hive 解决实际问题奠定了重要基础。

思政小课堂

“慢一点、稳一点，精一点、准一点。”凭借多年积累的丰富经验和对质量的执着追求，胡双钱在新支线飞机零件制造中大胆进行工艺技术攻关创新，在 30 年的航空技术制造工作中，他经手的零件上千万，没有出过一次质量差错。胡双钱读书时，他技校老师是位修军机的老师傅，经验丰富、作风严谨。“学飞机制造技术是次位，学做人是首位。干活，要凭良心。”这句话对他影响颇深。对质量的把控如此精准，靠的不仅是丰富的经验，更是“工匠精神”和细致入微、严于律己的工作态度。对于每一位 Hive 生态系统的使用者及开发者而言，更是一样。

课后练习

一、选择题

1. 下列选项中，不是 Hive 内置函数的是(　　)。

A. 算术函数　　B. 字符串函数

C. UDF 函数　　D. 聚合函数

2. 下列选项中，不是 Hive 自定义函数的是(　　)。

A. 窗口函数　　B. UDTF 函数

C. UDF 函数　　D. UDAF 函数

3. 下列选项中，不属于字符串函数的是(　　)。

A. POW()　　B. SUBSTR()

C. SPLIT()　　D. LENGTH()

4. 下列选项中，不属于算术函数的是(　　)。

A. POW()　　B. SUBSTR()

C. ABS()　　D. SQRT()

5. 下列选项中，不属于聚合函数的是(　　)。

A. MAX()　　B. MIN()

C. SUM()　　D. FLOOR()

二、简答题

1. 简述 Hive 内置函数有哪几种。

2. 简述 Hive 自定义函数有哪几种。

3. 简述字符串函数 COLLECT_LIST()和 COLLECT_SET()的区别。

三、操作题

利用窗口函数按系部分组统计 emp 表中每行与前后 5 行的 score 分数的平均分。

项目 8 Hive 优化

知识目标

1. 了解本地模式的 Hive 参数优化方式。
2. 了解配置 MapReduce 压缩的 Hive 参数优化方式。
3. 了解配置 Map 和 Reduce 个数的 Hive 参数优化方式。
4. 了解合并小文件的 Hive 参数优化方式。
5. 了解 GROUP BY 的 HQL 优化方式。
6. 了解 Join 的 Hive 参数优化方式的 HQL 优化方式。
7. 了解 COUNT(DISTINCT)优化的 HQL 优化方式。
8. 了解行/列过滤优化的 HQL 优化方式。

技能目标

1. 能运用本地模式的 Hive 参数优化方式解决简单的实际问题。
2. 能运用配置 Map 和 Reduce 个数的 Hive 参数优化方式解决简单的实际问题。
3. 能运用合并小文件的 Hive 参数优化方式解决简单的实际问题。
4. 能运用 GROUP BY 的 HQL 优化方式解决简单的实际问题。
5. 能运用 Join 的 Hive 参数优化方式的 HQL 优化方式解决简单的实际问题。
6. 能运用 COUNT(DISTINCT)优化的 HQL 优化方式解决简单的实际问题。
7. 能够运用行/列过滤优化的 HQL 优化方式解决简单的实际问题。

素质目标

1. 通过 Hive 优化的学习过程培养探究精神和自我学习能力。
2. 培养创新精神、创业意识。
3. 培养良好的职业道德和社会责任感。

Hive 是大数据领域常用的组件之一，主要用于大数据离线数据仓库的运算。关于 Hive 的性能调优在日常工作和面试中经常涉及，因此掌握一些 Hive 调优是必不可少的一项技能。影响 Hive 效率的主要因素有数据倾斜、数据冗余、Job 的 IO 以及不同底层引擎配置情况和 Hive 本身参数和 HiveSQL 的执行等。因此，本项目旨在从 Hive 的参数优化和 HQL 的优化两个方面进行讲解。

任务 8.1 优化 Hive 参数

8.1.1 任务描述

在大数据技术生态系统中，Hive 参数调优在实际运行中经常遇到。企业级的数据平台，随着数据规模的不断增长，如果想要持续更高效率地运行下去，需要根据实际情况进行优化。Hive 拥有较多在特定情况下优化的特性，如何利用好相关特性，是 Hive 参数调优的关键。

8.1.2 任务准备知识

为了避免与前面几个项目数据库中的数据发生冲突，在本项目中，重新创建一个数据库，名称为 unit8db。本项目所有的案例操作均基于该数据库，此处请读者注意。同时，在本项目中所需的资源，本地文件资源均存储在/usr/datas8 目录中，HDFS 文件系统中的资源均存储于/tmp 目录中。

为了更好地说明本小节的内容，需要说明数据库 unit8db 的创建过程。但是具体的创建过程在项目 5 已经详细说明，故在此不再赘述。同时，由于本项目涉及本地路径和 HDFS 路径，为了便于说明，在本项目中，所有操作均在 node2 上执行，此处请读者注意。首先，创建本任务所需要的数据库 unit8db，步骤如下。

步骤 1：创建数据库 unit8db，语句如下：

```
CREATE DATABASE IF NOT EXISTS unit8db;
```

步骤 2：查看数据库 unit8db，语句如下：

```
SHOW DATABASES;
```

步骤 3：使用数据库 unit8db，语句如下：

```
USE unit8db;
```

以上是创建和使用数据库 unit8db 的操作过程，具体执行和操作结果如图 8-1 所示，由操作结果可以看出，创建和使用数据库 unit8db 成功。

```
hive (default)> SHOW   DATABASES;
OK
database_name
default
demo1
eshop
h_sample
hive_database
sina_weibo
unit5db
unit6
unit7
unit8db
Time taken: 0.106 seconds, Fetched: 10 row(s)
```

图 8-1　创建和使用数据库 unit8db

8.1.3　任务实施

Hive 参数优化的方式主要有本地模式、配置 MapReduce 压缩、配置 Map 个数、配置 Reduce 个数、合并小文件等五种。

1. 本地模式

大多数的 Hadoop Job 是需要 Hadoop 提供完整的可扩展性来处理大数据集的。不过，有时 Hive 的输入数据量是非常小的。在这种情况下，为查询触发执行任务消耗的时间可能会比实际 Job 的执行时间要多得多。对于大多数这种情况，Hive 可以通过本地模式在单台机器上处理所有的任务。对于小数据集，执行时间可以明显被缩短。

其中，参数配置说明见表 8-1。

表 8-1　本地模式的参数配置

参数名称	默认值	说明
hive. exec. mode. local. auto	false	是否开启本地模式
hive. exec. mode. local. auto. inputbytes. max	134217728	该参数限定了 Map 输入的文件大小。如果是高压缩率列存文件，可适当减少此值，避免进入本地模式，一般选择默认值即可
hive. exec. mode. local. auto. input. files. max	4	该参数限定了 Map 输入的文件个数。如果是多个小文件，可适当增大此值，一般选择默认值即可

例题 1　使用本地模式和默认模式分别查询表 bigtable。

本地模式

步骤 1：创建数据库 unit8db 中的表 bigtable，具体操作命令如下：

```
CREATE TABLE bigtable
(id BIGINT, t BIGINT, uid STRING,keyword STRING,
url_rank INT,click_num INT, click_url STRING)
ROW FORMAT DELIMITED FIELDS TERMINATED BY ',';
```

查询表 bigtable 是否创建成功，成功后向表中加载数据，如图 8-2 和图 8-3 所示，表 bigtable 中共有 320 条数据，此处只显示前 15 条数据。具体操作命令如下：

```
LOAD DATA LOCAL INPATH '/usr/datas8/bigtable001. csv'
INTO TABLE bigtable;
```

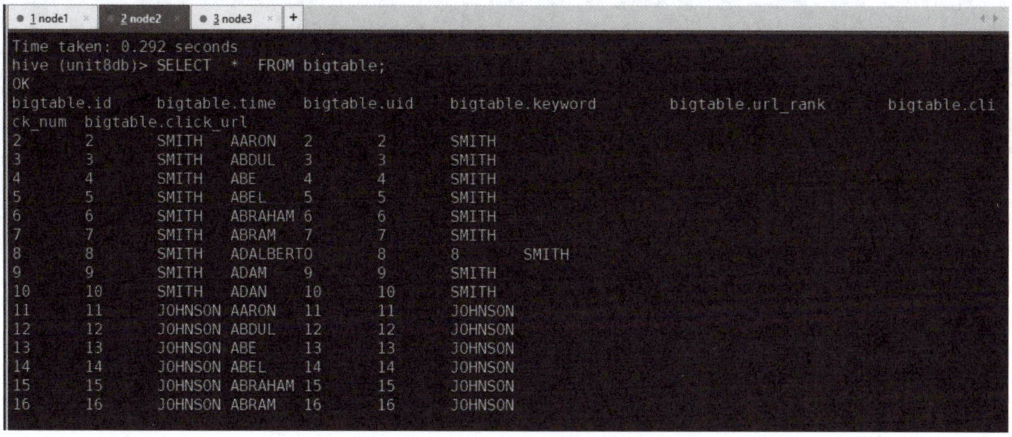

图 8-2　创建数据库并加载数据到表 bigtable 中一

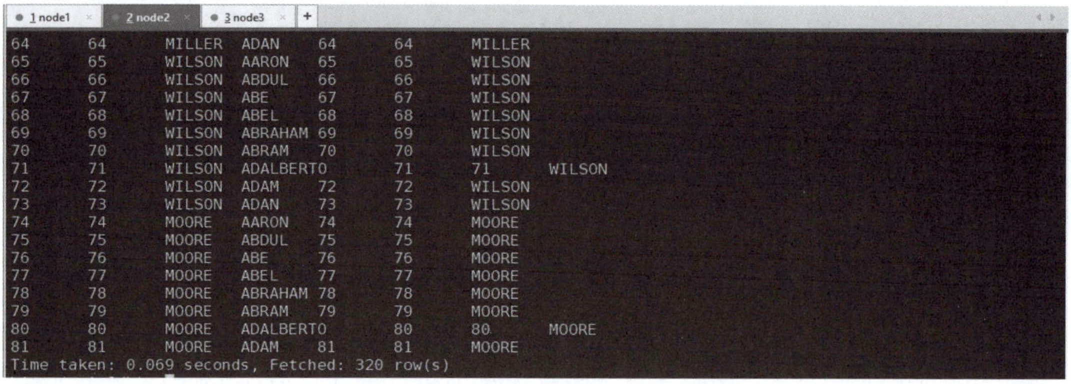

```
64      64      MILLER  ADAN    64      64      MILLER
65      65      WILSON  AARON   65      65      WILSON
66      66      WILSON  ABDUL   66      66      WILSON
67      67      WILSON  ABE     67      67      WILSON
68      68      WILSON  ABEL    68      68      WILSON
69      69      WILSON  ABRAHAM 69      69      WILSON
70      70      WILSON  ABRAM   70      70      WILSON
71      71      WILSON  ADALBERTO       71      71      WILSON
72      72      WILSON  ADAM    72      72      WILSON
73      73      WILSON  ADAN    73      73      WILSON
74      74      MOORE   AARON   74      74      MOORE
75      75      MOORE   ABDUL   75      75      MOORE
76      76      MOORE   ABE     76      76      MOORE
77      77      MOORE   ABEL    77      77      MOORE
78      78      MOORE   ABRAHAM 78      78      MOORE
79      79      MOORE   ABRAM   79      79      MOORE
80      80      MOORE   ADALBERTO       80      80      MOORE
81      81      MOORE   ADAM    81      81      MOORE
Time taken: 0.069 seconds, Fetched: 320 row(s)
```

图 8-3　创建数据库并加载数据到表 bigtable 中二

步骤 2:关闭本地模式,使用默认模式。具体操作命令如下:

```
SET hive. exec. mode. local. auto;
```

然后,查询表 bigtable 中的数据,如图 8-4 和图 8-5 所示,由结果可知,时间为 31.658 seconds,具体操作命令如下:

```
SELECT COUNT( * ) FROM bigtable;
```

```
hive (unit8db)> SELECT  count(*)  from  bigtable;
WARNING: Hive-on-MR is deprecated in Hive 2 and may not be available in the future versions. Consider using
a different execution engine (i.e. spark, tez) or using Hive 1.X releases.
Query ID = root_20220807144936_1c22d12f-6126-427b-a213-d8a76683554a
Total jobs = 1
Launching Job 1 out of 1
Number of reduce tasks determined at compile time: 1
In order to change the average load for a reducer (in bytes):
  set hive.exec.reducers.bytes.per.reducer=<number>
In order to limit the maximum number of reducers:
  set hive.exec.reducers.max=<number>
In order to set a constant number of reducers:
  set mapreduce.job.reduces=<number>
Starting Job = job_1658390683110_0126, Tracking URL = http://node1:8088/proxy/application_1658390683110_0126
/
Kill Command = /tools/hadoop/bin/hadoop job  -kill job_1658390683110_0126
```

图 8-4　使用默认模式查询表 bigtable 中的数据一

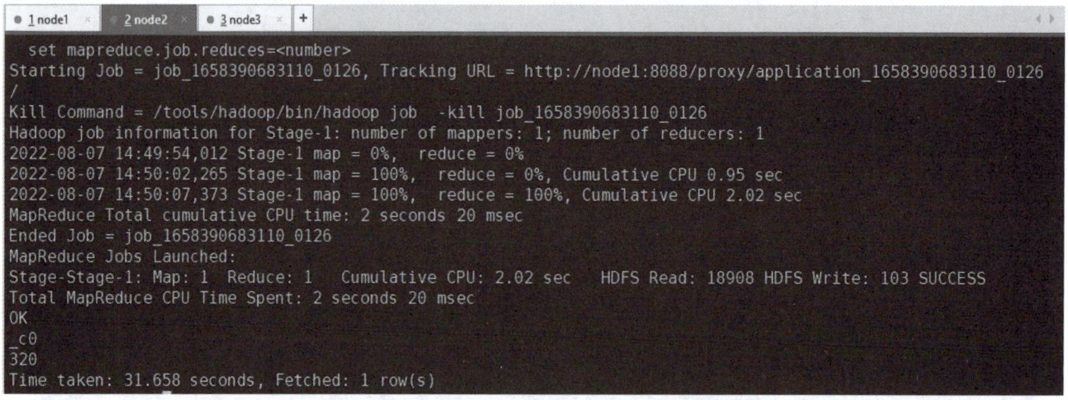

```
  set mapreduce.job.reduces=<number>
Starting Job = job_1658390683110_0126, Tracking URL = http://node1:8088/proxy/application_1658390683110_0126
/
Kill Command = /tools/hadoop/bin/hadoop job  -kill job_1658390683110_0126
Hadoop job information for Stage-1: number of mappers: 1; number of reducers: 1
2022-08-07 14:49:54,012 Stage-1 map = 0%,  reduce = 0%
2022-08-07 14:50:02,265 Stage-1 map = 100%,  reduce = 0%, Cumulative CPU 0.95 sec
2022-08-07 14:50:07,373 Stage-1 map = 100%,  reduce = 100%, Cumulative CPU 2.02 sec
MapReduce Total cumulative CPU time: 2 seconds 20 msec
Ended Job = job_1658390683110_0126
MapReduce Jobs Launched:
Stage-Stage-1: Map: 1  Reduce: 1   Cumulative CPU: 2.02 sec   HDFS Read: 18908 HDFS Write: 103 SUCCESS
Total MapReduce CPU Time Spent: 2 seconds 20 msec
OK
_c0
320
Time taken: 31.658 seconds, Fetched: 1 row(s)
```

图 8-5　使用默认模式查询表 bigtable 中的数据二

步骤 3:关闭默认模式,使用本地模式。具体操作命令如下:

```
SET hive. exec. mode. local. auto=true;
```

然后,查询表 bigtable 中的数据,如图 8-6 和图 8-7 所示,由结果可知,时间为 13.028 seconds,具体操作命令如下:

SELECT COUNT(*) FROM bigtable;

```
hive (unit8db)> set  hive.exec.mode.local.auto=true;
hive (unit8db)> SELECT  count(*)  from  bigtable;
Automatically selecting local only mode for query
WARNING: Hive-on-MR is deprecated in Hive 2 and may not be available in the future versions. Consider using a
 different execution engine (i.e. spark, tez) or using Hive 1.X releases.
Query ID = root_20220807150206_3b31efa7-f60e-4bd3-95e8-b7317cb851e8
Total jobs = 1
Launching Job 1 out of 1
Number of reduce tasks determined at compile time: 1
In order to change the average load for a reducer (in bytes):
  set hive.exec.reducers.bytes.per.reducer=<number>
In order to limit the maximum number of reducers:
  set hive.exec.reducers.max=<number>
In order to set a constant number of reducers:
  set mapreduce.job.reduces=<number>
Job running in-process (local Hadoop)
```

图 8-6　使用本地模式查询表 bigtable 中的数据一

```
1 node1   2 node2   3 node3   +
Number of reduce tasks determined at compile time: 1
In order to change the average load for a reducer (in bytes):
  set hive.exec.reducers.bytes.per.reducer=<number>
In order to limit the maximum number of reducers:
  set hive.exec.reducers.max=<number>
In order to set a constant number of reducers:
  set mapreduce.job.reduces=<number>
Job running in-process (local Hadoop)
2022-08-07 15:02:19,648 Stage-1 map = 100%,  reduce = 100%
Ended Job = job_local1714058782_0001
MapReduce Jobs Launched:
Stage-Stage-1:  HDFS Read: 57054 HDFS Write: 601161009 SUCCESS
Total MapReduce CPU Time Spent: 0 msec
OK
_c0
320
Time taken: 13.028 seconds, Fetched: 1 row(s)
```

图 8-7　使用本地模式查询表 bigtable 中的数据二

当一个 MapReduce 任务的数据量和计算任务很小时，在 MapReduce 框架中 Map 任务和 Reduce 任务的启动过程占用了任务执行的大部分时间，真正的逻辑处理其实占用时间很少，但是给用户的感受就是：很小的任务，同样执行较长的时间。

那么在 0.7 版本之后，Hive 引入了本地模式，那么对于小任务的执行，Hive 客户端不再需要到 YARN 上申请 Map 任务和 Reduce 任务，只需要在本地进行 Map 和 Reduce 的执行，大大加快了小任务的执行时间，通常可以把分钟级别任务的执行时间降低至秒级。

2. 配置 MapReduce 压缩

MapReduce 的主要压缩过程有三个阶段：Map 之前、Map 之后、Reduce 之后。其中，压缩的原则：运算密集型的 Job，少用压缩；IO 密集型的 Job，多用压缩。

压缩算法和性能对比分别见表 8-2 和表 8-3。

表 8-2　压缩算法的对比

压缩格式	Hadoop 是否自带	算法	文件扩展名	是否可切片	换成压缩格式后，原来的程序是否需要修改
DEFLATE	是，直接使用	DEFLATE	.DEFLATE	否	和文本处理一样，不需要修改
Gzip	是，直接使用	DEFLATE	.gz	否	和文本处理一样，不需要修改
bzip2	是，直接使用	bzip2	.bz2	是	和文本处理一样，不需要修改

（续表）

压缩格式	Hadoop 是否自带	算法	文件扩展名	是否可切片	换成压缩格式后，原来的程序是否需要修改
LZO	否，需要安装	LZO	.lzo	是	需要建索引，还需要指定输入格式
Snappy	是，直接使用	Snappy	.snappy	否	和文本处理一样，不需要修改

表 8-3　压缩性能的对比

压缩算法	原始文件大小	压缩文件大小	压缩速度	解压速度
Gzip	8.3 GB	1.8 GB	17.5 MB/s	58 MB/s
bzip2	8.3 GB	1.8 GB	2.4 MB/s	9.5 MB/s
LZO	8.3 GB	1.8 GB	49.3 MB/s	74.6 MB/s

压缩算法选择：需要考虑压缩/解压缩速度、压缩率（压缩后存储大小）、压缩后是否可以支持切片、压缩参数配置，包含 Hadoop 编码/解码器和参数配置，分别见表 8-4 和表 8-5。

表 8-4　Hadoop 编码/解码器

压缩格式	对应的编码/解码器
DEFLATE	org.apache.hadoop.io.compress.DefaultCodec
Gzip	org.apache.hadoop.io.compress.GzipCodec
bzip2	org.apache.hadoop.io.compress.BZip2Codec
LZO	com.hadoop.compression.lzo.LzopCodec
Snappy	org.apache.hadoop.io.compress.SnappyCodec

表 8-5　参数配置

参数	默认值	阶段	建议
io.compression.codecs（在 core-site.xml 中配置）	无，需要在命令行输入 hadoop checknative 查看	输出压缩	Hadoop 使用文件扩展名判断是否支持某种编解码器
mapreduce.map.output.compress（在 mapred-site.xml 中配置）	false	Map 输出	将这个参数设为 true 启用压缩
mapreduce.map.output.compress.codec（在 mapred-site.xml 中配置）	org.apache.hadoop.io.compress.DefaultCodec	Map 输出	企业多使用 LZO 或 Snappy 编解码器在此阶段压缩数据
mapreduce.output.fileoutputformat.compress（在 mapred-site.xml 中配置）	false	Reducer 输出	将这个参数设为 true 启用压缩
mapreduce.output.fileoutputformat.compress.codec（在 mapred-site.xml 中配置）	org.apache.hadoop.io.compress.DefaultCodec	Reducer 输出	使用标准工具或者编解码器，如 gzip 和 bzip2

因此，根据 MapReduce 的工作原理，如图 8-8 所示，可知压缩共分为三个阶段。

图 8-8　MapReduce 的工作原理

Map 之前：要考虑数据量的大小，数据量小的则不需要考虑过多的切片，主要追求的是快速，可以选择压缩方式 Snappy 或者 LZO；数据量大时考虑到切片，可以选择 LZO 或者 bzip2。

Map 之后：Map 之后的数据要经历 Reduce 聚合，主要考虑速度，所以选择 Snappy 或者 LZO。

Reduce 之后：需要看具体的需求，类似于持久保存，那就需要看数据量的大小，数据量小的，就不需要考虑过多的切片，主要追求的是快速，可以选择压缩方式 Snappy 或者 LZO。数据量大时考虑到切片，可以选择 LZO 或者 bzip2。

3. 配置 Map 和 Reduce 个数

通常情况下，作业会通过 input 的目录产生一个或者多个 Map 任务。主要的决定因素有：input 的文件总个数、input 的文件大小以及集群设置的文件块大小。

并不是 Map 数越多越好。如果一个任务有很多小文件（远远小于块大小 128 MB），则每个小文件被视为一个块，用一个 Map 任务来完成，而一个 Map 任务启动和初始化的时间远远大于逻辑处理的时间，就会造成很大的资源浪费。而且，同时可执行的 Map 数是受限的。

并不是保证每个 Map 处理接近 128 MB 的文件块性能就一定高，就可以高枕无忧了。例如，有一个 127 MB 的文件，正常使用一个 Map 去完成，但这个文件只有一个或者两个小字段，却有几千万条记录，如果 Map 处理的逻辑比较复杂，用一个 Map 任务去做，肯定也比较耗时。

针对上面的问题，我们需要采取两种方式来解决，即减少 Map 数和增加 Map 数。

(1)复杂文件增加 Map 数

Map 的数量通常是由 Hadoop 集群的 DFS 块大小确定的，也就是输入文件的总块数。正常的 Map 数量的并行规模大致是每一个 Node 是 10～100 个，对于 CPU 消耗较小的作业可以设置 Map 数量为 300 个左右，但是由于 Hadoop 的每一个任务在初始化时需要一定的时间，因此比较合理的情况是每个 Map 执行的时间至少超过 1 分钟。

具体的数据分片是这样的：InputFormat 在默认情况下会根据 Hadoop 集群的 DFS 块大小进行分片，每一个分片会由一个 Map 任务来进行处理，当然用户还可以对 mapred. min. split. size 参数在作业提交客户端进行自定义设置。

还有一个重要参数就是 mapred. map. tasks，该参数设置的 Map 数量仅仅是一个提示，只有当 InputFormat 确定了 Map 任务的个数比 mapred. map. tasks 值小时才起作用。

同样，Map 任务的个数也能通过使用 JobConf 的 conf. setNumMapTasks(INT num)方法来手动设置。这个方法能够用来增加 Map 任务的个数，但是不能设定任务的个数小于 Hadoop 系统通过分割输入数据得到的值。

当然为了提高集群的并发效率，可以设置一个默认的 Map 数量，当用户的 Map 数量较小或者比本身自动分割的值还小时可以使用一个相对较大的默认值，从而提高整体 Hadoop 集群的效率。

当 input 的文件都很大，任务逻辑复杂，Map 执行非常慢时，可以考虑增加 Map 数，来使得每个 Map 处理的数据量减少，从而提高任务的执行效率。

增加 Map 的方法为：根据 computeSliteSize(Math. max(minSize, Math. min(maxSize, blocksize)))= blocksize = 128 MB 公式，调整 MaxSize 最大值，让 MaxSize 最大值低于 BlockSize 就可以增加 Map 的个数。

例题 2 使用增加 Map 数的方式给表 emp 调优。

步骤 1:创建数据库 unit8db 中表 emp,具体操作命令如下:

```
CREATE TABLE IF NOT EXISTS emp(
empno INT,ename STRING,job STRING,mgr INT,
hiredate STRING,sal DOUBLE,comm DOUBLE,deptno INT)
ROW FORMAT DELIMITED FIELDS TERMINATED BY '\t';
```

查询表 emp 是否创建成功,成功后,向表中加载数据,如图 8-9 所示。具体操作命令如下:

```
LOAD DATA LOCAL INPATH '/usr/datas8/emp.txt'
INTO TABLE emp;
```

```
hive (unit8db)> LOAD  DATA  LOCAL  inpath  '/usr/datas8/emp.txt'
              > INTO  TABLE  emp;
Loading data to table unit8db.emp
OK
Time taken: 0.842 seconds
```

图 8-9　创建数据库的表 emp、加载数据到表 emp 中

步骤 2:查询数据库 unit8db 中的表 emp,如图 8-10 所示,具体操作命令如下:

```
SELECT COUNT( * ) FROM emp;
```

```
hive (unit8db)> SELECT  count(*)  from  emp;
WARNING: Hive-on-MR is deprecated in Hive 2 and may not be available in the future versions. Consider using a
 different execution engine (i.e. spark, tez) or using Hive 1.X releases.
Query ID = root_20220807153540_9b2c62d9-3f62-4337-b766-79aa3424856c
Total jobs = 1
Launching Job 1 out of 1
Number of reduce tasks determined at compile time: 1
In order to change the average load for a reducer (in bytes):
  set hive.exec.reducers.bytes.per.reducer=<number>
In order to limit the maximum number of reducers:
  set hive.exec.reducers.max=<number>
In order to set a constant number of reducers:
  set mapreduce.job.reduces=<number>
Starting Job = job_1658390683110_0127, Tracking URL = http://node1:8088/proxy/application_1658390683110_0127/
Kill Command = /tools/hadoop/bin/hadoop job  -kill job_1658390683110_0127
Hadoop job information for Stage-1: number of mappers: 1; number of reducers: 1
2022-08-07 15:35:58,674 Stage-1 map = 0%,  reduce = 0%
```

图 8-10　查询数据库的表 emp 中数据

步骤 3:设置最大切片值为 100 字节。

对开发环境进行设置,设置最大切片值为 100 字节,具体操作命令如下:

```
SET mapreduce.input.fileinputformat.split.maxsize=100;
```

然后,再次查询数据库 unit8db 中的表 emp,如图 8-11 所示,具体操作命令如下:

```
SELECT COUNT( * ) FROM emp;
```

```
hive (unit8db)> SET  mapreduce.input.fileinputformat.split.maxsize=100;
hive (unit8db)> SELECT  count(*)  from  emp;
WARNING: Hive-on-MR is deprecated in Hive 2 and may not be available in the future versions. Consider using a
 different execution engine (i.e. spark, tez) or using Hive 1.X releases.
Query ID = root_20220807153750_ae45d388-2209-46b1-8e4d-226a383aa461
Total jobs = 1
Launching Job 1 out of 1
Number of reduce tasks determined at compile time: 1
In order to change the average load for a reducer (in bytes):
  set hive.exec.reducers.bytes.per.reducer=<number>
In order to limit the maximum number of reducers:
  set hive.exec.reducers.max=<number>
In order to set a constant number of reducers:
  set mapreduce.job.reduces=<number>
Starting Job = job_1658390683110_0128, Tracking URL = http://node1:8088/proxy/application_1658390683110_0128/
Kill Command = /tools/hadoop/bin/hadoop job  -kill job_1658390683110_0128
Hadoop job information for Stage-1: number of mappers: 7; number of reducers: 1
```

图 8-11　再次查询数据库的表 emp 中数据

(2)小文件进行合并

例题 3 小文件进行合并。

步骤1:在Map执行前合并小文件,减少Map数。CombineHiveInputFormat具有对小文件进行合并的功能(系统默认的格式)。HiveInputFormat没有对小文件进行合并的功能。具体操作命令如下:

```
SET hive.input.format=org.apache.hadoop.hive.ql.io.CombineHiveInputFormat;
```

步骤2:在Map-Reduce的任务结束时合并小文件的设置。

在map-only任务结束时合并小文件,默认为true,具体操作命令如下:

```
SET hive.merge.mapfiles=true;
```

步骤3:在Map-Reduce任务结束时合并小文件,默认为false,具体操作命令如下:

```
SET hive.merge.mapredfiles=true;
```

步骤4:合并文件的大小,默认为256 MB,具体操作命令如下:

```
SET hive.merge.size.per.task=268435456;
```

步骤5:当输出文件的平均大小小于该值时,启动一个独立的Map-Reduce任务进行文件merge,具体操作命令如下:

```
SET hive.merge.smallfiles.avgsize=16777216;
```

(3)合理设置Reduce数

Reduce在运行时往往需要从相关Map端复制数据到Reduce节点来处理,因此相比于Map任务,Reduce节点资源是相对比较缺少的,同时相对运行较慢,正确的Reduce任务的个数应该是0.95或者1.75 *(节点数×mapred.tasktracker.tasks.maximum参数值)。

如果任务数是节点个数的0.95倍,那么所有的Reduce任务能够在Map任务的输出传输结束后同时开始运行。如果任务数是节点个数的1.75倍,那么高速的节点会在完成它们第一批Reduce任务计算之后开始计算第二批Reduce任务,这样的情况更有利于负载均衡。

同时需要注意,增加Reduce的数量虽然会增加系统的资源开销,但是可以改善负载均衡,降低任务失败带来的负面影响。

同样,Reduce任务也能够与Map任务一样,通过设定JobConf的conf.setNumReduceTasks(INT num)方法来增加任务个数。

例题 4 合理设置Reduce数。

步骤1:调整Reduce个数方法一。

每个Reduce处理的数据量默认是256 MB,具体操作命令如下:

```
hive.exec.reducers.bytes.per.reducer=268435456
```

每个任务最大的Reduce数,默认为1009,具体操作命令如下:

```
hive.exec.reducers.max=1009
```

计算Reducer数的公式,具体操作命令如下:

```
N=min(参数2,总输入数据量/参数1)
```

步骤2:调整Reduce个数方法二。

在Hadoop的mapred-default.xml文件中修改,设置每个job的Reduce个数,具体操作命令如下:

```
set mapreduce.job.reduces = 15;
```

步骤3:Reduce个数并不是越多越好。

过多地启动和初始化 Reduce 也会消耗时间和资源。另外，有多少个 Reduce，就会有多少个输出文件，如果生成了很多个小文件，那么如果这些小文件作为下一个任务的输入，则也会出现小文件过多的问题。

在设置 Reduce 个数时也需要考虑这两个原则：处理大数据量利用合适的 Reduce 数；使单个 Reduce 任务处理数据量大小要合适。

4. 合并小文件

执行 MapReduce 任务时，通常会做一些优化，比如增加 Reduce 并行度来提升计算效率。而 Reduce 的增多意味着输出结果文件的增多，所以会产生小文件问题。

Hive 优化方式如下：

(1)输入合并，也就是在 Hive 读取文件时进行小文件合并，减少 Map 数量。

(2)输出合并，在 MapReduce 输出结果时进行小文件合并。

(3)JVM 重用，一个 Container 中运行多个 MapTask，减少 Container 开启和注销时间。

例题 5 合并小文件。

步骤 1：输入合并。

设置 Hive 输入，执行 Map 前进行小文件合并，设置后，DataNode 上多个小文件会进行合并，合并文件数由 mapred. max. split. size 决定，具体操作如下：

```
SET hive.input.format=org.apache.hadoop.hive.a1.io.CombineHiveInputFormat;
```

设置每个 MapTask 最大文件大小，具体操作如下：

```
SET mapred.max.split.size=268435456;
```

设置节点上最小分片大小，如果输入文件在一个节点上多个 block 的总和大于这个值，则创建一个 split，每个节点最多开启一个 split；小于则将块用于机架设置值进行计算，具体操作如下：

```
SET mapred.min.split.size.per.node=100000000;
```

设置机架上最小分片大小。决定不同机架的 DataNode 上文件都进行合并，对于同一机架上多个 DataNode 的小于节点设置值的块总和进行计算，大于这个值则创建 split，小于则进行多个机架计算，具体操作如下：

```
SET mapred.min.split.size.per.rack=100000000;
```

步骤 2：输出合并。

Map 结束时合并小文件，默认开启，具体操作如下：

```
SET hive.merge.mapredfiles=true;
```

输出结果时合并，默认关闭，具体操作如下：

```
SET hive.merge.mapfiles=true;
```

小于这个值会开启一个独立的 MapReduce 任务进行小文件合并，默认 16 MB，具体操作如下：

```
SET hive.merge.smallfiles.avgsize=16777216;
```

设置合并后的文件大小，默认 256 MB，推荐 128 MB，一个 HDFS 分块的大小，具体操作如下：

```
SET hive.merge.size.per.task=268435456;
```

步骤 3：JVM 重用。

设置 mapred. job. jvm. num. tasks 的值，具体操作如下：

```
SET mapred.job.jvm.num.tasks
```

任务 8.2 优化 HiveQL

8.2.1 任务描述

Hive 用户面临的一个最大的挑战是运行即时查询的最终用户要面对较慢的响应时间。与传统关系型数据库查询所达到的性能相比，Hive 的响应速度通常慢得令人无法接受，那么如何才能达到最终用户所习惯的那种性能，Hive SQL 的性能优化是重中之重。

8.2.2 任务准备知识

本小节将会分成几种不同的优化方式来介绍 Hive SQL 的性能优化。一些调优涉及调整配置参数的值，而其他一些调优过程则包括启用或者禁用某些特定的特性。

8.2.3 任务实施

Hive SQL 的性能调优方式多样，本小节主要从 GROUP BY 的优化、Join 相关的优化、COUNT(DISTINCT)优化、行/列过滤优化等四种方式进行说明。

1. 聚合语句优化

Hive 的优化分为“Join 相关的优化”和“Join 无关的优化”。从项目实际来说，Join 相关的优化其实占据了 Hive 优化的大部分内容，而 Join 相关的优化又分为 MapJoin 可以解决的 Join 优化和 MapJoin 无法解决的 Join 优化。其实在实际 HiveSQL 开发的过程中，Hive SQL 性能的问题只有小部分和数据倾斜相关。

Hive SQL 性能问题基本上大部分都和 Join 相关，对于和 Join 无关的问题主要有 GROUP BY 相关的倾斜和 COUNT DISTINCT 相关的优化。GROUP BY 引起的倾斜主要是输入数据行按照“GROUP BY 列分布不均匀”引起的。

默认情况下，Map 阶段同一 key 数据分发给同一 Reduce，如果单一 key 过大就很容易造成数据倾斜。例如，100 条数据分组后一组 90 条，一组 10 条，这就会造成严重的数据倾斜。

这样的话，我们就可以预先在 Map 端进行一些聚合操作，减轻 Reduce 端的压力。

例题 6 GROUP BY 优化案例。

假设，表 test(此表在数据库中并未存在，此处只是为了说明使用)中共有 10 条数据，通过表中数据，说明 GROUP BY 的优化过程。表中的 10 条数据分别为：

张三,10	张三,20	张三,30	张三,10	张三,20
张三,30	张三,20	张三,30	李四,30	李四,40

步骤 1:常用参数。

是否在 Map 端进行聚合,默认为 true,具体操作如下:

```
hive.map.aggr=true
```

在 Map 端进行聚合操作的条目数目,具体操作如下:

```
hive.groupby.mapaggr.checkinterval=100000
```

有数据倾斜时进行负载均衡(默认是 false),具体操作如下:

```
hive.groupby.skewindata=true
```

步骤 2:Hive 分组的负载均衡策略。

生成两个 MR Job:第一个 MR Job 中的 Map 端会随机将数据分发给 Reduce 端,从而降低数据倾斜的发生;第二个 MR Job 根据预处理的数据结果按照 GROUP BY Key 再次分发数据完成分组。这样,相当于进行了一次彻彻底底的 shuffle 来消除数据倾斜。

步骤 3:案例分析过程。

如果没有开启负载均衡,那么有 2 个 Reduce 端。随机分发数据到 2 个 Reduce 端,如图 8-12 所示,发生明显的数据倾斜。

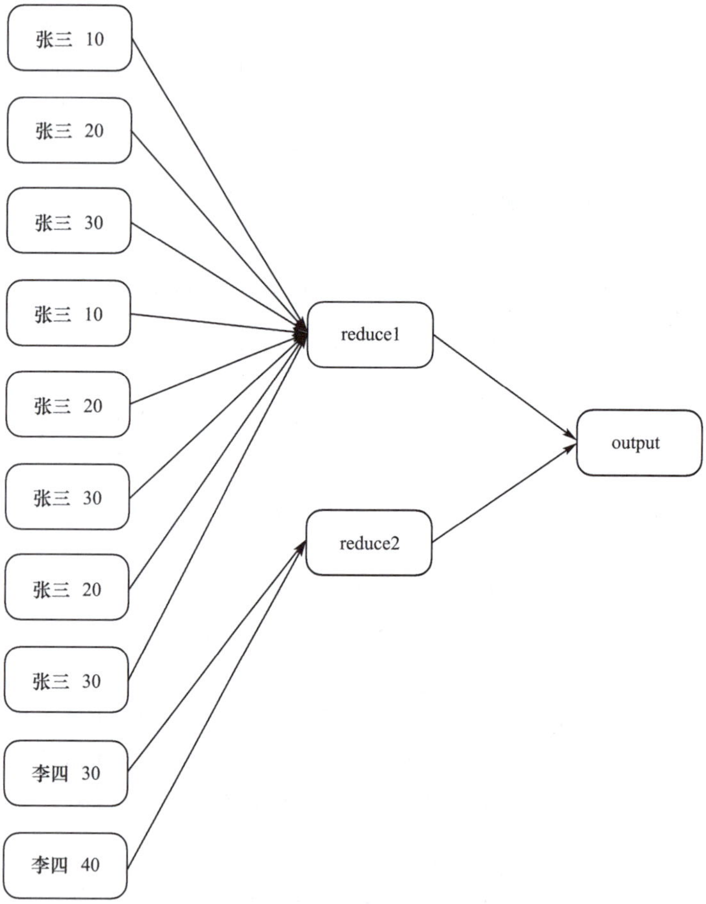

图 8-12 未开启负载均衡

如果已经开启负载均衡,那么有 2 个 Reduce 端,随机分发数据到 2 个 Reduce 端之后,形成结果,在预定结果之后,再次分发数据。不同的是,分发数据之前,使用 GROUP BY Key 对数据进行干预,可以有效地降低数据倾斜的概率,如图 8-13 所示。

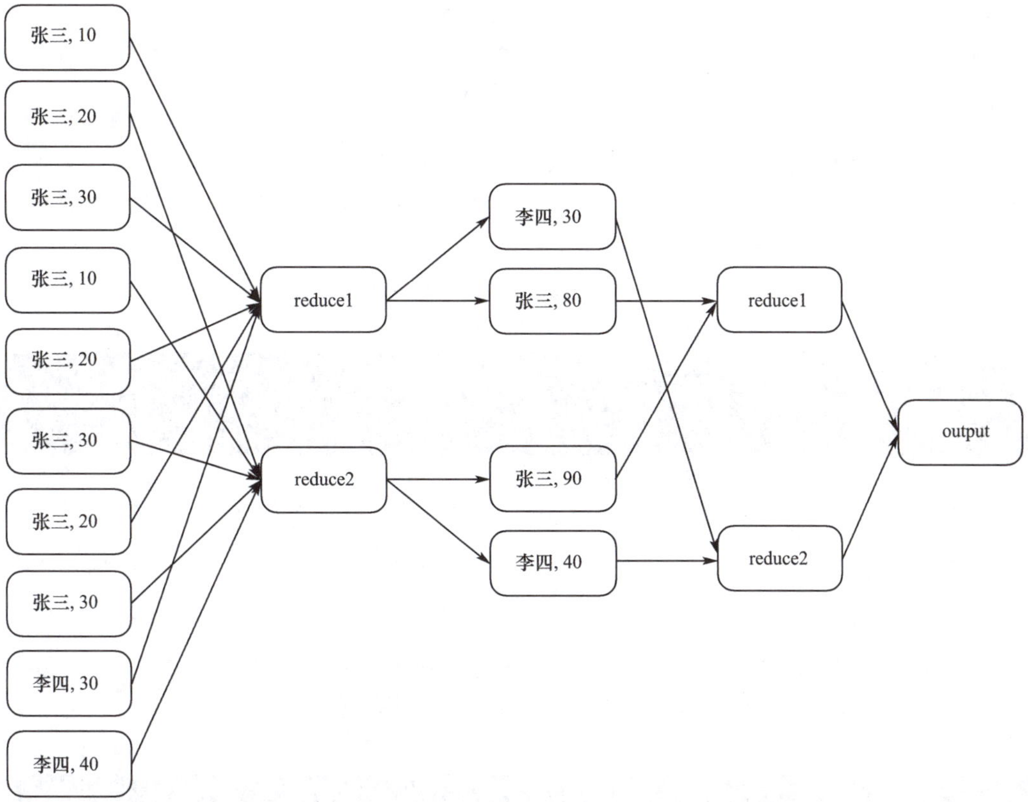

图 8-13 已开启负载均衡

2. 连接语句优化

Join 相关的优化主要分为 MapJoin 可以解决的优化(即大表 Join 小表)和 MapJoin 无法解决的优化(即大表 Join 大表)。大表 Join 小表相对容易解决,大表 Join 大表相对复杂和难以解决,但也不是不可解决的,只是相对比较麻烦而已。本小节中,重点说明 MapJoin 可以解决的优化(即大表 Join 小表)。

连接语句优化

例题 7 Join 优化案例。

步骤 1:设置参数。

设置自动选择 MapJoin 的参数,默认为 true,具体操作命令如下:

```
SET hive.auto.convert.join=true;
```

设置大表和小表的阈值范围,默认 25 M 以下是小表,具体操作命令如下:

```
SET hive.mapjoin.smalltable.filesize=25000000;
```

步骤 2:创建所需要的表。

创建数据库 unit8db 中的大表 bigtable。首先,查询表 bigtable 是否创建成功,如图 8-14 所示。具体操作命令如下:

```
SHOW TABLES;
```

图 8-14 查询数据库的表 bigtable 是否已经存在

创建数据库 unit8db 中的小表 smalltable，具体操作命令如下：

```
CREATE TABLE smalltable
(id BIGINT, t BIGINT, uid STRING, keyword STRING,url_rank INT,
click_num INT, click_url STRING)
ROW FORMAT DELIMITED FIELDS TERMINATED BY ',';
```

查询表 smaltable 是否创建成功，成功后，向表中加载数据，如图 8-15 所示。具体操作命令如下：

```
LOAD DATA LOCAL INPATH '/usr/datas8/smalltable001.csv'
INTO TABLE smalltable;
```

```
hive (unit8db)> LOAD  DATA  LOCAL  inpath  '/usr/datas8/smalltable001.csv'
              > INTO  TABLE  smalltable;
Loading data to table unit8db.smalltable
OK
Time taken: 0.291 seconds
```

图 8-15　创建数据库的表 smalltable、加载数据到表 smalltable 中

创建数据库 unit8db 中的链接 Join 表 jointable，具体操作命令如下：

```
CREATE TABLE jointable
(id BIGINT, t BIGINT, uid STRING, keyword STRING,url_rank INT,
click_num INT, click_url STRING)
ROW FORMAT DELIMITED FIELDS TERMINATED BY '\t';
```

查询表 jointable 是否创建成功，如图 8-16 所示。具体操作命令如下：

```
SHOW TABLES;
```

```
hive (unit8db)> SHOW TABLES;
OK
tab_name
bigtable
emp
jointable
smalltable
Time taken: 0.012 seconds, Fetched: 4 row(s)
```

图 8-16　创建数据库的表 jointable、加载数据到表 jointable 中

步骤 3：小表链接大表。

查询小表 Join 大表，如图 8-17 和图 8-18 所示，具体操作命令如下：

```
INSERT OVERWRITE TABLE jointable
SELECT b.id, b.t, b.uid, b.keyword, b.url_rank,
b.click_num, b.click_url
FROM smalltable s JOIN bigtable b ON b.id = s.id;
```

```
hive (unit8db)> INSERT  OVERWRITE  TABLE  jointable
              > SELECT  b.id,  b.t,  b.uid,  b.keyword,  b.url_rank,
              > b.click_num,  b.click_url
              > FROM  smalltable  s  join  bigtable  b  on  b.id = s.id;
WARNING: Hive-on-MR is deprecated in Hive 2 and may not be available in the future versions. Consider using a
 different execution engine (i.e. spark, tez) or using Hive 1.X releases.
Query ID = root_20220807160333_436923f7-ee7c-418f-b967-406444fbbf27
Total jobs = 1
SLF4J: Class path contains multiple SLF4J bindings.
SLF4J: Found binding in [jar:file:/tools/hive/lib/log4j-slf4j-impl-2.6.2.jar!/org/slf4j/impl/StaticLoggerBind
er.class]
SLF4J: Found binding in [jar:file:/tools/hadoop/share/hadoop/common/lib/slf4j-log4j12-1.7.10.jar!/org/slf4j/i
mpl/StaticLoggerBinder.class]
SLF4J: See http://www.slf4j.org/codes.html#multiple_bindings for an explanation.
```

图 8-17　小表 Join 大表一

```
2022-08-07 16:06:18,972 Stage-4 map = 86%,  reduce = 0%, Cumulative CPU 167.89 sec
2022-08-07 16:06:23,222 Stage-4 map = 87%,  reduce = 0%, Cumulative CPU 169.26 sec
2022-08-07 16:06:26,393 Stage-4 map = 88%,  reduce = 0%, Cumulative CPU 170.58 sec
2022-08-07 16:06:28,503 Stage-4 map = 90%,  reduce = 0%, Cumulative CPU 173.29 sec
2022-08-07 16:06:30,552 Stage-4 map = 94%,  reduce = 0%, Cumulative CPU 180.48 sec
2022-08-07 16:06:31,570 Stage-4 map = 96%,  reduce = 0%, Cumulative CPU 183.93 sec
2022-08-07 16:06:39,726 Stage-4 map = 99%,  reduce = 0%, Cumulative CPU 192.12 sec
2022-08-07 16:06:40,747 Stage-4 map = 100%,  reduce = 0%, Cumulative CPU 193.63 sec
MapReduce Total cumulative CPU time: 3 minutes 13 seconds 630 msec
Ended Job = job_1658390683110_0129
Loading data to table unit8db.jointable
MapReduce Jobs Launched:
Stage-Stage-4: Map: 100   Cumulative CPU: 193.63 sec   HDFS Read: 902378 HDFS Write: 5756 SUCCESS
Total MapReduce CPU Time Spent: 3 minutes 13 seconds 630 msec
OK
b.id    b.t     b.uid   b.keyword       b.url_rank      b.click_num     b.click_url
Time taken: 189.204 seconds
```

图 8-18　小表 Join 大表二

步骤 4：大表链接小表。

查询大表 Join 小表，如图 8-19 和图 8-20 所示，具体操作命令如下：

```
INSERT OVERWRITE TABLE jointable
SELECT b.id, b.t, b.uid, b.keyword, b.url_rank,
b.click_num, b.click_url
FROM bigtable b JOIN smalltable s ON s.id = b.id;
```

```
hive (unit8db)> ;
hive (unit8db)> INSERT  OVERWRITE  TABLE  jointable
              > SELECT  b.id,  b.t,  b.uid,  b.keyword,  b.url_rank,
              > b.click_num,  b.click_url
              > FROM  bigtable  b  join  smalltable  s  on  s.id = b.id;
WARNING: Hive-on-MR is deprecated in Hive 2 and may not be available in the future versions. Consider using a
 different execution engine (i.e. spark, tez) or using Hive 1.X releases.
Query ID = root_20220807160908_6c2a3fbd-317a-4a9a-8744-3c07a5c6ee9a
Total jobs = 1
SLF4J: Class path contains multiple SLF4J bindings.
SLF4J: Found binding in [jar:file:/tools/hive/lib/log4j-slf4j-impl-2.6.2.jar!/org/slf4j/impl/StaticLoggerBind
er.class]
SLF4J: Found binding in [jar:file:/tools/hadoop/share/hadoop/common/lib/slf4j-log4j12-1.7.10.jar!/org/slf4j/i
mpl/StaticLoggerBinder.class]
SLF4J: See http://www.slf4j.org/codes.html#multiple_bindings for an explanation.
SLF4J: Actual binding is of type [org.apache.logging.slf4j.Log4jLoggerFactory]
2022-08-07 16:09:13     Starting to launch local task to process map join;      maximum memory = 477626368
2022-08-07 16:09:15     Dump the side-table for tag: 1 with group count: 10 into file: file:/tmp/root/5c53199
```

图 8-19　大表 Join 小表一

```
2022-08-07 16:11:52,031 Stage-4 map = 92%,  reduce = 0%, Cumulative CPU 173.4 sec
2022-08-07 16:11:53,098 Stage-4 map = 93%,  reduce = 0%, Cumulative CPU 175.44 sec
2022-08-07 16:11:54,125 Stage-4 map = 94%,  reduce = 0%, Cumulative CPU 176.69 sec
2022-08-07 16:11:55,159 Stage-4 map = 95%,  reduce = 0%, Cumulative CPU 178.15 sec
2022-08-07 16:11:56,182 Stage-4 map = 96%,  reduce = 0%, Cumulative CPU 179.61 sec
2022-08-07 16:11:57,201 Stage-4 map = 97%,  reduce = 0%, Cumulative CPU 180.76 sec
2022-08-07 16:11:59,242 Stage-4 map = 99%,  reduce = 0%, Cumulative CPU 183.24 sec
2022-08-07 16:12:00,263 Stage-4 map = 100%,  reduce = 0%, Cumulative CPU 184.57 sec
MapReduce Total cumulative CPU time: 3 minutes 4 seconds 570 msec
Ended Job = job_1658390683110_0130
Loading data to table unit8db.jointable
MapReduce Jobs Launched:
Stage-Stage-4: Map: 100   Cumulative CPU: 184.57 sec   HDFS Read: 863578 HDFS Write: 5756 SUCCESS
Total MapReduce CPU Time Spent: 3 minutes 4 seconds 570 msec
OK
b.id    b.t     b.uid   b.keyword       b.url_rank      b.click_num     b.click_url
Time taken: 173.713 seconds
```

图 8-20　大表 Join 小表二

3. 统计语句优化

数据量小时无所谓，数据量大的情况下，由于 COUNT DISTINCT 操作需要用一个

Reduce Task 来完成，该 Reduce 需要处理的数据量太大就会导致整个 Job 很难完成。一般 COUNT DISTINCT 使用先 GROUP BY 再 COUNT 的方式替换，但是需要注意 GROUP BY 造成的数据倾斜问题。

例题 8 COUNT()优化案例。

步骤 1:创建所需要的表。

创建数据库 unit8db 中的大表 bigtable。首先，查询表 bigtable 是否创建成功，如图 8-14 所示，表 bigtable 已经存在，且其中有 320 条数据。

步骤 2:设置 Reduce 的个数为 5。

设置 Reduce 的个数为 5，具体操作命令如下：

```
SET mapreduce.job.reduces=5;
```

步骤 3:执行去重查询。

执行去重查询，即使用 COUNT DISTINCT 操作进行查询，如图 8-21 和图 8-22 所示，具体操作命令如下：

```
SELECT COUNT(DISTINCT id) FROM bigtable;
```

```
hive (unit8db)> SET  mapreduce.job.reduces = 5;
hive (unit8db)> SELECT  COUNT(DISTINCT id)  from  bigtable;
WARNING: Hive-on-MR is deprecated in Hive 2 and may not be available in the future versions. Consider using a
 different execution engine (i.e. spark, tez) or using Hive 1.X releases.
Query ID = root_20220807161414_523b951f-e041-4809-8859-e2cf4b40a1c1
Total jobs = 1
Launching Job 1 out of 1
Number of reduce tasks determined at compile time: 1
In order to change the average load for a reducer (in bytes):
  set hive.exec.reducers.bytes.per.reducer=<number>
In order to limit the maximum number of reducers:
  set hive.exec.reducers.max=<number>
In order to set a constant number of reducers:
  set mapreduce.job.reduces=<number>
Starting Job = job_1658390683110_0131, Tracking URL = http://node1:8088/proxy/application_1658390683110_0131/
Kill Command = /tools/hadoop/bin/hadoop job  -kill job_1658390683110_0131
```

图 8-21 去重查询表 bigtable 一

```
1 node1    2 node2    3 node3
2022-08-07 16:16:40,800 Stage-1 map = 89%,  reduce = 29%, Cumulative CPU 112.16 sec
2022-08-07 16:16:41,900 Stage-1 map = 92%,  reduce = 29%, Cumulative CPU 116.82 sec
2022-08-07 16:16:42,986 Stage-1 map = 93%,  reduce = 29%, Cumulative CPU 117.66 sec
2022-08-07 16:16:45,171 Stage-1 map = 94%,  reduce = 31%, Cumulative CPU 118.52 sec
2022-08-07 16:16:47,267 Stage-1 map = 96%,  reduce = 31%, Cumulative CPU 120.72 sec
2022-08-07 16:16:48,314 Stage-1 map = 97%,  reduce = 31%, Cumulative CPU 121.62 sec
2022-08-07 16:16:50,766 Stage-1 map = 100%,  reduce = 32%, Cumulative CPU 124.16 sec
2022-08-07 16:16:52,808 Stage-1 map = 100%,  reduce = 100%, Cumulative CPU 125.46 sec
MapReduce Total cumulative CPU time: 2 minutes 5 seconds 460 msec
Ended Job = job_1658390683110_0131
MapReduce Jobs Launched:
Stage-Stage-1: Map: 100  Reduce: 1   Cumulative CPU: 125.46 sec   HDFS Read: 580360 HDFS Write: 102 SUCCESS
Total MapReduce CPU Time Spent: 2 minutes 5 seconds 460 msec
OK
_c0
80
Time taken: 159.602 seconds, Fetched: 1 row(s)
```

图 8-22 去重查询表 bigtable 二

步骤 4:执行先 GROUP BY 再 COUNT 的方式查询。

执行先 GROUP BY 再 COUNT 的方式查询，如图 8-23 和图 8-24 所示，具体操作命令如下：

```
SELECT COUNT(id) FROM
(SELECT id FROM bigtable GROUP BY id) a;
```

```
hive (unit8db)> SELECT  COUNT(id)  from
              > (SELECT  id  from  bigtable  Group  By  id)  a;
WARNING: Hive-on-MR is deprecated in Hive 2 and may not be available in the future versions. Consider using a
 different execution engine (i.e. spark, tez) or using Hive 1.X releases.
Query ID = root_20220807161807_75ecd47a-8968-4049-9c23-e0bd2b6ced4c
Total jobs = 2
Launching Job 1 out of 2
Number of reduce tasks not specified. Defaulting to jobconf value of: 5
In order to change the average load for a reducer (in bytes):
  set hive.exec.reducers.bytes.per.reducer=<number>
In order to limit the maximum number of reducers:
  set hive.exec.reducers.max=<number>
In order to set a constant number of reducers:
```

图 8-23　先 GROUP BY 再 COUNT 的方式查询表 bigtable 一

```
Hadoop job information for Stage-2: number of mappers: 5; number of reducers: 1
2022-08-07 16:21:31,297 Stage-2 map = 0%,  reduce = 0%
2022-08-07 16:21:51,361 Stage-2 map = 33%,  reduce = 0%, Cumulative CPU 7.41 sec
2022-08-07 16:21:52,384 Stage-2 map = 60%,  reduce = 0%, Cumulative CPU 10.26 sec
2022-08-07 16:21:53,402 Stage-2 map = 80%,  reduce = 0%, Cumulative CPU 11.52 sec
2022-08-07 16:21:54,419 Stage-2 map = 100%,  reduce = 0%, Cumulative CPU 14.32 sec
2022-08-07 16:21:57,490 Stage-2 map = 100%,  reduce = 100%, Cumulative CPU 15.33 sec
MapReduce Total cumulative CPU time: 15 seconds 330 msec
Ended Job = job_1658390683110_0133
MapReduce Jobs Launched:
Stage-Stage-1: Map: 100  Reduce: 5  Cumulative CPU: 173.82 sec  HDFS Read: 566348 HDFS Write: 570 SUCCESS
Stage-Stage-2: Map: 5  Reduce: 1  Cumulative CPU: 15.33 sec  HDFS Read: 16048 HDFS Write: 102 SUCCESS
Total MapReduce CPU Time Spent: 3 minutes 9 seconds 150 msec
OK
_c0
80
Time taken: 230.536 seconds, Fetched: 1 row(s)
```

图 8-24　先 GROUP BY 再 COUNT 的方式查询表 bigtable 二

4. 行/列过滤优化

（1）列处理

在 SELECT 中，只处理需要的列；如果有分区，尽量使用分区过滤，少用 SELECT * 。

（2）行处理

在分区剪裁中，当使用外关联时，如果将副表的过滤条件写在 WHERE 后面，则会先全表关联，之后再过滤。

例题 9　行/列过滤优化案例。

步骤 1：创建所需要的表。

创建数据库 unit8db 中的大表 bigtable。首先，查询表 bigtable 是否创建成功，如图 8-14 所示，表 bigtable 已经存在，且其中有数据。

步骤 2：执行先关联表，再子查询的方式查询。

执行先关联表再子查询的方式查询，如图 8-25 和图 8-26 所示，具体操作命令如下：

```
SELECT o.id
FROM bigtable b JOIN bigtable o ON o.id = b.id
WHERE o.id <= 10;
```

```
hive (unit8db)>
              > SELECT  o.id
              > FROM  bigtable  b  join  bigtable  o  on  o.id = b.id
              >     WHERE  o.id <= 10;
WARNING: Hive-on-MR is deprecated in Hive 2 and may not be available in the future versions. Consider using a
 different execution engine (i.e. spark, tez) or using Hive 1.X releases.
Query ID = root_20220807162328_e7b61c50-d484-4891-ae21-107dcbc5d3ed
Total jobs = 1
SLF4J: Class path contains multiple SLF4J bindings.
SLF4J: Found binding in [jar:file:/tools/hive/lib/log4j-slf4j-impl-2.6.2.jar!/org/slf4j/impl/StaticLoggerBind
er.class]
SLF4J: Found binding in [jar:file:/tools/hadoop/share/hadoop/common/lib/slf4j-log4j12-1.7.10.jar!/org/slf4j/i
mpl/StaticLoggerBinder.class]
SLF4J: See http://www.slf4j.org/codes.html#multiple_bindings for an explanation.
SLF4J: Actual binding is of type [org.apache.logging.slf4j.Log4jLoggerFactory]
```

图 8-25　先关联表再子查询的方式查询一

```
● 1 node1 ×   2 node2 ×   ● 3 node3 ×  +        Xshell 帮助
7
7
7
7
8
8
8
8
9
9
9
9
10
10
10
10
Time taken: 177.196 seconds, Fetched: 144 row(s)
```

图 8-26　先关联表再子查询的方式查询二

步骤 3:执行先子查询表,再关联表的方式查询。

执行先子查询表再关联表的方式查询,如图 8-27 和图 8-28 所示,具体操作命令如下:

```
SELECT b.id FROM bigtable b JOIN
(SELECT id FROM bigtable WHERE id <= 10) o ON b.id = o.id;
```

```
hive (unit8db)> SELECT  b.id  from  bigtable  b  join
              > (SELECT  id  from  bigtable  where  id <= 10)  o  on b.id = o.id;
WARNING: Hive-on-MR is deprecated in Hive 2 and may not be available in the future versions. Consider using a
 different execution engine (i.e. spark, tez) or using Hive 1.X releases.
Query ID = root_20220807162736_77ff47a5-36e9-47b0-9b21-5231feb60066
Total jobs = 1
SLF4J: Class path contains multiple SLF4J bindings.
SLF4J: Found binding in [jar:file:/tools/hive/lib/log4j-slf4j-impl-2.6.2.jar!/org/slf4j/impl/StaticLoggerBind
er.class]
SLF4J: Found binding in [jar:file:/tools/hadoop/share/hadoop/common/lib/slf4j-log4j12-1.7.10.jar!/org/slf4j/i
mpl/StaticLoggerBinder.class]
SLF4J: See http://www.slf4j.org/codes.html#multiple_bindings for an explanation.
SLF4J: Actual binding is of type [org.apache.logging.slf4j.Log4jLoggerFactory]
```

图 8-27　先子查询再关联表的方式查询一

```
● 1 node1 ×   2 node2 ×   ● 3 node3 ×  +        Xshell 帮助
7
7
7
7
8
8
8
8
9
9
9
9
10
10
10
10
Time taken: 182.115 seconds, Fetched: 144 row(s)
```

图 8-28　先子查询再关联表的方式查询二

项目小结

我们在本项目中首先学习了 Hive 生态系统中参数优化的五种方式,其中,重点介绍了配置 MapReduce 压缩、配置 Map 个数、配置 Reduce 个数、合并小文件等方式;然后,本项目还详细介绍了 Hive 生态系统中 HQL 优化的四种方式,其中,聚合语句的优化、行/列过滤优化等方式进行了重点说明。在本项目中,不仅理解和掌握 Hive 生态系统中参数优化的几种方式,同时理解和掌握 Hive 生态系统中 HQL 优化的几种方式,是应用 Hive 高效解决实际问题的重要基础。

思政小课堂

在当下这个时代，对那些成功的工匠们也少不了会有几倍工资、几套房子、几多升迁的诱惑。但是，他们都没有为此所动。因为他们的共同点和特殊点，不仅在于技艺精湛，而且在于有一颗热爱祖国，对所从事的事业的爱心和忠心，有一种令人高山仰止、富有职业操守的“工匠精神”。航天特种熔融焊接工高凤林的话，代表了大国工匠们的心声：“每每看到我们生产的发动机把卫星送到太空，就有一种成功后的自豪感，这种自豪感用金钱买不到。”

课后练习

1. Hive 生态系统中参数优化有哪几种方式？

2. Hive 生态系统中 HQL 优化有哪几种方式？

3. 请结合实际，从本专业的角度说明在日常生活中应用 Hive 高效解决实际问题时，需要注意哪些方面。

项目 9 综合案例

知识目标

1. 了解项目案例概述，掌握案例需求分析。
2. 了解案例原始数据的数据结构，了解字段的含义。
3. 掌握数据导入操作，将原始数据导入 Hive 数据库。
4. 掌握数据分析操作，运用 HiveQL 语句实现统计分析功能。

技能目标

1. 能够描述案例的背景和需求。
2. 能够描述案例的数据结构和字段的含义。
3. 能够将原始数据导入 Hive 数据库中。
4. 能够运用 HiveQL 语句进行案例的统计分析。

素质目标

1. 通过综合案例的学习过程培养探究精神和自学能力。
2. 培养创新精神、创业意识。
3. 培养良好的职业道德和社会责任感。

本项目通过 Hive 数据仓库实现电商销售大数据分析综合案例。该项目是 Hive 数据仓库的综合应用，在项目的实现过程中读者更加深入地理解 Hive 数据仓库的实际应用。核心内容涵盖了数据仓库的创建、原始数据的导入以及各项指标的统计分析等。

任务 电商销售大数据分析

9.1.1 任务描述

全世界有数十亿人在使用电商平台进行购物，这些平台在较短的时间内产生了大量的数据。本项目将学会如何使用 Hive 数据仓库来载入电商销售的历史数据，并使用 HiveQL 对各项指标进行统计分析，进一步熟悉 Hive 数据仓库的实际应用。

9.1.2 任务准备知识

1. 电商销售大数据

电子商务通常是指在全球各地广泛的商业贸易活动中，在因特网开放的网络环境下，基于客户端/服务端应用方式，买卖双方不谋面地进行各种商贸活动，实现消费者的网上购物、商户之间的网上交易、在线电子支付以及各种商务活动。

相对于传统的经营模式来说，爆炸性增长的电商大数据已经成为电子商务非常具有优势和商业价值的资源。因为电商几乎掌握了最全面的数据信息，其中包括所有注册用户的浏览信息、购买消费记录、用户对商品的评价、在其平台上卖家的买卖记录、产品交易量、库存量，以及商家的信用信息等。大数据贯穿了整个电子商务的业务流程，已经成为电商真正的核心竞争力。

电商经历了基于用户数量的时代和基于销量的时代，目前已处于基于大数据的时代，电子商务的竞争在很大程度上就是大数据的竞争。由于平台所产生的巨大信息量以及其所收集到的用户信息具有真实性、确定性和对应性，电子商务具有了利用大数据的天然优势。大数据的应用将贯穿整个电商的业务流程，成为公司的核心竞争力。随着电商企业对大数据的挖掘、分析，它们已经开始了对大数据的实际应用。

2. 数据概况

本案例数据来自奢侈品电商后台的部分历史销售数据，平台为了创造更多的销售利润，现需要对已有的销售大数据进行分析，通过对各项指标的统计分析，进行用户画像，提出合理的促销方案，从而进行精准营销，合理利用数据将使电商平台的运营效率在目前的基础上大幅提高。

用户的历史销售数据以 txt 的文本格式存储，每条数据是订单记录，销售订单的格式描述如下：

uid：用户 id
pid：产品 id
sex：用户性别
age：用户的年龄段
vocation：用户职业
city：用户居住的城市
livetime：居住时间
marriage：用户的婚姻状况
level1：产品一级分类类别
level2：产品二级分类类别
level3：产品二级分类类别
sale：订单销售额

3. 数据准备

我们将历史数据上传到 node2 虚拟机的 data 目录里，然后加载到 Hive 数据库中，操作步骤如下：

项目数据准备

步骤 1：将本机的历史销售数据 e-data. txt 上传到 node2 的 data 目录下，如图 9-1 所示。

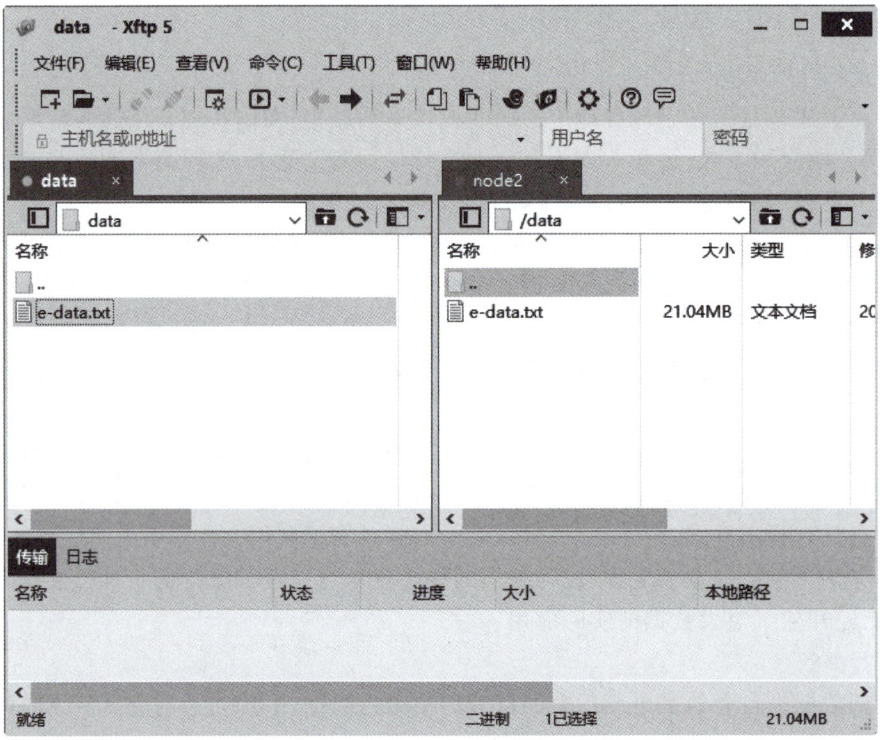

图 9-1　上传历史销售数据

步骤 2：创建 Hive 电商数据库 eshop，如图 9-2 所示。

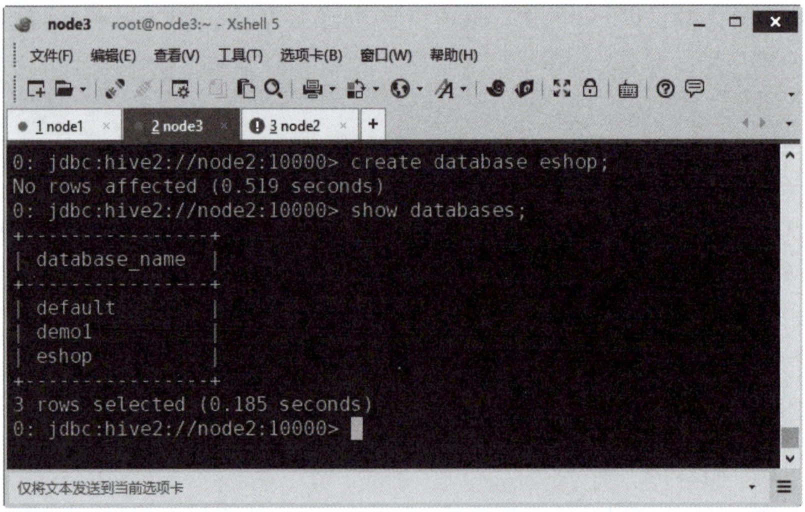

图 9-2　新建电商数据库

步骤 3：创建 Hive 销售订单表 sales，如图 9-3 和图 9-4 所示。

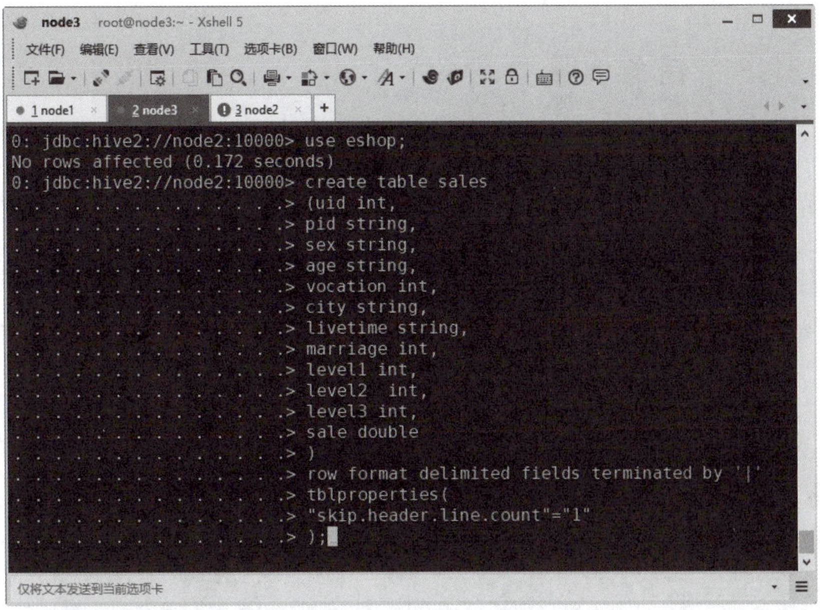

图 9-3 新建销售订单数据表

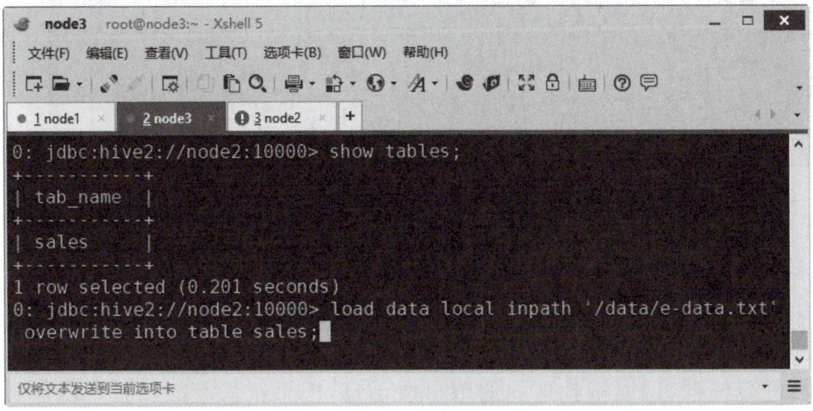

图 9-4 建表成功

步骤 4:将历史数据装载到销售订单表 sales 里,HiveQL 脚本设计如下:

```
LOAD DATA LOCAL INPATH '/data/e-data.txt' overwrite into table sales;
```

查询数据,如果看到如图 9-5 所示表示历史数据加载成功。

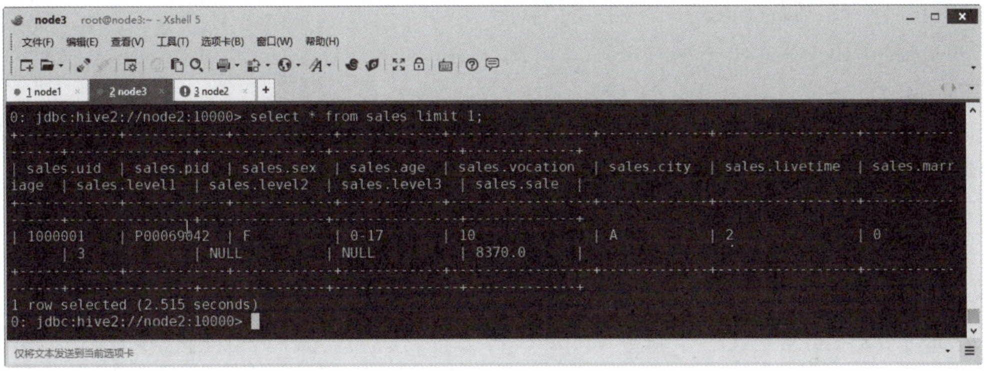

图 9-5 验证导入成功

9.1.3 任务实施

1. 统计订单总数

统计订单历史数据中的订单总数，使用 COUNT 函数来完成该统计需求。COUNT(1)可以对所有数据行进行统计，也就是统计出了所有的订单数，HiveQL 脚本设计如下：

```
SELECT COUNT(1) AS items FROM sales;
```

运行结果如图 9-6 所示。由此可以看出订单的总数是 475313，这就是后续进行分析的订单数据。

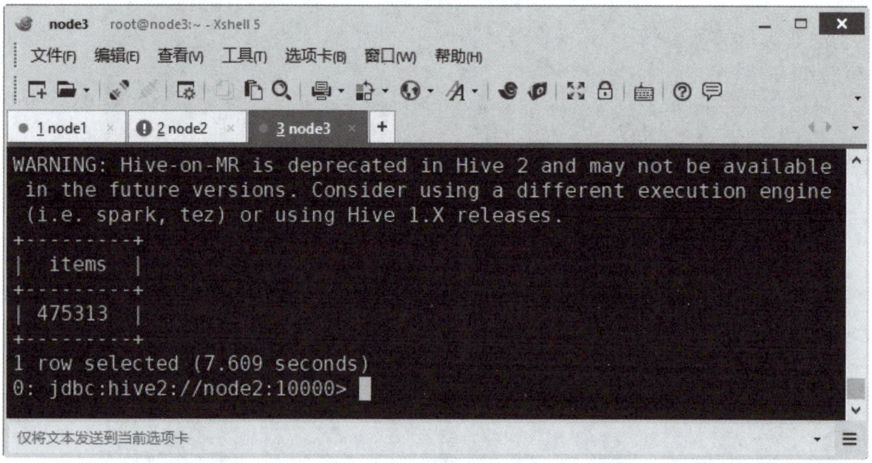

图 9-6 统计订单总数

销售指标统计分析

2. 统计总销售额

统计订单历史数据中的消费总额、人均消费额以及平均每单的消费额。使用 SUM 函数对 sale 字段进行累加，得到总销售额；使用 DISTINCT 关键字对 uid 进行去重，然后用 COUNT 函数进行统计，可以得到独立的用户数，然后用总销售额除以独立用户数就得到了人均消费额；用 COUNT 函数统计 sale 字段，即非空订单数，再用总消费额除以总订单数就得到了平均每单的消费额。HiveQL 脚本设计如下：

```
SELECT
SUM(sale) sales,
SUM(sale)/COUNT(DISTINCT uid) avg_pay,
SUM(sale)/COUNT(sale) avg_price
FROM sales;
```

运行结果如图 9-7 所示。由此看出订单的总消费额是 44.34 亿，人均消费额是 75.27 万，平均每单的消费额是 9329.43 元。

3. 统计各性别消费情况

统计订单历史数据中男性和女性的消费情况，包括各性别用户数、各性别用户的人均消费额、各性别消费总额、各性别人数占比、各性别消费总额占比。使用 GROUP BY 关键字对性别字段进行分组，DISTINCT 关键字对 uid 进行去重，然后用 COUNT 函数统计各性别人数；使用 SUM 函数对 sale 字段进行累加，得到各性别消费总额；使用 SUM 函数对各性别人数累加，得到总人数，然后用各性别人数除以总人数得到各性别人数占比；使用 SUM 函数对各性

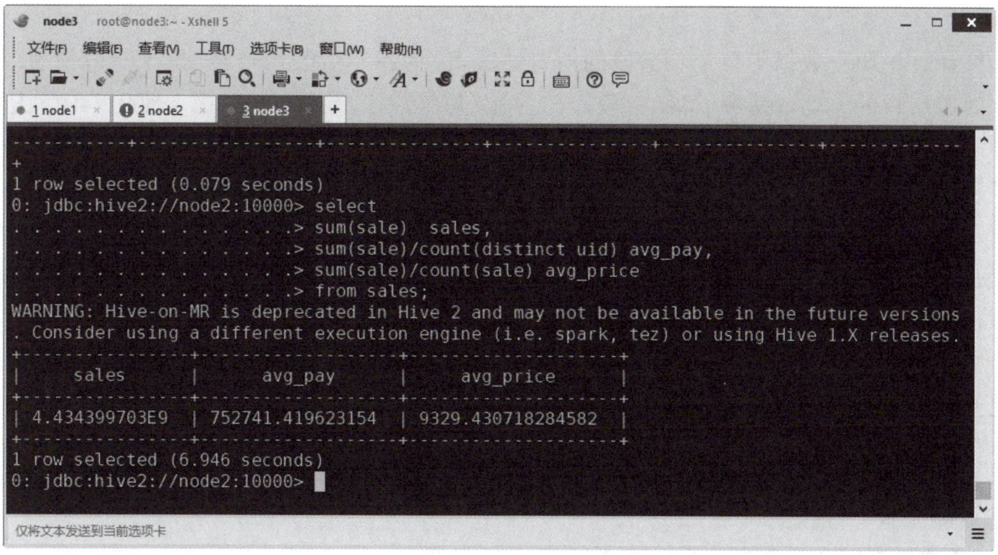

图 9-7 统计订单总体情况

别消费额累加，得到总消费额，然后用各性别消费额除以总消费额得到各性别消费额占比；同时使用 CAST 函数将占比数据进行数据类型转换，保留两位小数。HiveQL 脚本设计如下：

```
SELECT * ,
CAST(users/(SUM(users) over () ) AS DECIMAL (8,2)) AS sex_percent,
CAST( sum_pay/(SUM(sum_pay) over ()) AS DECIMAL(8,2) ) AS pay_percent
FROM (SELECT sex ,
COUNT(DISTINCT uid) users ,
CAST((SUM(sale)/COUNT(DISTINCT uid)) * 100 AS DECIMAL(8,2)) avg_user,
SUM(sale) sum_pay FROM sales GROUP BY sex
) AS s ORDER BY pay_percent DESC;
```

运行结果如图 9-8 所示。由此可以看出男性 4225 人、女性 1666 人；男性人均消费额 80 万、女性人均消费额 62 万；男性累计消费额 34 亿、女性累计消费额 10 亿；男性人数占比 71.72%、女性人数占比 28.28%；男性消费额占比 76.70%、女性消费额占比 23.3%。

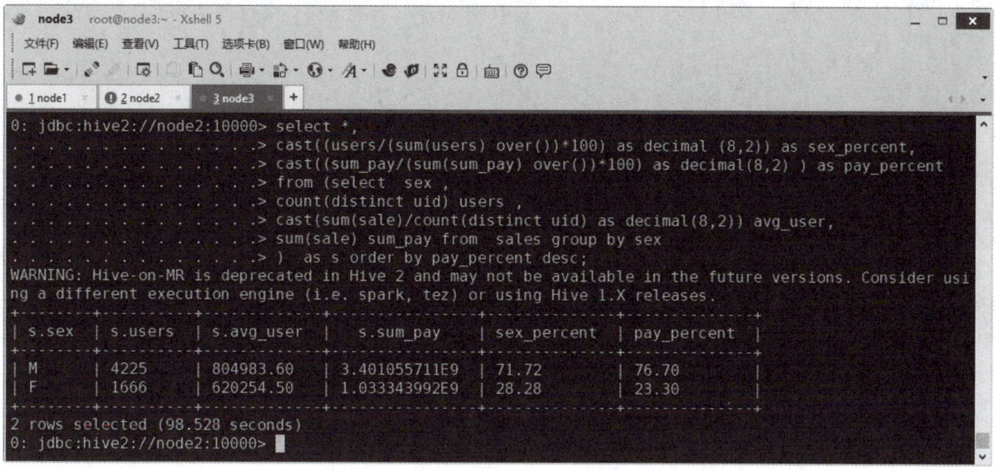

图 9-8 统计各性别销售情况

4. 统计各年龄段消费情况

统计订单历史数据中各个年龄段的消费情况，包括各年龄段用户数、各年龄段消费总额、各年龄段用户的人均消费额、各年龄段人数占比、各年龄段消费总额占比。使用 GROUP BY 关键字对年龄字段进行分组，DISTINCT 关键字对 uid 进行去重，然后用 COUNT 函数统计出各年龄段人数；使用 SUM 函数对 sale 字段进行累加，得到各年龄段消费总额；使用 SUM 函数对年龄段人数累加，得到总人数，然后用各年龄段人数除以总人数得到各年龄段人数占比；使用 SUM 函数对各年龄段消费额累加，得到总消费额，然后用各年龄段消费额除以总消费额得到各年龄段消费额占比；同时使用 CAST 函数将占比数据进行数据类型转换，保留两位小数。可以通过 WITH 查询来提高查询性能，先通过 WITH 语法将数据查询到内存，后面其他查询可以直接使用。HiveQL 脚本设计如下：

```
WITH s AS (SELECT age ,
COUNT(DISTINCT uid) users,
SUM(sale) sum_pay,
CAST(SUM(sale)/COUNT(DISTINCT uid) AS DECIMAL(10,2)) avg_pay
FROM sales GROUP BY age)
SELECT s.* ,
CAST((users/SUM(users) OVER()) * 100 AS DECIMAL(10,2)) age_percent,
CAST((sum_pay/SUM(sum_pay) OVER()) * 100 AS DECIMAL(10,2)) pay_percent
FROM s ORDER BY pay_percent DESC;
```

运行结果如图 9-9 所示。由此可以看出 26～35 年龄段的消费人数、总消费额、人均消费额等指标都排在第一位。

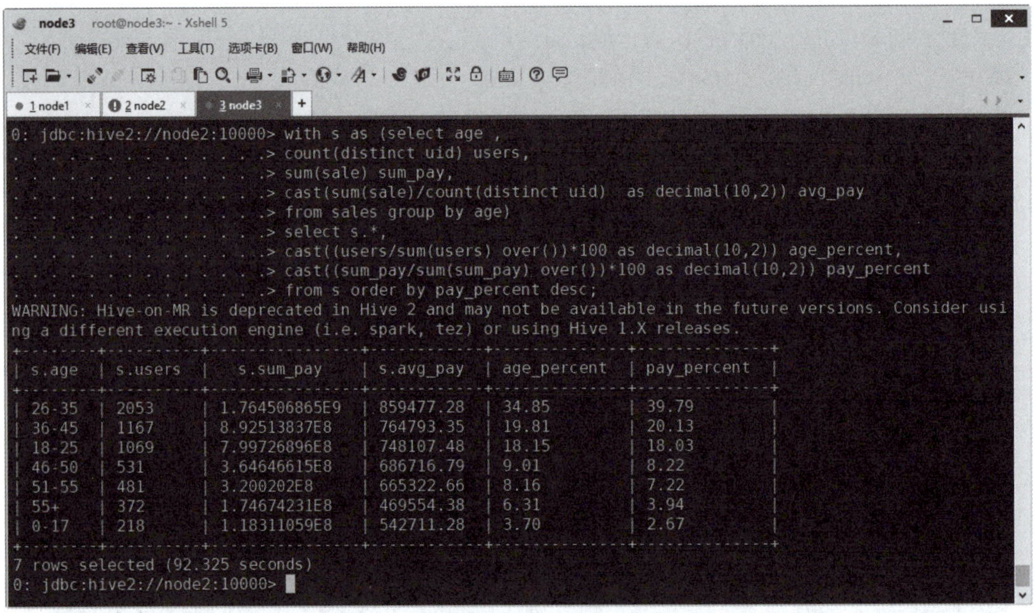

图 9-9　统计各年龄段销售情况

5. 统计各职业消费情况

统计订单历史数据中各个职业的消费情况，包括各职业用户数、各职业消费总额、各职业用户的人均消费额、各职业人数占比、各职业消费总额占比。使用 GROUP BY 关键字对职业字段进行分组，DISTINCT 关键字对 uid 进行去重，然后用 COUNT 函数统计出各职业人数；

使用 SUM 函数对 sale 字段进行累加，得到各职业消费总额；使用 SUM 函数对职业人数累加，得到总人数，然后用各职业人数除以总人数得到各职业人数占比；使用 SUM 函数对各职业消费额累加，得到总消费额，然后用各职业消费额除以总消费额得到各职业消费额占比；同时使用 CAST 函数将占比数据进行数据类型转换，保留两位小数。HiveQL 脚本设计如下：

```
WITH s AS (SELECT vocation job,
COUNT(DISTINCT uid) users,SUM(sale) sum_pay,
CAST(SUM(sale)/COUNT(DISTINCT uid) AS DECIMAL(10,2)) avg_pay
FROM sales GROUP BY vocation)
SELECT s.*,
CAST((users/SUM(users) OVER() ) * 100 AS DECIMAL(10,2)) vocation_percent,
CAST((sum_pay/SUM(sum_pay) OVER()) * 100 AS DECIMAL(10,2)) pay_percent
FROM s ORDER BY pay_percent DESC;
```

运行结果如图 9-10 所示。由此可以看出职业为“4”的消费人数、总消费额、人均消费额等指标都排在第一位。

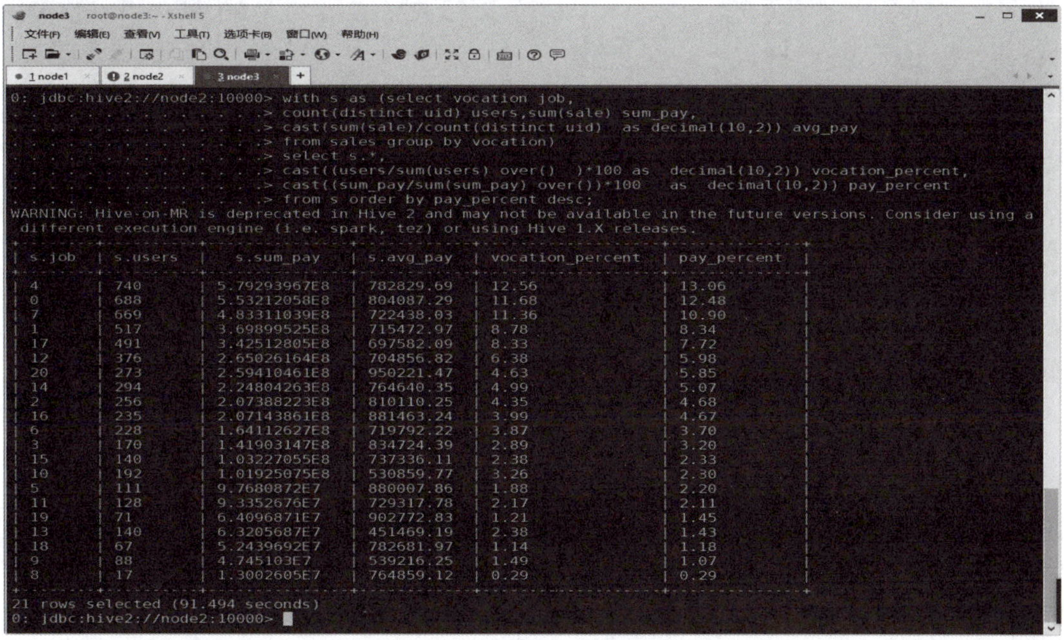

图 9-10　统计各职业销售情况

6. 统计各婚姻状况消费情况

统计订单历史数据中各个婚姻状况的消费情况，包括各婚姻状况用户数、各婚姻状况消费总额、各婚姻状况用户的人均消费额、各婚姻状况人数占比、各婚姻状况消费总额占比。使用 GROUP BY 关键字对婚姻状况字段进行分组，DISTINCT 关键字对 uid 进行去重，然后用 COUNT 函数统计出各婚姻状况人数；使用 SUM 函数对 sale 字段进行累加，得到各婚姻状况消费总额；使用 SUM 函数对婚姻状况人数累加，得到总人数，然后用各婚姻状况人数除以总人数得到各婚姻状况人数占比；使用 SUM 函数对各婚姻状况消费额累加，得到总消费额，然后用各婚姻状况消费额除以总消费额得到各婚姻状况消费额占比；同时使用 CAST 函数将占比数据进行数据类型转换，保留两位小数。可以通过 WITH 查询来提高查询性能，先通过 WITH 语法将数据查询到内存，后面其他查询可以直接使用。HiveQL 脚本设计如下：

```
WITH s AS(SELECT marriage,
COUNT(DISTINCT uid) users,
SUM( sale) sum_pay,
CAST(SUM( sale)/COUNT(DISTINCT uid) AS DECIMAL(10,2)) avg_pay
FROM sales GROUP BY marriage)
SELECT s. * ,
CAST((users/SUM(users) OVER() ) * 100 AS DECIMAL(10,2)) marriage_percent,
CAST((sum_pay/SUM(sum_pay) OVER() ) * 100 AS DECIMAL(10,2)) pay_percent
FROM s ORDER BY pay_percent DESC
```

运行结果如图 9-11 所示。由此我们可以看出未婚人士的消费人数、总消费额、人均消费额等指标都排在第一位。

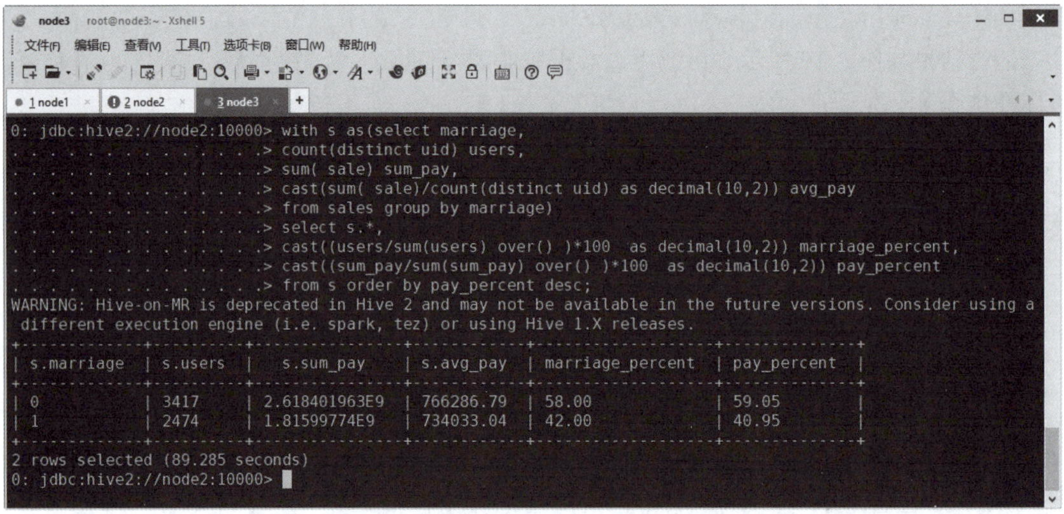

图 9-11 统计各婚姻状况销售情况

7. 统计订单量排名前十的产品

统计订单历史数据中订单量排名前十的产品，包括产品的 id、订单数、各产品订单数占比。使用 GROUP BY 关键字对产品 id 字段进行分组，后用 COUNT 函数统计出各产品订单数；使用 SUM 函数对各产品订单数累加，得到总订单数，然后用各产品订单数除以总订单数得到各产品订单数占比，使用 RANK()函数对订单数进行排序，HiveQL 脚本设计如下：

```
WITH s AS (SELECT pid,
COUNT(pid) sale_items
FROM sales GROUP BY pid
)SELECT * FROM (SELECT RANK() OVER(ORDER BY sale_items DESC) sales_rank,
s. * ,
CAST((sale_items/SUM(sale_items) OVER() ) * 100 AS DECIMAL(10,2)) items_percent
FROM s) t WHERE sales_rank<=10;
```

运行结果如图 9-12 所示，由此可以看出产品 id 为 P00265242 的订单数是最高的。

8. 统计销售额排名前十的产品

统计订单历史数据中销售额排名前十的产品，包括产品的 id、各产品销售总额、各产品销售总额占比。使用 GROUP BY 关键字对产品 id 字段进行分组，后用 SUM 函数对各产品销售额累加，得到各产品销售总额；使用 SUM 函数对各产品销售总额累加，得到总销售额，然后

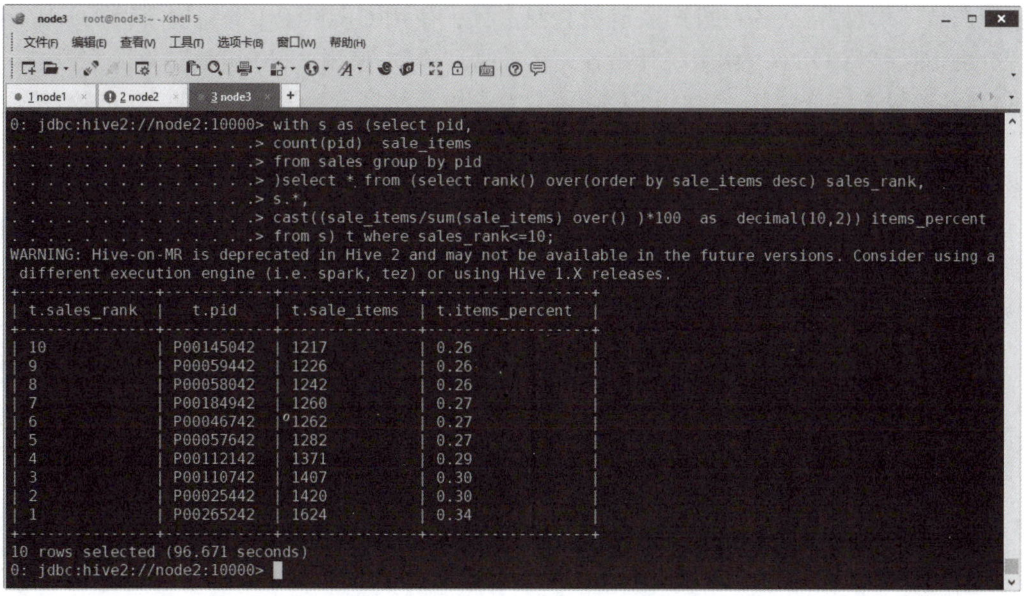

图 9-12　统计订单量排名前十产品

用各产品销售总额除以总销售额得到各产品销售总额占比，使用 RANK()函数对各产品销售总额进行排序，HiveQL 脚本设计如下：

```
WITH s AS (SELECT pid,SUM( sale) sum_pay
FROM sales GROUP BY pid)SELECT  *  FROM
(SELECT RANK() OVER(ORDER BY sum_pay DESC) pay_rank,
s.*,
CAST((sum_pay/SUM(sum_pay) OVER() ) * 100 AS DECIMAL(10,2) ) pay_percent
FROM s ) t WHERE pay_rank <=10 ORDER BY pay_rank;
```

运行结果如图 9-13 所示，由此可以看出产品 id 为 P0025442 的销售总额是最高的。

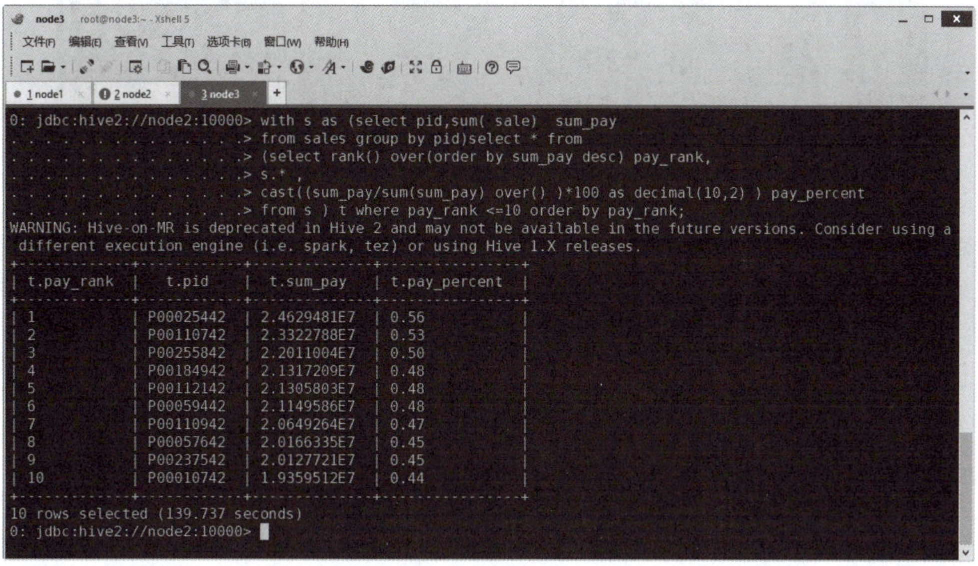

图 9-13　统计销售额排名前十产品

9. 统计一级产品类别

统计订单历史数据中一级产品类别情况，包括各一级产品订单数、各一级产品消费总额、各一级产品订单数占比、各一级产品消费总额占比。使用 GROUP BY 关键字对 level1 字段进行分组，然后用 COUNT 函数统计出各一级产品订单数；使用 SUM 函数对 sale 字段进行累加，得到各一级产品消费总额；使用 SUM 函数对一级产品订单数累加，得到总订单数，然后用各一级产品订单数除以总订单数得到各一级订单数占比；使用 SUM 函数对各一级产品消费额累加，得到总消费额，然后用各一级产品消费额除以总消费额得到各一级产品消费额占比；同时使用 CAST 函数将占比数据进行数据类型转换，保留两位小数。可以通过 WITH 查询来提高查询性能。HiveQL 脚本设计如下：

```
WITH s AS (SELECT level1,
COUNT(pid) sale_items,SUM( sale) pay_sum
FROM sales GROUP BY level1)
SELECT s.*,
CAST((sale_items/SUM(sale_items) OVER() ) * 100 AS DECIMAL(10,2)) items_precent,
CAST((pay_sum/SUM(pay_sum) OVER() ) * 100 AS DECIMAL(10,2)) pay_precent
FROM s ORDER BY pay_precent DESC;
```

运行结果如图 9-14 所示。由此可以看出一级产品类别 id 为 1 的订单数、销售总额、订单数占比、销售额占比排在第一位。

s.level1	s.sale_items	s.pay_sum	items_precent	pay_precent
1	122049	1.660427766E9	25.68	37.44
5	131483	8.20291707E8	27.66	18.50
8	99299	7.44435854E8	20.89	16.79
6	17770	2.81744214E8	3.74	6.35
2	20785	2.33926736E8	4.37	5.28
3	17582	1.77510358E8	3.70	4.00
16	8576	1.26768995E8	1.80	2.86
11	21126	9.9028993E7	4.44	2.23
10	4465	8.8075597E7	0.94	1.99
15	5465	8.069733E7	1.15	1.82
7	3246	5.3254974E7	0.68	1.20
4	10313	2.4051447E7	2.17	0.54
14	1322	1.736803E7	0.28	0.39
18	2696	8031791.0	0.57	0.18
9	357	5526390.0	0.08	0.12
17	505	5123975.0	0.11	0.12
12	3438	4640949.0	0.72	0.10
13	4836	3494597.0	1.02	0.08

图 9-14 统计一级产品销售情况

10. 统计各性别销售额前五的产品

统计订单历史数据中各性别销售额前五的产品，包括各性别销售前五的产品 id、产品类别(1、2、3 级)、产品订单数、各产品销售总额、各产品排名、各产品销售占比。使用 GROUP BY 关键字对性别、产品 id、产品类别字段进行分组，然后用 COUNT 函数统计出各性别各类别产品订单数；使用 SUM 函数对 sale 字段进行累加，得到各产品类别消费总额；使用 SUM 函数对各级产品消费额累加，得到总消费额，然后用各级产品消费额除以总消费额得到各级产品消费额占比；同时使用 CAST 函数将占比数据进行数据类型转换，保留两位小数。可以通过 WITH 查询来提高查询性能。HiveQL 脚本设计如下：

```
WITH s AS (SELECT sex,pid ,level1,level2,level3,
COUNT(pid) sale_items,SUM(sale) sum_pay
FROM sales GROUP BY sex,pid ,level1,level2,level3)
SELECT * FROM (
```

```
SELECT s.*,
RANK() OVER(PARTITION BY sex ORDER BY sum_pay DESC) rank_pay,
CAST( (sum_pay/SUM(sum_pay) OVER()) * 100 AS DECIMAL(10,2)) pay_percent
FROM s ) t WHERE rank_pay<=5 ORDER BY sex,rank_pay;
```

运行结果如图 9-15 所示。由此可以看出女性消费 id 为 P00255842 的产品消费额排名第一，男性消费 id 为 P00025442 的产品消费额排名第一。

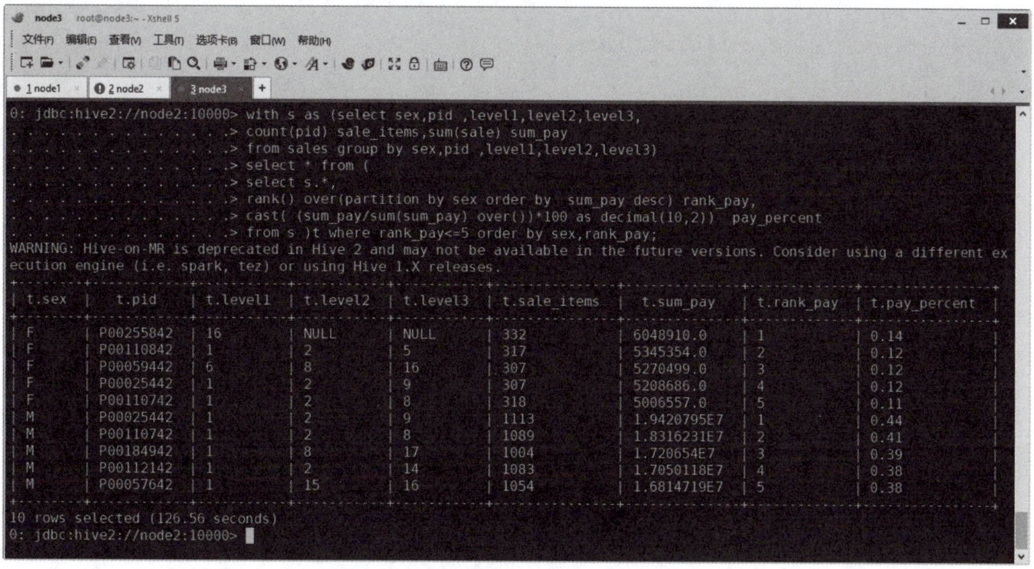

图 9-15 统计各性别销售前五产品情况

项目小结

我们在本项目中首先学习了项目案例的概述和需求分析，项目数据的数据结构，了解字段的含义；其次学习如何数据导入操作，将原始数据导入 Hive 数据库；最后学习了数据的分析操作方法，运用 HiveQL 语句实现各项统计分析功能。

思政小课堂

工匠精神，是专注，是细心，是认真，更是一种忽略身外事物而把工作求精求秒的精神。正如钳工高级技师宁展允，手工研磨精度极高、结构复杂的零件，十年如一日，从未出现任何差错。抑或是十万丝中挑一的四川蜀锦，美轮美奂令人叹为浑然天成。没有十几位匠人共同“发扬蜀锦文化，传承中华文明”的精神，蜀锦这般美妙复杂的技艺恐怕早不流传于世。这一刻，他们不再是身怀绝技的伟大技师，他们只是文化的工匠。

课后练习

简答题

统计高质量用户群 26～35 年龄段的订单量排名前十的产品。

参考文献

[1] 王剑辉. Hive 数据仓库案例教程 [M]. 北京：电子工业出版社，2021.

[2] 杨力. 大数据 Hive 离线计算开发实战[M]. 北京：人民邮电出版社，2020.

[3] 黑马程序员. Hive 数据仓库应用[M]. 北京：清华大学出版社，2021.

[4] 魏伟一，张国治，秦红武. 数据仓库与数据挖掘(Python＋Hadoop＋Hive)[M]. 北京：清华大学出版社，2023.

[5] 朱晓彦，方明清，李强. Hive 数据仓库技术与应用[M]. 北京：中国铁道出版社，2020.